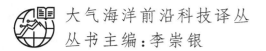

大气海洋前沿科技译丛
丛书主编:李崇银

北极气候

（第二版）

Rajmund Przybylak　著

丁锦锋　单雨龙　钟　玮　杜华栋　译

气象出版社
China Meteorological Press

内容简介

　　《北极气候》一书主要介绍了当前学界对于北极气候的认知历史和认知状况，是一本科学综述类书籍。书中通过对大量科学研究结果的引用和概括，介绍了过去 11000 年内北极气候的历史，重点描述了 20 世纪下半叶之后的北极气候及其主要驱动因素，内容涵盖了大气环流、气候区划、辐射与能量收支、气温、云、湿度、霾等；此外还对未来北极气候变化的情景进行了展望。本书所提供的各类北极气候数据和信息能够为在地球科学领域中工作和学习的研究人员或学生们提供很好的帮助；也能为所有对北极有浓厚兴趣的读者们提供便利。

图书在版编目（CIP）数据

　　北极气候：第二版 /（波）雷蒙德·普日贝拉客著 ；丁锦锋等译. -- 北京 ：气象出版社，2022.8
　　（大气海洋前沿科技译丛 / 李崇银主编）
　　书名原文：The Climate of the Arctic (Second Edition)
　　ISBN 978-7-5029-7792-4

　　Ⅰ．①北… Ⅱ．①雷… ②丁… Ⅲ．①气候—研究—北极 Ⅳ．①P468.166.2

　　中国版本图书馆CIP数据核字(2022)第156596号
　　北京版权局著作合同登记：图字 01-2022-4481 号

北极气候（第二版）
Beiji Qihou(Di-er Ban)

出版发行：气象出版社
地　　址：北京市海淀区中关村南大街 46 号　　　　邮政编码：100081
电　　话：010-68407112（总编室）　010-68408042（发行部）
网　　址：http://www.qxcbs.com　　　　E-mail：qxcbs@cma.gov.cn
责任编辑：万　峰　　　　　　　　　　　　　　终　　审：吴晓鹏
责任校对：张硕杰　　　　　　　　　　　　　　责任技编：赵相宁
封面设计：艺点设计
印　　刷：北京建宏印刷有限公司
开　　本：787 mm×1092 mm　1/16　　　　　　印　　张：14
字　　数：360 千字　　　　　　　　　　　　　彩　　插：3
版　　次：2022 年 8 月第 1 版　　　　　　　　印　　次：2022 年 8 月第 1 次印刷
定　　价：115.00 元

本书如存在文字不清、漏印以及缺页、倒页、脱页等，请与本社发行部联系调换。

丛书序

    大气、海洋是我们人类生存和活动的主要空间。然而,近些年来环境污染加剧,对人类生存造成严重威胁;加之在全球变暖背景下,高影响天气事件频发、海洋生态环境恶化,更是对人类生产生活和财产安全构成重大威胁。对此,世界各国都越来越重视大气海洋环境的探索和研究,想法保护大气海洋环境的安全。为了更加精准地了解大气海洋环境的状态和演变,大气科学和海洋科学的学科融合不断加深,并在不断向与人类活动相关的圈层(陆地、生物、冰冻圈等)研究领域持续延拓。与此同时,新型探测装备、高性能计算、机器学习、大数据、数字孪生等新型技术在大气海洋环境科学领域的交叉更加广泛深入,涌现出了大量具有多学科背景的前沿理论和技术。

    为了加快对最新研究成果的认知,拓展学术研究和专业学习的视野,本丛书采用开放拓展的模式,聚焦当前以及未来大气海洋环境领域研究关注的热点和难点,如对全球自然环境和人类活动具有重要影响的北极环境及其变化问题、机器学习在大气海洋环境探测和预报研究中的应用问题、大气海洋边界层的信息获取和特征认识问题、气候变化及其影响问题等,选取近十年大气海洋环境研究领域具有前瞻性和交叉性的优秀英文研究专著进行翻译出版。本丛书对从事大气、海洋、计算机以及管理等学科领域的科研人员、教师和气象海洋业务领域的预报人员有极高的参考价值,也可作为高等院校本科生和研究生的学习参考。

李崇银

2021 年 10 月

序　言

　　19世纪末,极地在塑造全球气候中可能发挥关键作用这一假设被学者们提出。近几十年,这一假设在实证和模拟研究中得到充分的证实。大约在1975年之后,由于全球变暖情况的加剧,人们对造成这一现象的物理机制更加关注,而当时首个气候模型和长期观测序列的分析结果一致表明,极地对气候变化最为敏感。因此,这一现象引起了许多研究人员的兴趣,他们认为,对极地相关物理过程的研究有助于确定全球气候系统的运转机制。这一迫切需求也成为了2007—2008年第四次国际极地年(International Polar Year,IPY)设立的主要推动力。这项国际科学界共同合作努力的成果也促使人们在第四次国际极地年正式结束之后继续开展了比过去更加广泛和频繁的合作,即国际极地倡议(International Polar Initiative,http://internationalpolarinitiative.org/IPIabout.html)。

　　此书首次于2003年出版,略早于第四次国际极地年。20世纪90年代中期起北极大范围变暖(比长期平均气温高1 ℃),环境急剧变化;最显著的改变是海冰(特别是海冰厚度和范围),2007年和2012年的9月,北冰洋上就观测到了海冰范围的历史极低值。因此,人们对北极气候的研究兴趣日益高涨,促成了许多重要论文、书籍、报告等成果的问世,其中大部分都囊括在此书(新版)中。

　　本书包含11章,主要介绍了目前对北极的认知状态,包括:①20世纪下半叶的北极气候及其主要驱动因素(第1~9章),以及②在过去的10~11000 a中北极气候的变化(第10和11章)。鉴于气候变化的重要性,本书比其他同类书籍更加关注这一问题。本书的第1章回顾了20世纪初提出的北极南部边界的划界标准,以及显著影响北极气候变化的主要地理因素(地理纬度、地形起伏、地表类型等)。第2章介绍了北极大气环流认知的发展历史,描述了全年各个季节的大尺度大气环流过程、海平面气压的年变化过程及天气尺度和局地尺度大气环流的特征。第3章首先介绍了北极光量测定历史,回顾了北极辐射和能量状况的相关文献;其次详细描述了一年之中若干月份内的日照持续时间情况、辐射平衡及其构成在关键月份及全年的空间分布情况;最后分析了北极的热平衡及其主要构成(感热和潜热)情况。第4章描述了关于北极气温的各类参量(平均气温、最高气温、最低气温和气温日变化范围);分析了这些参量的季节平均和年平均空间分布,年变化、日变化及年际变化特征等;介绍了云量对气温的影响;最后还罗列了关于北极逆温的最新研究成果,包括其发生频率、高度、厚度和强度等。第5章比较了基于地表观测、卫星观测、模式模拟和再分析资料获得的云气候学结果;描述和讨论了云量和雾的年变化和空间分布特征。第 6 章论述了空气湿度特征量的年变化及其在主要季节(冬季和夏季)内的平均空间分布;分析了对流层内的垂直湿度变化及逆湿现象的发生。第 7 章回顾了关于北极降水和积雪的各类文献;描述了 1 月和 7 月北极大气的含水量,分析了降水的空间分布和年变化及降水日数这一重要参量的特征;最后还总结和讨论了积雪的主要特征。第 8 章分析了"北极雾霾"及其通过影响大气辐射平衡产生的气候效应;重点关注了中纬度地区和北极本地的污染物源,以及中纬度与北极之间、北极本地的污染物运输的主要途径;描述了北极冬季和夏季雾霾的主要化学成分等。第 9 章提出了影响北极及其各气候区气候多样性的主要因素;描述了 7 个典型气候区最重要的气候特征。第 10 章介绍了关于北极三个时期(全新世、过去的 1000 年和仪器观测时代)的气候变化和变率的认知状况;分别对北极的三个地区(格陵兰、加拿大北极高纬地区和欧亚大陆北极地区)进行了综合描述;除了常规的气候变化特征描述外,本章还描述了大气环流对气温的影响。第 11 章描述和讨论了当今北极气候的模式模拟结果;同时主要基于大气环流模式的模拟结果给出了未来北极气候(大气温度、降水、气压和云量)的情景。

人们普遍认为对大气平均物理状态的认知是了解北极气候系统的关键步骤之一。因此各类气候数据不仅对于气候学家们来说是不可或缺的,而且对于其他环境研究人员(冰川学家、海洋学家、植物学家等)也都必不可少。最新的和可靠的气候数据也是验证气候模型的先决条件。作者希望本书的出版能为以上这些学科的研究人员们在从事相关领域研究时提供帮助,也能为地理学和相关学科的学生们在学习和研究过程中提供帮助,还能为所有对极地有浓厚兴趣的读者们提供便利。希望读者们能够认可作者在可读性和信息有效性方面所作出的努力,也为书中任何未被注意到的错误先行道歉。

如果离开托伦哥白尼大学的资金支持,作者无法完成该书的编撰,因此作者要感谢地球科学学院院长 Wojciech Wysota 教授对保障资金来源提供的帮助。同时,非常感谢 Elżbieta Rudź,M. Sc. 和 Tomasz Strzyżewski,M. Sc. 提供的计算机专业知识和在图像重制上所作出的努力。此外还要特别感谢 Springer 的编辑 Mariëlle Klijn,感谢她为本书出版所作的所有准备工作。最后,我要感谢我的妻子 Dorota 对我个人的无私支持,特别是在我不得不离家工作期间的付出。

Rajmund Przybylak

托伦市,波兰

2015 年 5 月

目　　录

彩　图

第 1 章　绪　　论

北极"Arctic"一词来源于希腊语"Arktos（熊）"，在对应的拉丁文中，它出现在大熊星座（Ursa Major）与小熊星座（Ursa Minor）两个词中。大熊星座和小熊星座终年环绕天空中的固定点——北极星（Polaris）旋转，故北极因此得名。

1.1　北极的范围

不同于冰岛、贝加尔湖，甚至南极，北极的地理实体范围很难界定。迄今为止，仍未有单一统一的标准能够准确界定其范围。事实上，自 19 世纪 70 年代以来，就不断有学者尝试利用地理学、气候学或植物学等不同学科的方法建立能够被广泛认同的划界标准（图 1.1），因此可以在几乎所有关于北极的地理专著或其他书籍中找到大量不同的定义方法（例如，Bruce，1911；Brown，1927；Nordenskjöld and Mecking，1928；Baird，1964；Sater，1969；Sater et al.，1971；Baskakov，1971；Petrov，1971；Barry and Ives，1974；Weiss，1975；Sugden，1982；Young，1989；Boggs，1990；Stonehouse，1990；Barry，1995；Bernes，1996；Przybylak，1996；Niedźwiedź，1997；Mills and Speak，1998；McBean et al.，2005；Hinzman et al.，2005），读者也可以通过 Petrov（1971）和 Baskakov（1971）给出的全面综述进一步了解。传统意义上，北极被认定为是北极圈（$\varphi=66°33'N$）以北的区域，但这种简单的划界方法并未得到上述所列举文献中的绝大多数学者的认可。早在 1892 年 Bruce（Bruce，1911）就质疑过这一方法；1927 年 Brown 在其文中提到"北极圈和南极圈只是标记了太阳高度永远低于 $23°30'$ 的区域……它们仅仅只是具有天文意义的纬度圈，不具有气候意义上的显著性……"细心的读者可能发现 Brown 对太阳高度的表述存在错误，正确值应该为 $47°$，由公式 $h=90°-\varphi+\delta$ 得到（式中 φ 为纬度，δ 为太阳赤纬）。

显然，利用气候特征来定义北极的范围更有意义。在许多已知的与气候相关的划界标准中，最为常用的仍是早先由 Supan（1879，1884）提出的最暖月份平均 10 ℃ 等温线这一标准。此后，该标准也先后由 Vahl（1911）和 Nordenskjöld（1928）进行了修订。Vahl 利用林木线与平均气温的匹配，给出新的划界标准为 $V<9.5\ ℃-1/30\ K$（V 和 K 分别为最暖和最冷月的平均气温）。Nordenskjöld（1928）则认为在 Vahl（1911）给出的划界标准中最冷月的平均气温权重偏低，并将公式修改为 $V<9\ ℃-0.1\ K$；同时，他还将此定义标准外推至海洋区域（图 1.1）。根据这条新的定义标准，北极覆盖了最暖月平均温度范围为 9（同时最冷月平均气温为 0 ℃）～13 ℃（同时最冷月平均气温为 -40 ℃）的区域。Gavrilova（1963）及 Vowinckel 和 Orvig（1970）也共同提出了一种标准，即利用净辐射平衡低于 62.7 kJ/(cm² · a)[15 kcal*/(cm² · a)] 这一阈值的标准来划定（图 1.1）。再后来，Atlas Arktiki（1985）的作者也给出了一种较为新颖

---

* 1 cal＝4.186 J，下同。

的方法,该方法引入气候区划的理念,将几乎所有气象要素的长期均值融合其中;利用该方法划定的北极边界在大陆部分通常位于最暖月平均气温为 10 ℃的等温线和 Nordenskjöld 线之间(图 1.1);同时,该地图集还给出了关于北极的 7 种气候区划(图 1.2)。这些划界理念和方法都为本书的编写提供了很好的参考。

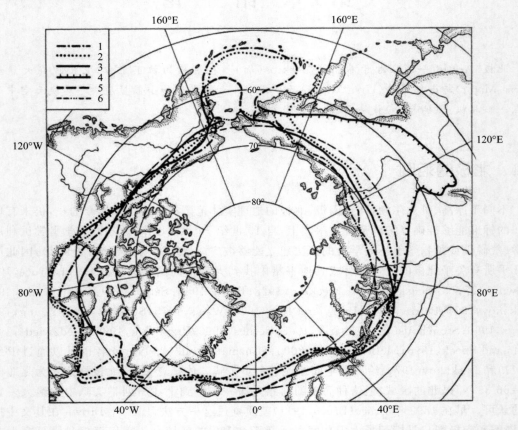

图 1.1　北极的范围。1. 最暖月 10 ℃等温线;2. Nordenskjöld 线;3. 净辐射平衡 62.7 kJ/(cm² · a)
[15 kcal/(cm² · a)]阈值线;4. 永冻土边界;5. 北极圈;6. Atlas Arktiki(1985)线

　　除了天文学、气候学方面的考虑以外,第三个常被使用的划界标准是(地)植物学,即北极的自然边界可由冻土带的南部边界或林木线的北部边界划定。Supan(1879,1884)发现北极气候与地植物之间存在密不可分的关联,这是最早同时根据气候学和地植物学对北极进行划界的研究,相关结论也被后续的一系列研究证实。Sugden(1982)阐释了采用林木线划界的一些优点,他提到"这种划界方式不仅给出了极其重要的植被边界,而且对动物分布的研究也有很重要的意义。同时,它与 7 月平均 10 ℃等温线大致吻合,因此也具有气候显著性"。但是,这种划界方法也存在一些明显的缺点,主要体现在划界标准的选取上没有统一标准;例如,至少有以下三种可能的类型都可以作为划界标准:恒续林、直立树木或某类北极特有物种等,因而存在较大的不确定性。关于此类划界方法,读者可详细参考 Hare(1951)的文章及相应的参考文献。

　　以上提及的几乎所有的划界标准都只能运用于陆地区域,但对海上北极边界的认定也十分必要。海洋学家普遍建议采用更适合于水环境的标准来划定海洋区域上的北极边界。例如,Baskakov(1971)采用了水文、冰和地貌等海洋学特征给出一种综合的定义,这里引用其中最核心的部分:"某些水域在每年较冷的时间段内会被包括多年冰在内的各种年龄的海冰覆盖,冰下深度不少于 30 m 的海水上层具有负的水温和小于 34.5‰ 的较低盐度,这类水域可被视为北极海洋区域的一部分"。也就是说,北极海洋边界会随着水体的运动向外围拓展,因此北极的最南端边界通常位于北极海域之上。

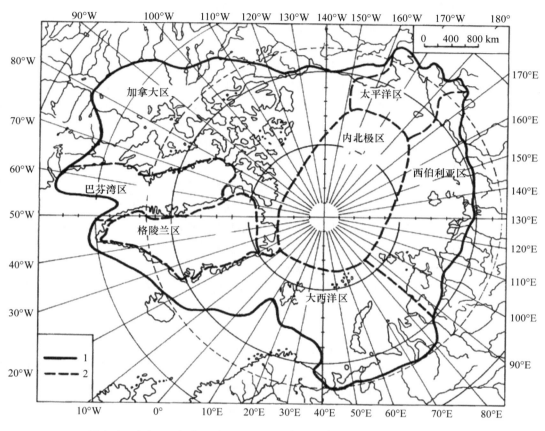

图 1.2　Atlas Arktiki(1985)给出的北极的范围(1)和北极气候区划(2)

最后,还有一些观点认为由于不同领域标准不同,精确的北极划界几乎是无法实现的(Armstrong et al. ,1978;Sugden,1982;Stonehouse,1990)。Sugden(1982)提到"关于北极边界的定义应当保持一定的灵活性,可以针对不同的研究目的作出适当的调整"。尽管这一观点在某种程度上是能被接受的,但作者认为至少在某一特定领域,北极范围的划定不应存在争议。例如,在全球变暖的情景之下,如果气候领域关于北极划界的标准达不成一定共识,那么关于北极气候变化趋势的评估将存在极大的争议(Przybylak,1996,2000,2002)。

1.2　造就北极气候的主要地理因素

毫无疑问,地理纬度是造就北极天气和气候的主要因素。尽管北极的范围因不同划界方法而有所不同,但较高的地理纬度极大地限制了太阳能量的收入这一事实是毋庸置疑的,特别是在越过北极圈的高纬地区,季节性的极昼、极夜更替更是北极区别于其他中低纬度区域最不寻常的特征。本书中对北极的划界采用了前文介绍的 Atlas Arktiki(1985)给出的方法,即北极的边界范围在 54°N(拉布拉多半岛)～75°N(斯匹次卑尔根岛附近)(图 1.2)。每年,北极圈上极昼和极夜的持续时间约为 1 d,但在北极点上却能维持 6 个月左右(图 1.3)。同时,由于大气折射的存在,较高纬度地区可见到阳光的年总时长要比相对较低纬度地区更长;因为当阳光以较低的角度照射北极地区时,太阳升起前的黎明和落山后的黄昏会持续更长的时间;因此,北极冬季的白天时长要比夏季的黑夜时长更长。整个北极正午太阳高度角均小于 47°,因而年太阳总辐射较低;但 6 月北极大气层顶接收的太阳总辐射却要高于赤道,如在 6 月北纬 80°N 位置上,地气系统上边界的太阳辐射通量为 129 kJ/cm²(31 kcal/cm²),要高于赤道上的 98.2 kJ/cm²(23.5 kcal/cm²)(Budyko,1971)。从气候学的角度来看,地球表面吸收的太阳辐射更为重要,这也在很大程度上取决于下垫面的状况。纵观北极地图很容易发现,北极下垫面与南极有很大的不同,它是由陆地和被陆地包围的海洋共同组成的;海洋的中心主体为全年被冰覆盖的北冰洋,同时冰雪也几乎全年都在北极陆地上存在;因此,北极地气系统的反照率很高,辐射平衡显著低于全球其他地区。北极大陆包括了欧亚大陆、北美大陆的北部区域,以及大量的岛屿;岛屿在美洲一侧分布尤为集中。北极最大的岛屿为格陵兰岛(Greenland,2175600 km²),巴芬岛(Baffin Island,476070 km²),埃尔斯米尔岛(Ellesmere Island,212690 km²)和维多利亚岛(Victoria Island,212200 km²)(The Times Atlas of the World,1992)。如果算上附属的一系列岛屿面积,格陵兰区域的总面积为 2186000 km²(Putnins,1970)。环北极陆地环中唯一的实质性断裂区域正是位于格陵兰与挪威之间(图 1.2),其他的陆地断裂区域如亚美大陆之间的白令海峡(the Bering Strait)及加拿大的北极群岛(the Canadian Arctic Archipelago)与广袤的陆地环相比几乎可以忽略不计。北极圈内的最高山脉位于东南格陵兰,有两座海拔超过 3000 m 的山峰,其中贡比约恩山(Gunnbjörn Fjeld)位于 68°54′N、29°48′W,海拔 3700 m;福雷尔山(Mt. Forel)位于 67°00′N、37°00′W,海拔 3360 m(The Times Atlas of the World,1992)。除格陵兰冰盖、埃尔斯米尔岛和阿克塞尔海伯格岛(Axel Heiberg islands)上的冰封山脉,以及白令路桥(Beringia)北部的山脉以外,大部分地区地势都较低。总体而言,由于陆地和海洋下垫面的差异性对气候产生的影响在北极要显著低于中低纬度地区,特别在冬季由于陆地和大部分海域皆被冰雪覆盖,海陆下垫面的差异对气候的影响会进一步减小。

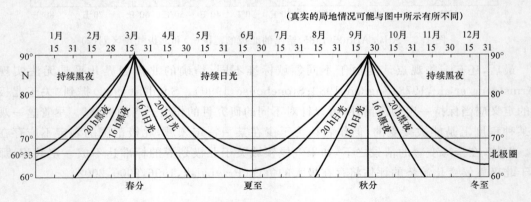

图 1.3 60°～90°N 纬度带上日光和黑夜的持续时间(CIA,1978)

1954—1991 年俄罗斯漂流站 NP3～NP31 的长期测量结果表明,5 月北极中部平均积雪深度在 30～40 cm,但在山区能达到 80 cm 以上。最大积雪深度通常出现于 4 月或 5 月,要晚于加拿大北极地区的 3 月。北极南部的积雪消亡通常开始于 6 月的前 10 d,但在极点附近会推迟到 7 月中旬。北极中部全年积雪持续覆盖的天数最多,超过 350 d;向南则不断减少。在具有大陆性气候的北极岛屿上,积雪持续覆盖的天数为 280～300 d(详见 7.3 节介绍)。大致来说,雪有高反射率、高红外发射率和高隔热这三个物理特性,它们均会对气候起到至关重要的作用。其一,高反照率显著降低了地表和对流层低层的净辐射平衡。其二,高红外发射率是导致近地表大气温度逆温的最重要因素之一,这种现象尤其在寒冷的半年中更易发生,并且还有助于反气旋的发展与稳定。其三,在所有已知自然表面中积雪具有最好的隔热性,超过 15 cm 厚的积雪能够完全阻止大气与陆地或海冰之间的热传输,显著影响热量在大气—冰冻—海洋圈中的传输,是整个极地系统中的重要环节。

北冰洋及其边缘海有 1400 万 km² (Barry,1989),在深冬季节(2—3 月),几乎所有区域都覆盖着海冰;而在夏季(8—9 月)尤其是 9 月,海冰覆盖缩减至约 800 万 km²,达到全年最低。但近年来,海冰面积出现了急剧下降。Stroeve 等(2007)通过分析 1979—2006 年的卫星监测数据发现,9 月海冰面积的平均减少速率达到每十年 9.1%(此后 2007 年和 2012 的海冰监测结果显示这一趋势仍然在持续),最低面积已跌至 500 万 km² 以下(图 1.4)。

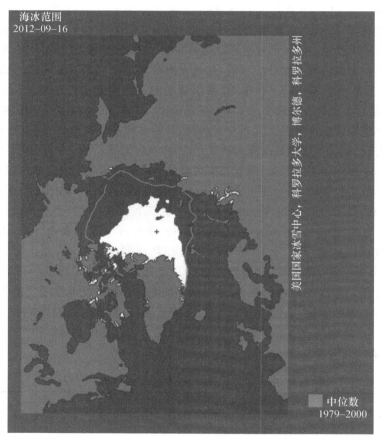

图 1.4 2012 年 9 月 16 日的北极海冰范围。实线显示的是对应当日的 1979—2000 年海冰范围的中位数,黑色十字为北极点(National Snow and Ice Data Center,University of Colorado,Boulder)

海冰对于北极气候,甚至全球气候的影响都是至关重要的,这主要归因于其 4 个特性。第一是海冰反照率达到 0.5~0.7,远远高于开放海域的 0.1,因此冰下水体能够吸收到的太阳辐射显著偏低。第二是海冰具有很强的隔绝性,能够限制海洋和大气之间的热量和水汽的交换。Maykut(1978)对感热通量观测数据的分析结果表明,冬季从平静的开放海域向大气传输的热量要比被厚度 2 m 海冰覆盖的海域多 10~100 倍。第三是海冰在形成和融化过程中会产生较大的潜热变化,这就如同储热库一样延缓了温度的季节变化周期。同时海冰的变化过程也会改变海洋上层的盐度含量,海盐在结冰期间能够从海冰中析出,使得水中盐度增加;而在海冰融化后,淡水注入使上层海水盐度下降。Wadhams(1995)提出了海冰的第四个特性,即海冰随风漂流的特性。海冰的运动是由风应力驱动的,其辐合和辐散能产生冰脊和冰间水道,冰脊甚至达到了约一半的北极总冰量(Wadhams,1981)。因此,海冰的运动对大气与海洋之间热量和水汽通量的时空变化都产生了很大的影响。

北极的海冰并非是一成不变的完整的浮冰盖,通常可以分为三种类型,即极冠冰(polar cap ice)、块冰(pack ice)和固定冰(fast ice)(Pickard and Emery,1982)。极冠冰为多年冰,常见于极点周围 1000 m 等水深线附近,约占北冰洋面积的 70%。在冬季,正常极冠冰的平均厚度为 3～4 m,但在冰丘上局部高度可达海拔 10 m;在夏季,极冠冰的平均厚度降低至约2.5 m。块冰位于极冠冰的外围,覆盖约 25% 的北极面积,其分布范围在 5 月达到最大,9 月最低。固定冰只在冬季生成,它通常锚定在岸边,并从海岸向块冰区生长至 20～30 m 等水深线的位置,厚度可达 1～2 m。由于风、潮汐和洋流的影响,北极的海冰始终处于不断的运动状态,这也形成了如冰间水道和冰间湖这样的开放水域。冰间水道是海冰间的裂隙,宽度数千米,长度数十千米,但往往寿命很短;而冰间湖是冰封海域内的大型开放水域,它通常出现在冬季气温远低于海水冰点之时,面积从几百平方米到数千平方千米不等。冬季,开放水域的海表面温度甚至能够比周围冰封区域高出 20 ℃[如巴芬湾北部的北水冰间湖(North Water polynya)],同时由于没有受到海冰覆盖对海气热交换的阻挡,海洋热量会大量损失至大气当中。因此,开放水域在北极气候系统中的作用至关重要,值得气候学家们进行更加严谨细致的深入研究。此外,北极海冰还有一种形态就是冰山,它源自于入海冰川(tidewater glaciers)的崩塌。每年都有大量的冰山随着东格陵兰冷水和拉布拉多洋流一起向南进入大西洋,成为船舶航行的威胁。据统计,年平均穿越 55 °N 的冰山数量达到约 1000 个。

Coachman 和 Aagaard(1974)将北冰洋水体分为三种主要类型,一是从海面至 200 m 深度的表层水或称为北极水(Arctic water),二是从 200～900 m 深度的大西洋水(Atlantic water),三是 900 m 深度以下的底层水(bottom water)。而从气候学角度看,北极水(表层水)最为重要,它又可被细分为三层,即表层、次表层和更深层北极水。表 1.1 和图 1.5 中给出了不同水层各自的物理特性。表层北极水深度为 25～50 m,其盐度和温度都显著受海冰的形成和融化影响。根据空间位置的不同,表层北极水温度有所差异,但总体都在海水冰点附近振荡。当水温约为 −1.5 ℃ 时,盐度为 28‰;而当水温约为 −1.8 ℃ 时,盐度为 33.5‰。全年的盐度和温度变化很小,最高为 2‰ 和 0.1～0.2 ℃。

表 1.1　北极海域的水体(Pickard and Emery,1982)

水体	属性		
名称(环流方向)	边界深度	温度(T)和盐度(S)	季节变化
	海表		
表层北极水	25～50 m	T:接近冰点,即 −1.5～−1.9 ℃ S:28‰～33.5‰	温度的变化:0.1 ℃ 盐度的变化:2‰
次表层北极水	100～150 m	T:加拿大海盆处 −1～−1.5 ℃	
		T:欧亚海盆处 100 m 深度 −1.6 ℃, 随后温度升高	很小
		S:两处海盆均为 31.5‰～34‰	
深层北极水 (以上水体环流均为顺时针)	200 m	介于次表层北极水和大西洋水之间	

续表

水体	属性				
大西洋水（逆时针）	900 m	T:大于 0 ℃（至 3 ℃） S:34.85‰～35‰			可以忽略
底层水 （方向不确定，流速小）	900 m 以下			2000 m	底部
		T:加拿大海盆		−0.4 ℃	−0.2 ℃
					（绝热变化）
		T:欧亚海盆		−0.8 ℃	−0.6 ℃
		S:两处海盆		34.90‰～34.99‰	

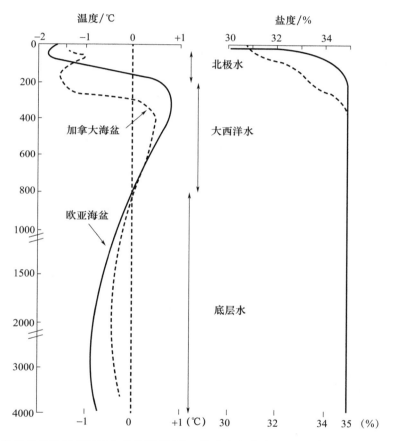

图 1.5　典型的北极海洋温度和盐度廓线（欧亚海盆和加拿大海盆）（Pickard and Emery，1982）

　　对北极水和海冰的环流规律的了解和认识主要是通过冰站、浮冰站和考察船进行的观测来实现的。最早的观测信息来自著名的"弗拉姆号（Fram）"漂流计划（1893—1896 年）和破冰船"谢多夫号（Sedov）"漂流计划（1937—1940 年）。他们观测到的结果与基于水密度分布的上层环流理论计算结果相互印证，描绘了北极水环流的大致情况（图 1.6）。在波弗特海（the Beaufort Sea），北极水与反气旋形势的风场分布保持一致，顺时针流动并入东格陵兰流；在北冰洋的欧亚一侧，北极水向极点移动，随后并入东格陵兰流离开欧亚海盆，这支海流也被称为穿极漂移流（transpolar drift stream）；这些海流的速度维持在 1～4 cm/s（300～1200 km/a）。此外这里需要补充的是，北冰洋的海冰环流与北极水环流形势基本保持一致。

大西洋水环流基本以逆时针方向围绕北冰洋,与表层的北极水相反(Pickard and Emery,1982)。大西洋水(西斯匹次卑尔根流)从格陵兰海进入欧亚海盆,沿着欧亚大陆坡的边缘向东流动。其中一部分分支向北并入东格陵兰流离开北极,剩下的部分能够穿越罗蒙诺索夫海岭(Lomonosov Ridge)进入加拿大海盆(Canadian Basin)。部分东格陵兰流的北极水和冰岛西南部的伊尔明厄流(Irminger Current)的大西洋水混合,绕过格陵兰岛最南端到达拉布拉多海,此后它们汇入西格陵兰流进入巴芬湾;这支入流与自北向南运动的巴芬岛流和拉布拉多流相平衡。还有迹象表明,大量大西洋水通过巴伦支海和喀拉海大陆架进入北冰洋,其属性也随之发生显著的变化。此外,部分暖水还可以从太平洋经白令海峡流入北极(图 1.6)。北冰洋海水主要通过弗拉姆海峡和加拿大北极群岛流出北极。

图 1.6 北极海洋和北大西洋附近海域的水深与表层洋流分布(Pickard and Emery,1982)

根据 Alekseev 等(1991)的研究,来自低纬地区的暖平流每年为北极气候系统提供 50% 以上的热量。其中约 95% 的贡献来源于大气环流输送,剩余 5% 由海洋环流输送(Khrol,1992;

Alekseev et al. ,2003 的表 2.16）。但是,正如 Alekseev 等(2003)争论道"……海洋过程对北极气候的塑造有重大影响,这不应该仅局限于其直接贡献上"。特别是在冬季极夜情况下,只有大气和海洋能将暖的通量输送到北极,保证了北极在极端的辐射冷却影响下依然能够获得一定的能量。

参考文献

Alekseev G V,Kuzmina S I,Bobylev L P,2003. Atmospheric circulation. *In*:Bobylev L P,Kondratyev K Ya,Johannessen O M. Arctic Environment Variability in the Context of Global Change,Chichester:Praxis Publishing Ltd. :89-106.

Alekseev G V,Podgornoy I A,Svyashchennikov P N,Khrol V P. 1991. Features of climate formation and its variability in the polar climatic atmosphere-sea-ice-ocean system. *In*:Krutskikh B A. Klimaticheskii Rezhim Arktiki na Rubezhe XX i XXI vv. Gidrometeoizdat,St. Petersburg:4-29(in Russian).

Armstrong T,Rogers G,Rowley G. 1978. The Circumpolar North:A Political and Economic Geography of the Arctic and Sub-arctic. London:Methuen & Co. Ltd. :303 pp.

Atlas Arktiki. 1985. Glavnoye Upravlenye Geodeziy i Kartografiy. Moscow:204 pp.

Baird P D. 1964. The Polar World. London:Longmans:328 pp.

Barry R G. 1989. The present climate of the Arctic Ocean and possible past and future states. *In*:Herman Y. The Arctic Seas:Climatology,Oceanography,Geology,and Biology. New York:Van NostrandReinhold Company:1-46.

Barry R G. 1995. Land of the midnight Sun. *In*:Ives J D,Sugden D. Polar Regions:The Illustrated Library of the Earth. Sydney:Readers's Digest Press Australia:28-41.

Barry R G,Ives J D. 1974. Introduction. *In*:Ives J D,Barry R G. Arctic and Alpine Environments. London:Methuen & Co. Ltd. :1-13.

Baskakov G A. 1971. Sea boundary of the Arctic. *In*:Govorukha L S,KruchininYu A. Problems of Physiographic Zoning of Polar Lands,Trudy AANII,304,36-58(in Russian),Translated and published also by Amerind Publishing Co. ,Pot. Ltd,New Delhi,1981:35-60.

Bernes C. 1996. The Nordic Arctic Environment-Unspoilt,Exploited,Polluted? Copenhagen:The Nordic Council of Ministers:240 pp.

Boggs S W. 1990. The Polar Regions:Geographical and Historical Data for Consideration in a Study of Claims to Severeignty in the Arctic and Antarctic Regions. Buffalo,NY:William S. Hein & Co. :123 pp.

Brown R N R,1927. The Polar Regions:A Physical and Economic Geography of the Arctic and Antarctic. London:Methuen & Co. Ltd. :245 pp.

Bruce W S. 1911. Polar Exploration. London:Williams & Norgate:256 pp.

Budyko M I. 1971. Climate and Life. Leningrad:Gidrometeoizdat:470 pp. (in Russian).

Central Intelligence Agency. 1978. Polar Regions Atlas,National Foreign Assessment Center,C. I. A. ,Washington D. C. :66 pp.

Coachman L K,Aagaard K. 1974. Physical oceanography of Arctic and Subarctic seas,Ch. 1. *In*:Hermann Y. Marine Geology and Oceanography of the Arctic Seas:Springer Verlag,Berlin-Heidelberg-New York:1-72.

Gavrilova M K. 1963. Radiation Climate of the Arctic. Leningrad:Gidrometeoizdat:225 pp. (in Russian),Translated also by Israel Program for Scientific Translations,Jerusalem,1966,178 pp.

Hare F K. 1951. Some climatological problems of the Arctic and sub-Arctic. *In*:Compedium of Meteorol. Amer.

Met. Soc. ,Boston,MA:952-964.

Hinzman L D,Bettez N D,Bolton W R,Chapin F S,Dyurgerov M B,Fastie C L,Griffith B,Hollister R D,Co-authors. 2005. Evidence and implications of recent climate change in northern Alaska and other Arctic regions. Climatic Change,72:251-298.

Khrol V P. 1992. Atlas of the Energy Balance of the Northern Polar Region. Gidrometeoizdat,St. Petersburg:10 pp. +72 maps(in Russian).

Maykut G A. 1978. Energy exchange over young sea ice in the central Arctic. J. Geophys. Res. : Oceans,83: 3646-3658.

McBean G,Alekseev G,Chen D,Førland E,Fyfe J,Groisman P Y,King R,Melling H,Vose R,Whitfield P H. 2005. Arctic climate:past and present. In:Symon C,Arris L,Heal B. Arctic Climate Impacts Assessment(ACIA). Cambridge:Cambridge University Press:21-60.

Mills W,Speak P. 1998. Keyguide to Information Sources on the Polar and Cold Regions. London and Washington:Mansell:330 pp.

Niedźwiedź T. 1997. The climates of the "Polar regions". In:Yoshino M,Douguedroit A,Paszyński J,Nkemdirim L. Climates and Societes-A Climatological Perspective:309-324.

Nordenskjöld O. 1928. The delimitation of the Polar regions and the natural provinces of the Arctic and Antarctic. In:The Geography of the Polar Regions. New York:Amer. Geophys. Soc:72-90.

Nordenskjöld O,Mecking L. 1928. The Geography of the Polar Regions. New York:Amer. Geogr. Soc. Special Publ. No. 8:359 pp.

Petrov L S. 1971. The Arctic boundary and principles of its determination. In:Govorukha L S,KruchininYu A. Problems of Physiographic Zoning of Polar Lands,Trudy AANII,304:18-35(in Russian). Translated and published also by Amerind Publishing Co. ,Pot. Ltd,New Delhi,1981:15-34.

Pickard G L,Emery W J. 1982. Descriptive Physical Oceanography:An Introduction. Oxford-New York-Sydney-Paris-Frankfurt:Pergamon Press:249 pp.

Przybylak R. 1996. Variability of Air Temperature and Precipitation over the Period of Instrumental Observations in the Arctic. Rozprawy:Uniwersytet Mikołaja Kopernika:280 pp. (in Polish).

Przybylak R. 2000. Temporal and spatial variation of air temperature over the period of instrumental observations in the Arctic. Int. J. Climatol . ,20:587-614.

Przybylak R. 2002. Variability of Air Temperature and Atmospheric Precipitation During a Period of Instrumental Observation in the Arctic. Boston-Dordrecht London:Kluwer Academic Publishers:330 pp.

Putnins P. 1970. The climate of Greenland. In:Orvig S. Climates of the Polar Regions,World Survey of Climatology,vol. 14. Amsterdam-London-New York:Elsevier Publ. Comp. :3-128.

Sater J E. 1969. The Arctic Basin. Washington:The Arctic Inst. of North America:337 pp.

Sater J E,Ronhovde A G,Van Allen L C. 1971. Arctic Environment and Resources. Washington:The Arctic Inst. of North America:310 pp.

Stonehouse B. 1990. North Pole South Pole. A Guide to the Ecology and Resources of the Arctic and Antarctic. London:PRION:216 pp.

Stroeve J,Holland M M,Meier W,Scambos T,Serreze M. 2007. Arctic sea ice decline:Faster than forecast. Geophys. Res. Lett . ,34:L09501,doi:10. 1029/2007GL029703.

Sugden D. 1982. Arctic and Antarctic. A Modern Geographical Synthesis. Oxford:Basil Blackwell:472 pp.

Supan A. 1879. Die Temperaturzonen der Erde. Petermanns Mitt. ,H. 25:349-358.

Supan A. 1884. Grundzuge der Physischen Erdkunde. Leipzig.

The Times Atlas of the World. 1992. Times Books. London:222 pp.

Vahl M. 1911. Zones et biochores geographiques. In:Oversigt over der Kgl. DanskeVidensk. Copenhagen:Selskabs. Forhandl. ;269-317.

Vowinckel E, Orvig S. 1970. The climate of the North Polar Basin. *In*: Orvig S. Climates of the Polar Regions. World Survey of Climatology,14. Comp. ,Amsterdam-London-New York: Elsevier Publ. ;129-252.

Wadhams P. 1981. Sea ice topography of the Arctic Ocean in the region 70°W to 25°E. Phil. Trans. R. Soc. Lond. A,302:45-85.

Wadhams P. 1995. Arctic sea ice extent and thickness. Phil. Trans. R. Soc. Lond. A,352:301-319.

Weiss W. 1975. Arktis. Wien und Munchen: Verlag Anton Schroll& Co. ;188 pp.

Young S B. 1989. To the Arctic: An Introduction to the Far Northern World. New York: John Wiley & Sons, Inc. ;354 pp.

第 2 章　大气环流

2.1　关于北极大气环流的观点变化

19 世纪末,科学家们在理论分析的基础上,尝试建立了各种北极的大气环流模式。早先,Ferrel(1882,1889)提出了中纬度西风带环绕一个以极点为中心的大型低压系统运动这一观点,此后这个观点直到 1920 年"弗拉姆号(Fram)"漂流计划(Mohn,1905)公布了气象观测数据之后才受到置疑(Hobbs,1926)。Mohn 分析了来自"弗拉姆号"漂流计划的数据,给出了与 Ferrel 及 Helmholtz(1888)完全相反的观点,即高压和反气旋环流在北极占主导地位。Hobbs(1910,1926)在其"冰川反气旋理论"中进一步发展了这一观点,提出了"永久性北极反气旋"假说,并在 20 世纪 20 年代和 30 年代期间被大多数气象学家和气候学家普遍接受(如 Brown,1927;Shaw,1927,1928;Bergeron,1928;Clayton,1928;Baur,1929;Schwerdtfeger,1931;Sverdrup,1935;Vangengeim,1937)。该假说的支持者们认为北极中部的海平面气压高于中纬度,最高气压与最低温度相一致;即使是 Sverdrup(1935)根据"莫德(Maud)"探险队获得的确凿证据证明了深厚气旋在冬季也会进入北冰洋这一事实,也没能对该假说构成威胁。此后,直至苏联漂流站 NP-1(Dzerdzeevskii,1941—1945)公布的气象和高空气象观测结果证实并充分补充了"莫德"探险队的结论,并提供了大量证据才真正证明了北极地区不存在永久性的反气旋。Dzerdzeevskii(1941—1945)指出,不论在夏季还是冬季,各种类型的等压系统都会在北极发生,其中就包括了强烈的气旋活动;同时他通过统计得出,夏季气旋的发生天数等于甚至超过反气旋发生的天数;这一研究和其他有力证据最终否定了"永久性北极反气旋"这一错误假说。但受 Hobbs(1926)理论的长期影响,人们对事实的认知严重滞后。1931 年之前的所有天气图(美国历史天气图系列)及使用这些天气图建立的 NCAR(美国国家大气研究中心)和 UKMO(英国气象局)格点化气压数据集都显示,北极的平均海平面气压显著偏高,北极中央区域比北大西洋区域甚至能高出 8 hPa(Jones,1987);对此,Jones 给出的解释是"……由于缺乏基本的台站数据,20 世纪 20 年代和 30 年代间,北美气象学家普遍认可北极或冰川反气旋的存在"。即使到了 1945 年,仍然有两篇发表的学术论文还在沿用这一错误假说(Dorsey,1945;Hobbs,1945)。甚至到了 1950 年,Hobbs(1948)仍坚持认为,北极存在半永久性的高压(Jones,1987)。如读者需要全面了解关于这一问题的研究进程,可查阅 Dzerdzeevskii(1954)的著作或其英文翻译版。

2.2　大尺度大气环流

北极必须从其南方获取热量以平衡大气顶部的净辐射损失,前文也提到过其绝大部分损失的能量都是通过大气环流进行补充的,因此大气环流是北极气候中非常重要的一个因素。
关于北极大致的大气环流形势,已出版的书籍通常给出的是三圈环流中的"极地环流"。在极地环流中,冷且密度较大的空气从极地高压中心向位于 60°~65°N 的低压带流动,因此东风和东北风理应在北极占主导地位。然而,正如在上一节中所介绍的,北极高压并不是北极环流的准永久性特征,因此东风事实上只是北极大西洋扇区和太平洋扇区的一个典型现象,并非普遍存在。通过对平均风向的计算也表明,北极的环流系统与纬度之间没有明显的关联性(Barry and Chorley,1992)。而在对流层中层和上层 3~10 km,环流形势相对清晰,由一个绕极的气旋性涡旋占据(Barry and Hare,1974),这主要是大尺度的赤道—极地温度梯度和地球的自转所造成的(图 2.1)。

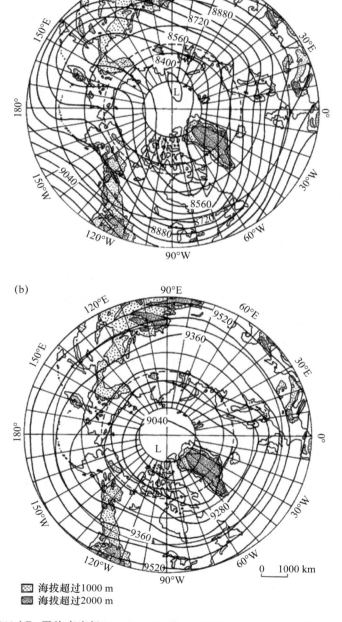

图 2.1　300 hPa 平均高度场(gpm),(a)1 月,(b)7 月(Crutcher and Meserve,1970)

长期以来,稀疏的北极观测网络给北极气压场分布的研究造成了极大的制约,这个问题至今仍然存在。因此,关于北极气压场分布的结论最初主要来自理论分析。Mohn(1905)发表了可能是全球第一张北极气压场分布图,在此基础上 Baur(1929)同时吸纳了包括"弗拉姆(Fram)"在内的不同探险队的数据和 1882—1883 年首次国际极地年内收集到的数据,对 Mohn 的结果进行了改进。Rodewald(1950)的研究也证明了 Baur 给出的气压年平均分布图对 1874—1933 年的真实大气情况具有代表性。此后,关于北极气压分布图的研究逐渐增多,细节也更加丰富,这些研究主要包括 Sverdrup,1935;Dzerdzeevskii,1941—1945;Dorsey,1949(未公开发表,由 Petterssen et al. ,1956 提供);Prik,1959;Baird,1964;Crutcher(未公开发表,由 Barry and Hare,1974 提供);Colony and Thorndike,1984;Gorshkov,1980;Atlas Arktiki,1985;Serreze et al. ,1993;Rigor and Heiberg,1997 等。在这些已公开发表的成果中,我们应当注意到 Baur 和 Sverdrup 两人都是永久性北极反气旋假说的拥护者;Baur(1929)在其文中写道"……北极点的气压在所有月份都要高于 70°N";而 Sverdrup(1935)也给出了相近的结论,并对 Baur 给出的分布图进行了修订和补充;因此其结论的代表性仍值得商榷。从 20 世纪 30 年代后半段开始,受益于漂流站 NP-1(1937 年)至 NP-31(1991 年)获得的数据,苏联科学家们加强了对北极气候的研究。如前文所述,第一个漂流站的气象观测结果(Dzerdzeevskii,1941—1945)已经成功帮助人们改变了对北极气压分布的看法。随后,Prik 在此基础上进一步深入研究,并于 1959 年发表了非常著名的研究成果,进一步证实了 Dzerdzeevskii 给出的结论;但更重要的是她发现冬季北极反气旋只有作为连接西伯利亚高压和加拿大高压的桥梁时才会存在,而有时候它会以小型反气旋的形式出现在加拿大北极群岛之上;此外 Prik 的研究成果还涉及北极气温的分布,因而该研究成果被许多人引用(Stepanova,1965;Vowinckel and Orvig,1970;Barry and Hare,1974;Sugden,1982)。20 世纪 60 年代(Baird,1964)和 70 年代[Crutcher(未公开发表,由 Barry and Hare,1974 提供)]起,平均海平面气压分布图已公开发表;但是这些图像没有提供任何关于其数据来源的信息,且与 Prik 的研究成果相比细节不足。大致而言,对于除格陵兰岛以外的北极地区的 1 月气压场分布形势,以上列举的这些研究能够基本达成一致。而在格陵兰岛,冬季我们通常能够发现反气旋(Prik,1959)或至少高压脊的发生(Baird,1964;Barry and Hare,1974)。但是,对于夏季而言,这些研究给出的气压分布却存在较大差异。例如,Baird(1964)给出的分布图显示北极点附近存在高压,Crutcher 也给出了相近的结果,只是北极点由高压脊覆盖而非高压中心;但是 Prik 却认为低压中心环绕北极点。20 世纪 80 年代,俄罗斯出版了两本介绍北极气候总体情况的图集(Gorshkov,1980;Atlas Arktiki,1985)。这两本图集中关于气压场分布的图表皆由 Prik 起草,其中,第一本图集给出了 1881—1970 年月平均气压分布情况,而第二本图集给出了 1881—1965 年 1 月和 7 月的平均气压分布情况。自 1979 年起,华盛顿大学极地科学中心建立了北极漂流浮标网络(Thorndike and Colony,1980;Rigor and Heiberg,1997)。Thorndike 和 Colony 使用了这十几个浮标资料及大约 70 个沿海站和岛屿站的数据,发布了 1979—1985 年的气压场分析结果;McLaren 等(1988)研究认为,Thorndike 和 Colony 给出的结果比前人的更准确。但在笔者看来这个结论是不可靠的,因为 Prik 在构建 Atlas Arktiki(1985)时使用了 290 个台站和 20 个漂流站的数据,显然要比 Thorndike 和 Colony 使用的数据源更充分;但我们也不能否认浮标数据在提高对北极气压分布认知上的巨大作用。Rigor 和 Heiberg(1997)及 Frolov 等(2005)公布了 1 月和 7 月平均海平面气压分布图,其分布形势与 *Atlas Okeanov* 和 Atlas Arktiki[图 2.2(a)~(d)]十分接近,也与从不同再分析数据中得出的结果基本一致[Serreze and Barry,2005(文中图 4.9);NCEP/NCAR 数据或 Turner and Marshall,2011(文中图 3.30);ECM-WF 数据]。Serreze 等(1993)采用了美国国家气象中心自 1979 年之后发布的海平面气压数据集[该数据集吸纳了北冰洋浮标计划(Arctic Ocean Buoy Program)的数据],对 1952 年 1 月至 1989 年 6 月期间的北极天气活动的气候特征进行了研究,结果发现冬季的气压场分布与前文引用的包括 Atlas Arktiki(1985)在内的大多数结论近似;但夏季的气压场分布却存在较为显著的区别,主要在于反气旋中心的位置。与 Atlas Arktiki 公布的结果[图 2.2(c)]相比,Serreze 等(1993)的结果显示尽管海平面气压在夏季北极中部和加拿大北极地区东部偏低,但平均来看并不存在明显的低压系统。

综合以上这些结论,作者认为前文中提到的俄罗斯在 20 世纪 80 年代出版的两本图集是目前关于北极海平面平均气压分布的最佳信息来源,因此本书下文的描述主要采纳这两本图集的结论,但未来仍然不排除新的研究成果不断补充和改进我们对北极中部气压分布的认知。在冬季,气压场主要以双带状形式呈现[图 2.2(a)]。第一条低气压带环绕整个北极大西洋扇区,主要受冰岛低压动态影响。在冰岛附近,锋面气旋能够形成并进入北极到达喀拉海(Kara Sea),因此在平均气压场上能够看到冰岛-喀拉海低压槽。此外整个巴芬湾区域受另外一支大槽影响。第二条高压带几乎覆盖了除白令海和白令海峡以外的北极其他部分,在西伯利亚高压和加拿大高压之间,存在一个小的高压中心(>1021 hPa)。

在春季,以 4 月平均气压场为例[图 2.2(b)],高压占据了主导地位。在加拿大北极地区北部、格陵兰岛、波弗特海(Beaufort Sea)和邻近这些地区的北冰洋上,最大气压可超过 1020 hPa。最低气压(<1012 hPa)仅在挪威和巴伦支海域(Barents seas)出现。Vowinckel 和 Orvig(1970)指出春季反气旋活动频繁发生于北极中部,"永久性北极反气旋"的旧假说在这个季节最接近成立;其他的两份研究给出的 1970—1999 年 4 月[Serreze and Barry,2005(文中 94 页)]和 1979—2009 年 3—5 月[Turner and Marshall,2011(文中 115 页)]的平均海平面气压分布结果也与这一观点不谋而合。

在夏季,气压场分布以两个高压中心为主[图 2.2(c)]。第一个中心覆盖大西洋区域中部,从新地岛到扬马延岛(Jan Mayen Island)的区域;第二个中心位于波弗特海、阿拉斯加和马更些河谷(MacKenzie Basin)上空。尽管图 2.2(c)上并未显示格陵兰岛的数据,但有证据表明格陵兰岛北部存在第三个高压中心[Serreze et al.,1993(文中图 9)]。极点附近存在一个小的低压中心(<1010 hPa),将位于大西洋区域中部和波弗特海的两个高压中心分开。低压槽一方面能够从低压中心延伸到加拿大北极地区东部(能够看到该区域存在明显的小于 1008 hPa 的低压中心),另一方面能延伸到俄罗斯北极大陆的中部。值得注意的是,北极夏季不同区域之间的气压差异明显低于其他季节(尤其是冬季);根据 Serreze 等(1993)的研究,这可能是由于"在整个北极区域,夏季气旋活动分布比冬季更加均匀,气旋反气旋的活动缺乏显著的空间分布特征,同时气压梯度在气旋和反气旋之间的过渡区域也更加均匀"。

在秋季[图 2.2(d)],气压场分布形态与冬季非常接近,只是无论对于高压中心还是低压中心,其强度都不如冬季。冰岛—喀拉海大槽在秋季覆盖的区域比冬季大,一直能够延伸到北地群岛(Severnaya Zemlya)附近。巴芬湾区域和太平洋扇区的低压范围在秋季也较冬季更广。

尽管以上图中没有给出格陵兰岛的气压分布情况,但综合其他资料来源(如 Prik,1959;Rigor and Heiberg,1997;Serreze and Barry,2005;Turner and Marshall,2011)研究发现,格陵兰全年内应有一个半永久性高压中心或至少有高压脊存在。

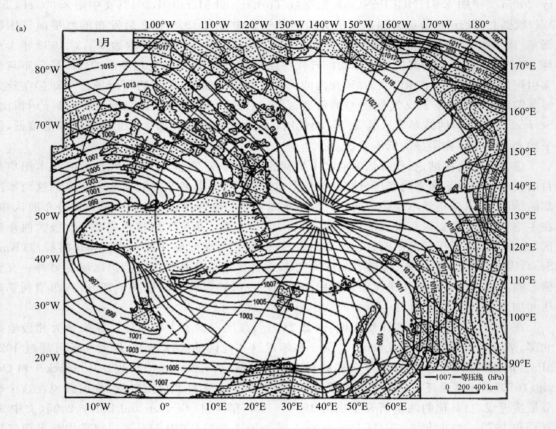

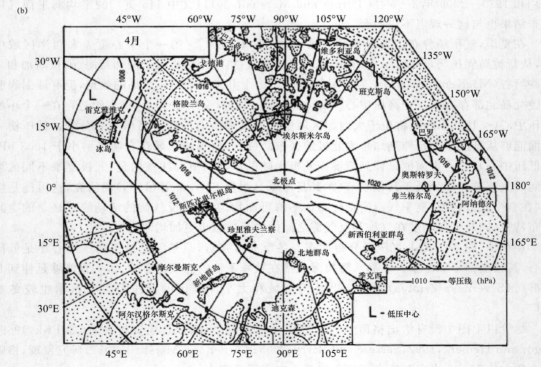

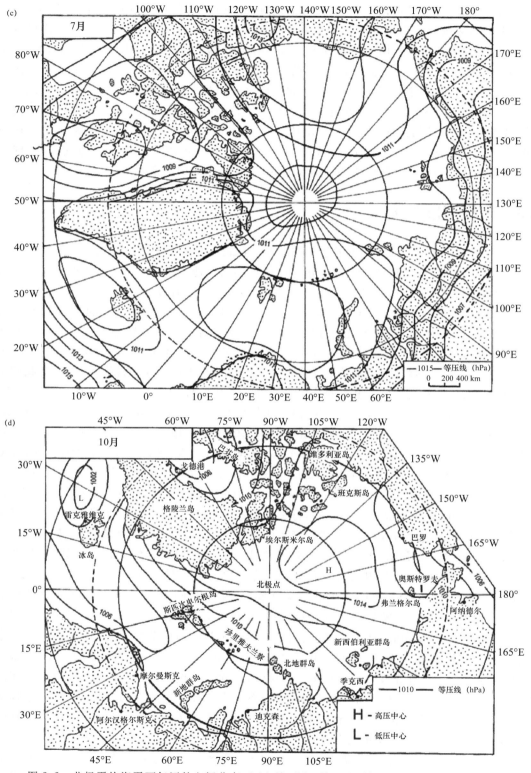

图 2.2　北极平均海平面气压的空间分布,(a)1 月,(b)4 月,(c)7 月,(d)10 月。1 月和 7 月
来自 Atlas Arktiki(1985),4 月和 10 月来自 Gorshkov(1980)

通过以上简短回顾可以看出,北极海平面气压具有显著的年内变化规律。11月—次年5月,北极大陆区域的月平均气压最大值在1013—1022 hPa;北极点的气压比位于其东西方向的陆地区域显著偏低约5 hPa,特别是与东部相比偏低幅度更加明显[Frolov et al.,2005(文中图2.7)]。北极海平面气压值最低出现在7月与8月,气压值在1007～1012 hPa振荡。在4—6月与9—10月两个时间段内,北极不同区域之间的月平均海平面气压差异全年最低,不超过3 hPa(Frolov et al.,2005)。在北极海洋性气候较为明显的区域(大西洋扇区),最高海平面气压出现在7月,最低出现在1月(Cullather and Lynch,2003),这也与该区域冬季更显著的气旋活动密不可分。Walsh(1978)计算了70°～90°N纬度带内的平均海平面气压,发现气压在4月和11月达到最高,7月和2月达到最低,具有半年的周期变化规律。

2.3 天气尺度环流

与中纬度地区类似,天气尺度的扰动控制着每日北极的天气状况。Vangengeim(1952,1961)的研究结果表明,天气过程在北极的变化速度比在中纬度地区快1.5倍。鉴于此结论和一些更早被揭示的现象不难断言,北极气候对于大气环流变化的敏感程度要比中低纬度地区更显著。

根据在NP-1号漂流站(1937年5月11日至1938年2月19日)的测量结果,Dzerdzeevskii(1941—1945,1954)率先对北极气旋和反气旋的活动频率及轨迹进行了分析,给出了北极5—10月每月气旋活动天数的频率分布图,并区分了6种北极气旋的活动类型。这些研究成果由美国加利福尼亚州大学气象系翻译成英文,发表于1954年第3号科学报告上,对我们了解北极中部的气压形势起到至关重要的作用。得益于不断加密的观测站网及更加可靠的天气图,气旋和反气旋气候学于20世纪50年代和60年代交替之际被逐渐建立起来(Keegan,1958;Ragozin and Chukanin,1959;Reed and Kunkel,1960;Gaigerov,1962,1964)。最新的研究进展包括了McKay等(1970);Gorshkov(1980);LeDrew(1983,1984,1985);Whittaker和Horn(1984);Atlas Arktiki(1985);Serreze和Barry(1988,2005);Serreze等(1993);Zhang等(2004);Bengtsson等(2006);Sepp和Jaagus(2011);Turner和Marshall(2011);Shkolnik和Efimov(2013)等。部分近期的研究通过利用不同种类的再分析资料,特别是纳入了北极海洋浮标观测计划自1979年开始采集的气压数据集的再分析资料,对北极天气系统的气候特征研究起到了积极的作用。

以上列举的这些研究对北极冬季海平面上的气旋活动形势得出了大体一致的结论[图2.3(a)],即气旋最活跃的区域为北极大西洋和巴芬湾区域。同时,根据Ragozin和Chukanin(1959)及Gaigerov(1964)给出的结果显示,东西伯利亚海也存在气旋发生频率的局地最大中心。在挪威-巴伦支-喀拉海区域,平均冬季通过气旋个数在4～6,在东西伯利亚海约为4个(Ragozin and Chukanin,1959)。气旋频率在加拿大北极地区北部、阿拉斯加和楚科奇半岛及邻近的北冰洋区域发生频率最低[图2.3(a);Zhang et al.,2004(文中的图2a);Shkolnik and Efimov,2013(文中的图2)]。Stepanova(1965)的一项更详细的分析表明,当大气环流呈现经向型或东方型时,北极中部气旋频率最高;而当大气环流呈现西方型时,气旋发生频率偏低。大多数冬季气旋从北大西洋和巴伦支海进入北极,随后向东北方向移动,一般很少到达北极西部。由其他区域进入北极的冬季气旋并不常见。

对于冬季的反气旋而言,根据Serreze和Barry(1988)的研究结果显示,1月反气旋活动范围几乎仅限于加拿大海盆。但Gaigerov(1964)认为反气旋活动最频繁出现于加拿大北极群岛的西部,同时巴伦支海也是另一个活跃区。而根据Ragozin和Chukanin(1959)的结果,冬季反气旋的频率最大值区域位于格陵兰北部和北冰洋南部临近波弗特海和楚科奇海的位置；Serreze 等(1993)对 1952/1953—1988/1989 年度北极冬季反气旋频率分布形势的研究也印证了 Ragozin 和 Chukanin(1959)的结论[图 2.3(c)]。虽然这些研究结论有一些分歧，但反气旋活动在北极西部最活跃这一点是一致的。

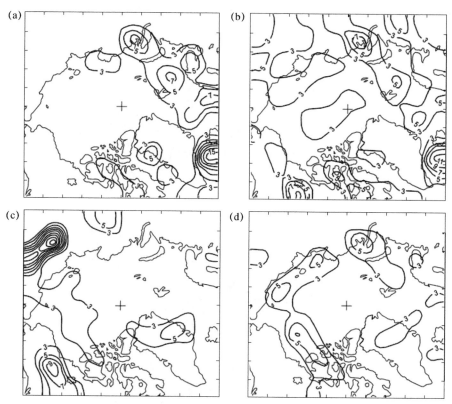

图 2.3　冬季(a,c)(1952/1953—1988/1989 年度)和夏季(b,d)(1952—1989 年)气旋(a,b)和反气旋(c,d)的活动频率(%)分布图。图中区域面积为 306000 km²，气旋的认定条件为中心气压<1012 hPa，反气旋的认定条件为中心气压>1012 hPa；同时为了突出强调天气系统的活动，图中只显示活动频率 3%以上的等值线(Serreze et al.，1993)

夏季，气压普遍下降，但气旋的发生频率与冬季相比并未发生显著变化；然而气旋频率的分布形式却出现了显著差别[对比图 2.3(b)与图 2.3(a)]，且不同科学家给出的研究结论之间存在很大的分歧(如 Ragozin and Chukanin，1959；Reed and Kunkel，1960；Gaigerov，1964；Stepanova，1965；Gorshkov，1980；Serreze and Barry，1988，2005；Serreze et al.，1993；Zhang et al.，2004)。根据 Serreze 等(1993)提供的结果，夏季气旋活动频率最高的区域中心位于巴伦支海、喀拉海及加拿大北极地区南部[图 2.3(b)]，频率次高区域位于北极中部极点附近及拉普捷夫和东西伯利亚海域。Serreze 和 Barry(1988)指出，低压系统在巴芬湾地区并不多见，但这与其他的一些研究结论完全相反，如 Serreze 等(1993)、Zhang 等(2004)及 Serreze 和 Barry(2005)等研究工作都显示在该区域存在相对活跃的低压系统，因此 Serreze 和 Barry(1988)对 1979—1985 年的北极平均天气状况的分析可能并不准确(至少在巴芬湾地区不具有代表性)。最近，Zhang 等(2004)及 Serreze 和 Barry(2005)根据同一类型的数据(NCEP/NCAR 再分析资料)分别研究了 1948—2002 年和 1970—1999 年这两个不同时间段内的北极气旋活动频率，得到的结论之间存在显著差异[比较 Zhang 等(2004)的图 2a 和 Serreze 和 Barry(2005)的图 4.10];Serreze 和 Barry (2005)的结果显示,夏季气旋频率最大值出现在北冰洋中部,而 Zhang 等(2004)及其他一些学者 [包括图 2.3(b)]的结果显示,气旋活动频率在北冰洋中部的确较高,但并非最高。气旋从不同方向进入北冰洋,源头多为西伯利亚海岸(喀拉海、拉普捷夫海和楚科奇海)、北大西洋和巴芬湾地区(图 2.4);但少量气旋能从白令海峡或加拿大北极群岛进入北极。同时,气旋轨迹于北极中部(特别是在加拿大海盆区域)交汇,这与冬天的情况(Ragozin and Chukanin,1959)显著不同。

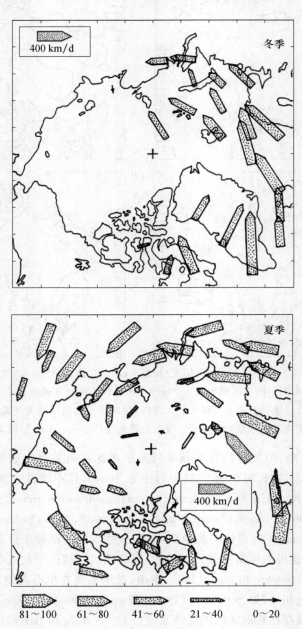

图 2.4 1975—1989 年,冬季(DJF)和夏季(JJA)平均气旋运动矢量分布图。箭头长度代表平均速度矢量大小,宽度与运动一致性指数成正比;同时图中只在气旋活动频率达到 3% 以上的网格单元上绘制矢量箭头

(Serreze et al.,1993)

对于夏季的反气旋而言,其频率分布图[图 2.3(d)]呈现出三个主要发生区域。一是加拿大北极地区西部和波弗特海,二是东西伯利亚和拉普捷夫海,三是喀拉海和巴伦支海;此外,格陵兰岛北部也存在一个较小的高频中心。Reed 和 Kunkel(1960)及 Ragozin 和 Chukanin(1959)的研究结果也给出了类似形势。无论是气旋还是反气旋,它们的移速在冬半年都显著更快,最快移速出现在 3 月(Ragozin and Chukanin,1959)。反气旋的平均移速高于气旋,3 月达到 43 km/h,9 月达到 35 km/h;而气旋平均移速在 3 月达到 40 km/h,8 月为 34 km/h。

2.4　风

我们熟知风是受到大尺度大气环流和天气尺度大气环流的共同影响的。同时,诸如地理、山脉、地形(高度和起伏程度)等局地因素都会显著影响风的速度和方向(Rae,1951;Wagner,1965;Markin,1975;Maxwell,1980,1982;Ohmura,1981;Pereyma,1983;Wójcik and Przybylak,1991)。描述北极的风的相关文献十分缺乏,以下列举的文献中或多或少涉及一些,如Mohn(1905);Sverdrup(1935);Dzerdzeevskii(1941—1945);Petterssen 等(1956);Prik(1960);Gaigerov(1962);Stepanova(1965);Vowinckel 和 Orvig(1970);Sater 等(1971);Maxwell(1980,1982);Lynch 等(2004);Small 等(2011)等。但最佳的信息来源仍然是前文所提到的那两个地图集(Gorshkov,1980;Atlas Arktiki,1985)。北极平均风速与气压呈显著的负相关,同时也与气旋活动强度呈高度正相关。在具有较低气压和较高气旋活动频率的地区(大西洋、巴芬湾和太平洋地区),1 月平均风速(图 2.5)在 6~10 m/s 变化;而在气压较高、反气旋活跃的区域(包括几乎整个北冰洋及加拿大北部和西部),平均风速最低,只有 4~6 m/s。在北极中部观测到的最高风速很少超过 25 m/s(可查看 Vowinckel 和 Orvig(1970)的表 XXXVI);而在风速最大的大西洋区域,最大风速是北极中部的 2 倍,达到 50 m/s(Gorshkov,1980),这些暴风可能与强烈的气旋或诸如"极地低压(polar lows)"等中尺度现象有关,相关内容会在下一节中详细介绍。

冬季,"极地东风带"盛行于挪威海、巴伦支海及太平洋区域(图 2.5)。来自南部西伯利亚高压的气流,途经俄罗斯北极地区的西部和中部径直向极点附近流动;气流穿越极点附近后从斯匹次卑尔根岛和格陵兰岛之间的开口处流出北冰洋。格陵兰岛是一处十分重要的海洋屏障,它使得自太平洋和东西伯利亚地区而来的气流发生急转。大部分穿越北冰洋的气团会向东南流动,流经加拿大北极地区东北部后最终到达拉布拉多海。此外,从图 2.5 可以发现,主要气流方向和局部气流方向之间可能会存在较大的差异,如格陵兰站就是典型的例子,这主要是下降风这种局地现象盛行所导致的。

在春季,反气旋活动最为活跃而气旋活动最不活跃,这一点在北极西部最为明显。在极点和格陵兰岛北部地区之间及极点和加拿大北极地区之间的反气旋发生频率最大的区域(频率>15%),风向很难有规律可循;但平均风速(图 2.6)和最大风速都一致达到最低,分别为<4 m/s 和<20 m/s。Alert 站和 Isachsen 站观测到有 59% 和 32% 的静风出现。除楚科奇半岛外,俄罗斯北极地区海岸盛行南风和西南风;在其他区域,主要气流与冬季类似。在北极西部,平均风速很少超过 6 m/s,只有在加拿大南部和巴芬湾地区观测到更高的风速。与冬季一样,最强风也发生在大西洋地区的南部。

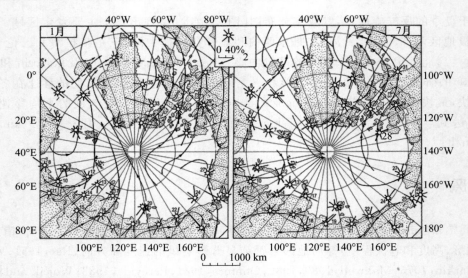

图 2.5　北极地区不同气象观测站上风发生频率(%)(1)及主要盛行气流(2)(Atlas Arktiki,1985)。这些气象站为 1. Ivigtut；2. Angmagssalik；3. Nord；4. Jan Mayen；5. Ship M；6. Annenes；7. Björnöya；8. Indiga；9. Malye Karmakuly；10. Amderma；11. Salekhard；12. Mys　Zhelaniya；13. Ostrov　Yedineniya；14. Ostrov Dikson；15. Dudinka；16. Khatanga；17. Mys Chelyuskin；18. Zilinda；19. Tiksi；20. Ostrov Kotelny；21. Chokurdakh；22. Ostrov Chetyrekhstolbovoy；23. Markovo；24. Ostrov Vrangel；25. Uelen；26. Nome；27. Barrow；28. Mould Bay；29. Cambridge Bay；30. Resolute；31. Chesterfi eld Inlet；32. Clyde；33. Thule；

34. Alert；35. Upernavik

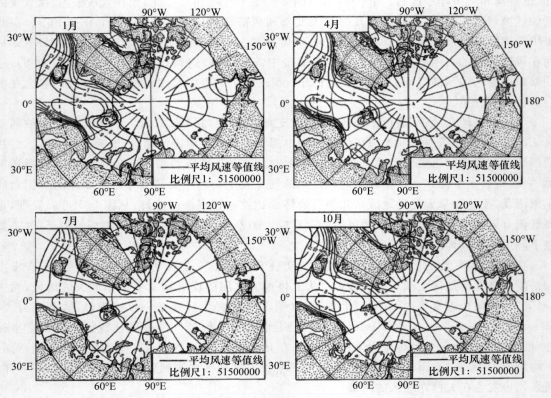

图 2.6　北极 1 月、4 月、7 月、10 月的月平均风速(Gorshkov,1980)

在夏季,加拿大北极地区和挪威海的主要气流与冬季分布形式总体一致(图 2.5)。西南风和西风盛行于巴伦支海北部,北风和东风盛行于绝大多数俄罗斯北极地区。从太平洋区域吹来的气流,向着极点附近的低压区域流动,而同样到达极点附近低压区域的还有自另一侧格陵兰海而来的气流,这也意味着夏季北冰洋中部有一个明显的气流辐合区。同时,在这一季节,加拿大北极地区和北冰洋的风速大多略高于春季(图 2.6),但风速在大西洋和巴芬湾区域却较低,很少能超过 6 m/s。总体而言,最大风速的分布形式与冬季仍可保持基本一致。

在秋季,气压和天气活动的扰动与冬季基本一致(参考 *Atlas Okeanov* 的图 2.2a,d 及相关分布图),因此平均风速的分布形式(图 2.6)也近乎一致,只是平均风速在除太平洋区域以外的其他区域都普遍略低。太平洋区域风速较大主要与该季节内通过白令海峡进入楚科奇海的气旋数量激增有关。较强的气旋活动也导致喀拉海、拉普捷夫海和东西伯利亚海域的风速加快。

2.5　局地环流和中尺度扰动

如上一节开头所述,局地因素有时会显著改变地表风速和风向,从而在很大程度上掩盖了大尺度环流的特征。此外,局地环流和其他中尺度现象如极地低压(polar lows)同样可以显著改变风的特征。因此,在描述大尺度的大气环流时,受局地过程影响显著的台站(特别是地面站)的风速风向观测并不具有代表性,应利用地转风作为地表风的参考。

2.5.1　局地风

Barry(1981)对三种“下沉”类型的风现象进行了命名,分别称为布拉风(bora)、焚风(foehn)和(中尺度)下降风(katabatic wind)。下降风指的是在平静晴朗的大气条件下,地表附近由于夜间辐射冷却,局地空气在重力作用下顺地形流动产生的运动;布拉风则是由冰盖上方较冷的空气在重力作用下顺冰盖斜坡运动造成的,其风速大小主要取决于坡度的陡峭程度及冰盖顶部与海岸之间的气压梯度。

布拉风在格陵兰岛较为常见(Loewe,1935;Putnins,1970;Broeke et al.,1994;Heinemann,2002;Cappelen,2013),通常由岛内吹向海岸。在极夜和极昼情况下,布拉风和下降风较难区分,且都具有冷、干燥和阵性特点,因此笔者建议把它们都归为下降风。下降风在冰盖上十分常见(Putnins,1970),通常在晴朗的天气条件下,只要某个地区的高海拔地形面积足够大,近地面空气由于辐射冷却效应显著降温并盘踞积累,就能为下降风的发生提供有利条件。根据 Loewe(1935)的观测结果,Weststation 和 Eismitte 站有 3/4 的时间段都观测到了下降风,且它们在冬季半年更常见(见图 2.6 中格陵兰站的风向)。以下这些地区也都有关于下降风的观测记录,如在新地岛(Vize,1925;Kanevskiy,1962;Shapaev,1959;Barry and Chorley,1992;Zeeberg,2002;Moore,2013),斯瓦尔巴群岛,法兰士约瑟夫地群岛(Zemlya Frantsa Josifa)、弗兰格尔岛(Ostrov Vrangelya)(Shapaev,1959),喀拉海、拉普捷夫海、东西伯利亚和楚科奇海的海岸(Shapaev,1959),以及加拿大北极群岛的一些岛屿(Maxwell,1980;Hudson et al.,2001)。

焚风也频发于北极,是发生在山地背风坡区域的一种干燥温暖、阵性的大风天气现象,主要是由于气流下坡时绝热压缩产生的。焚风的垂直范围并不厚,但其温度的升高十分剧烈,异常强烈的焚风甚至可以升温 30 ℃ 以上(Schatz,1951)。它们持续的时间并不长,一般不会超过 2~5 d。通常而言，具有足够高的山脊的北极区域都有可能观测到焚风现象的发生，如在斯匹次卑尔根岛(Rempp and Wagner，1917；Pereyma，1983；Wójcik et al.，1983；Kalicki，1985；Marciniak et al.，1985；Gluza and Piasecki，1989)，新地群岛(Vize，1925；Shapaev，1959；Kanevskiy，1962；Kanevskiy and Davidovich，1968；Zeeberg，2002)，法兰士约瑟夫地群岛(Krenke and Markin，1973)，喀拉海、拉普捷夫海、东西伯利亚和楚科奇海的海岸(Shapaev，1959)，阿拉斯加(Gledonova，1971)和加拿大北极地区(Defant，1951；Andrews，1964；Barry，1964；Müller and Roskin-Sharlin，1967；Jackson，1969；Gledonova，1971；Hudson et al.，2001)。在格陵兰岛，焚风形成的暖平流在两侧海岸都朝向大海而去(Putnins，1970；Cappelen，2013)。

像海陆风这样的一些局地风过程在北极发生的频率较下降风和焚风少得多。海风主要发生在北极的夏季，由温暖的陆地和相对寒冷的海水之间较强的温度梯度引发。Shapaev(1959)指出，7月和8月，北极各海洋沿岸和大型岛屿沿岸都会出现海风环流。Jackson(1969)指出，夏季海风是加拿大北极地区坦库里峡湾(Tanquary Fiord)西南风发生的重要因素。在阿拉斯加海岸，海风的影响也被一些研究提到(Moritz，1977；Walsh，1977；Kozo，1982a，b)。Wójcik和Kejna(1991)通过对霍恩松德(Hornsund，斯匹次卑尔根)的风向研究表明，海风出现频率在中午和下午达到最大。而在冬季，陆风最易发生在温暖的开放水域与寒冷的陆地海岸或浮冰区交接的地方(Maxwell，1980)。

在温暖的半年中，丘陵和山区区域也可能发生山(下吹)谷(上升)风。温暖的晴天里，山谷中的热空气顺着山谷轴线上升产生谷风；而在夜间，这个过程逆转，高海拔的冷且密度较大的空气向下流动，产生山风。当冰川覆盖山谷的上部时，冰川风会与山风融合，成为山风的一种特殊形式；一般在夜间和白天都会发生，但风力在白天时相对较弱，且通常只存在于冰川上方小于2 m的浅层中。

2.5.2　极地低压

对于极地低压的研究历史时间并不长，Turner等(1991)提到这段研究历史只有30年的时间。英国气象学家们最先使用"极地低压"一词来描述影响不列颠群岛的冷低压系统(Meteorological Office，1962)。Businger和Reed(1989)给出了极地低压的粗略定义："任何一种在向极急流或锋区内的冷性气团中形成的较小的天气尺度或次天气尺度气旋，其系统内云的主体多由对流触发。"典型的极地低压直径从数百千米至1000多千米不等，强度也可能是柔和的微风，但有其者也能达到飓风量级(如Reed，1979；Rasmussen，1981，1983；Locatelli et al.，1982；Shapiro et al.，1987)，因此极地低压能够显著地改变局地的天气状况。

极地低压主要发生于巴伦支海和挪威海(Rasmussen，1985a，b；Shapiro et al.，1987；Noer et al.，2011)，但也有极少量发生在格陵兰海(Fett，1989)、拉布拉多海和加拿大北极地区东南部(Hudson et al.，2001)、波弗特和楚科奇海(Parker，1989)，以及白令海(Businger，1987)。低压自海上到达陆地或浮冰区后由于热量和水汽来源的限制会迅速衰亡(Hudson et al.，2001)。

对于极地低压发生频率最高的地区(北极的大西洋扇区，特别是北欧海域)，气候学方面的研究也有所涉及。Wilhelmsen(1985)以天气图、船舶和海岸站的天气现象观测及1972—1982年的一些卫星图像为基础开展了极地低压的气候学研究，并很可能是相关研究工作的第一人(Noer et al.，2011)。近期，Zahn和von Storch(2008)利用美国国家环境预测中心/国家大气研究中心(NCEP/NCAR)1948—2006年的再分析资料及动态降尺度方法(嵌套模型)对北大

西洋极地低压的气候学进行了研究,发现极地低压发生频率并未出现显著的变化趋势。Noer
等(2011)根据挪威气象研究所的有经验预报员编制的极地低压目录及卫星红外图像,对
2000—2009 年的极地低压开展气候学研究,发现极地低压的年平均数约等于 12,平均分布于
挪威海和巴伦支海区域[详见 Noer 等(2011)的图 5];频率最高的区域位于挪威大西洋流的暖
区,区域内 9—5 月都能产生极地低压,这些系统离开挪威海岸后向北移动;而冬季(11—3 月)
长时间序列统计结果显示平均每月也都有超过一个极地低压发生。有关极地低压的更多信
息,可以参阅一本名为《极地和北极低压》(*Polar and Arctic Lows*)的出版物(Twitchell et
al.,1989)及最近发表的一些综述性文章(Rasmussen and Turner,2003;Renfrew,2003)。

参考文献

Andrews R H. 1964. Meteorology and heat balance of the ablation area, White Glacier. Axel Heiberg Island Re-
　　search Reports, Meteorology, No. 1, McGill Univ. , Montreal:107 pp.

Atlas Arktiki. 1985. Glavnoye Upravlenye Geodeziy i Kartografi y. Moscow:204 pp.

Baird P D. 1964. The Polar World. London:Longmans:328 pp.

Barry R G. 1964. Weather Conditions at Tanquary Fiord, Summer 1963. Canada Defense Research Board, Re-
　　port D. Phys. R(G)Hazen 23:36 pp.

Barry R G. 1981. Mountain Weather and Climate. London and New York:Methuen:313 pp.

Barry R G, Chorley R J. 1992. Atmosphere, Weather and Climate. London and New York:Routledge:392 pp.

Barry R G, Hare F K. 1974. Arctic climate. *In*:Ives J D, Barry R G. Arctic and Alpine Environments. London:
　　Methuen & Co. Ltd. :17-54.

Baur F. 1929. Das Klima der bisher erforschten Teile der Arktis. Arktis,2:77-89 and 110-120.

Bengtsson L, Hodges K I, Roeckner E. 2006. Storm tracks and climate change. J. Climate,19:3518-3543.

Bergeron T. 1928. Uber die dreidimensional verknupfende Wetteranalyse. Geofysiske Publikasjoner, vol. V, No. 6.

Broeke M R, van den Duynkerke P G, Henneken E A C. 1994. Heat, momentum and moisture budgets of the
　　katabatic layer over the melting zone of the West Greenland ice sheet in summer. Boundary Layer Meteor-
　　ology,71:393-413.

Brown R N R. 1927. The Polar Regions:A Physical and Economic Geography of the Arctic and Antarctic. Lon-
　　don:Methuen & Co. Ltd. :245 pp.

Businger S. 1987. The synoptic climatology of polar low outbreaks over the Gulf of Alaska and the Bering
　　Sea. Tellus,39A:307-325.

Businger S, Reed R J. 1989. Polar lows. *In*:Twitchell P F, Rasmussen E A, Davidson K L. Polar and Arctic
　　Lows. Hampton:A. Deepak Publishing:3-45.

Cappelen J. 2013. Greenland-DMI Historical Climate Data Collection 1873—2012. Technical Report 13-04,
　　DMI:75 pp.

Clayton H H. 1928. The bearing of polar meteorology on world weather. *In*:Joerg W, Louis G. Problems of Po-
　　lar Research. Amer. Geogr. Paper, Amer. Geogr. Soc. Special Publ. , No. 7, New York:27-37.

Colony R, Thorndike A S. 1984. An estimate of the mean field of Arctic sea ice motion. J. Geophys. Res. ,89
　　(6):10623-10629.

Crutcher H J, Meserve J M. 1970. Selected Level Height, Temperatures, and Dew Points for the Northern
　　Hemisphere. NAVAIR 50-1C-52(revised), Chief of Naval Operations, Naval Weather Service Command,
　　Washington, D. C. :420 pp.

Cullather R I,Lynch A H. 2003. The annual cycle and interannual variability of atmospheric pressure in the vicinity of the North Pole. Int. J. Climatol. ,23:1161-1183.

Defant F. 1951. Local winds. In: Malone T F. Compendium of Meteorology. Boston,Mass. : Amer. Met. Soc. : 655-672.

Dorsey H G. 1945. Some meteorological aspects of the Greenland ice cap. J. Meteorol. ,2:135-142. Dorsey H H. 1949. Meteorological Characteristics of Northern Arctic America. Mass. Inst. of Tech. ,unpublished.

Dzerdzeevskii B L. 1941—1945. Circulation of the atmosphere in the Central Basin. In: Trudy Dreifuyushchei Stantsii " Severnyi Polyus ",vol. 2,izd. GUSMP:64-200(in Russian),Transl. Univ. of Calif. ,Dep. of Meteorol. ,Scient. Rep. No. 3,1954,variously paged.

Dzerdzeevskii B L. 1954. Circulation Models in the Troposphere of the Central Arctic,Moscow Leningrad. (in Russian). Transl. Univ. of Calif. ,Dep. of Meteorol. ,Scient. Rep. No. 3,1954:1-40.

Ferrel W. 1882. The cause of low barometer in the Polar regions in the central part of cyclones. Prof. Papers of the Signal Service,U. S. War Dept. ,No. VIII:5-51.

Ferrel W. 1889. A Popular Treatise on the Winds. New York:Wigley:505 pp.

Fett R W. 1989. Polar low development associated with boundary layer fronts in the Greenland,Norwegian and Barents Seas. In: Twitchell P F. Rasmussen E A, Davidson K L. Polar and Arctic Lows. Hampton: A. Deepak Publishing:313-322.

Frolov I E,Gudkovich Z M,Radionov V F,Shirochkov A V,Timokhov L A. 2005. The Arctic Basin. Results from the Russian Drifting Stations. Chichester:Praxis Publishing Ltd. :272 pp.

Gaigerov S S. 1962. Problems of the Aerological Structure Circulation and Climate of the Free Atmosphere of the Central Arctic and Antarctic. Moskva:Izd. AN SSSR:316 pp. (in Russian).

Gaigerov S S. 1964. Aerology of the Polar Regions,Gidrometeoizdat,Moskva(in Russian). Translated also by Israel Program for Scientific Translations,Jerusalem,1967:280 pp.

Gledonova N K. 1971. Isobaric fi elds and wind. In: Dolgin I M. Meteorological Conditions of the non-Soviet Arctic. Leningrad:Gidrometeoizdat:69-83(in Russian).

Gluza A F,Piasecki J. 1989. The role of atmospheric circulation in formation of climatic features at South Bellsund in spring-summer season of 1987. In: Repelewska-Pękalowa J, Pękala K. Wyprawy Geografi czne UMCS w Lublinie na Spitsbergen 1986—1988. Sesja Polarna 1989,UMCS Lublin:9-28(in Poli sh).

Gorshkov S G. 1980. Military Sea Fleet Atlas of Oceans:Northern Ice Ocean. USSR:Ministry of Defense:184 pp. (in Russian).

Heinemann G. 2002. Aircraft-based measurements of turbulence structure in the katabatic flow over Greenland. Boundary Layer Meteorology,103:49-81.

Helmholtz H von. 1888. Über atmosphärische Bewegungen. Meteor. Zeit. ,5:329-340.

Hobbs W H. 1910. Characteristics of the inland ice of the Arctic regions. Proc. Amer. Phil. Soc. ,49:57-129.

Hobbs W H. 1926. The Glacial Anticyclones,the Poles of the Atmospheric Circulation. New York:Macmillan: 198 pp.

Hobbs W H. 1945. The Greenland glacial anticyclone. J. Meteorol. ,2:143-153.

Hobbs W H. 1948. The climate of the Arctic as viewed by the explorer and the meteorologist. Science,108:193-201.

Hudson E,Aihoshi D,Gaines T,Simard G,Mullock J. 2001. The Weather of Nunavut and the Arctic. NAV CANADA:233 pp.

Jackson C I. 1969. The summer climate of Tanquary Fiord,N. W. T'. ,Arctic Meteor. Res. Group,Publ. Meteor. ,No. 95,McGill Univ. ,Montreal:65 pp.

Jones P D. 1987. The early twentieth century Arctic high-fact or fiction? Clim. Dyn. ,1:63-75.

Kalicki T. 1985. The foehnic effects of the NE winds in Palffyodden region(Sorkappland). Prace Geogr. ,63:99-105.

Kanevskiy Z M. 1962. Climatological characteristics of the Russkaya Gavan' region (Novaya Zemlya). In: Sb. Issledovania Lednikov i Lednikovykh Rayonov. vyp. 2,Moskva,Izd. AN SSSR:112-143(in Russian).

Kanevskiy Z M,Davidovich N N. 1968. Climate. In:Glaciation of the Novaya Zemlya. Izd. "Nauka",Moskva:41-78(in Russian).

Keegan T J. 1958. Arctic synoptic activity in winter. J. Meteorol. ,15:513-521.

Kozo T L,1982a. An observational study of sea breezes along the Alaskan Beaufort Sea Coast:part I. J. Appl. Metr . ,21:891-905.

Kozo T L,1982b. A mathematical model of sea breezes along the Alaskan Beaufort Sea Coast:part II. J. Appl. Metr . ,21:906-924.

Krenke A N,Markin V A. 1973. Climate of the archipelago in ablation season. In: Glaciers of Franz Joseph Land. Izd. "Nauka",Moskva:59-69(in Russian).

LeDrew E F,1983. The dynamic climatology of the Beaufort to Laptev sectors of the Polar Basin for the summer of 1975 and 1976. J. Climatol. ,3:335-359.

LeDrew E F. 1984. The role of local heat sources in synoptic activity within the Polar Basin. Atmos. -Ocean,22: 309-327.

LeDrew E F. 1985. The dynamic climatology of the Beaufort to Laptev sectors of the Polar Basin for the winter of 1975 and 1976. J. Climatol. ,5:253-272.

Locatelli J D,Hobbs P V,Werth J A. 1982. Mesoscale structures of vortices in polar air streams. Mon. Wea. Rev. ,107:1417-1433.

Loewe F. 1935. Das Klima des Grönlandischen Inlandeises. In:Köppen W,Geiger R. Handbuch der Klimatologie,Bd. II,Teil K,Klima des Kanadischen Archipels und Grönlands. Berlin:Verlag von Gebrüder Borntraeger:K67-K101.

Lynch A H,Curry J A,Brunner R D,Maslanik. 2004. Toward an integrated assessment of the impacts of extreme wind events on Barrow,Alaska. Bull. Amer. Met. Soc. ,85:209-221.

Marciniak K,Marszelewski W,Przybylak R. 1985. Air temperature on the Elise and Waldemar glaciers /NW Spitsbergen/ in the summer season-comparative study. In:XII Sympozjum Polarne,Materiały. Szczecin:31-42(in Polish).

Markin V A. 1975. The climate of the contemporary glaciation area. In: Glaciation of Spitsbergen(Svalbard) . Izd. Nauka,Moskva:42-105(in Russian).

Maxwell J B. 1980. The climate of the Canadian Arctic islands and adjacent waters. vol. 1. Climatological studies. No. 30,Environment Canada,Atmospheric Environment Service:531.

Maxwell J B. 1982. The climate of the Canadian Arctic islands and adjacent waters. vol. 2. Climatological studies. No. 30,Environment Canada,Atmospheric Environment Service:589.

McKay G A,Findlay B F,Thompson H A. 1970. A climatic perspective of tundra areas. In:Fuller W A,Kevan P G. Productivity and Conservation in Northern Circumpolar Lands. IUCN Publ. ,No. 16,Morges:10-23.

McLaren A S,Serreze M C,Barry R G. 1988. Seasonal variations of atmospheric circulation and sea ice motion in the Arctic. In:Amer. Met. Soc. , Second Conference on Polar Meteorology and Oceanography. Boston: 20-23.

Meteorological Office. 1962. A Course in Elementary Meteorology. Met. 0. 707,Her Majesty's Stationary Office,London,WC1V 6HB:189 pp.

Mohn H. 1905. Meteorology. The Norwegian North Polar Exped. 1893—1896. Scient. Res. ,vol. VI,Christiania-London-New York-Bombay-Leipzig:659 pp.

Moore G W K. 2013. The Novaya Zemlya bora and its impact on Barents Sea air-sea interaction. Geophys.

Res. Lett. ,40;3462-3467,DOI;10. 1002/grl. 50641.

Moritz R E. 1977. On a possible sea-breeze circulation near Barrow, Alaska. Arctic & Alpine Res. ,9;427-431.

Müller F,Roskin-Sharlin N. 1967. A High Arctic Climate Study on Axel Heiberg Island. Axel Heiberg Island Research Reports,Meteorology,No. 3,McGill Univ. ,Montreal;82 pp.

Noer G,Saetra Ø,Lien T,Gusdal Y. 2011. A climatological study of polar lows in the Nordic Seas. Q. J. R. Meteorol. Soc . ,DOI;10. 1002/qj. 846.

Ohmura A. 1981. Climate and energy balance of Arctic tundra. Zürcher Geographische Schriften,3,Zürcher;448 pp.

Parker M N. 1989. Polar lows in the Beaufort Sea. In;Twitchell P F,Rasmussen E A,Davidson K L. Polar and Arctic Lows. A. Hampton;Deepak Publishing;323-330.

Pereyma J. 1983. Climatological problems of the Hornsund area-Spitsbergen. Acta Univ. Wratisl. ,714;134 pp.

Petterssen S,Jacobs W C,Hayness B C. 1956. Meteorology of the Arctic. Washington,D. C. ;207 pp.

Prik Z M. 1959. Mean position of surface pressure and temperature distribution in the Arctic. Trudy ANII,217; 5-34(in Russian).

Prik Z M. 1960. Basic results of the meteorological observations in the Arctic. Probl. Arkt. Antarkt. ,4;76-90 (in Russian).

Putnins P. 1970. The climate of Greenland. In;Orvig S. Climates of the Polar Regions,World Survey of Climatology. vol. 14. Amsterdam-London-New York;Elsevier Publ. Comp. ;3-128.

Rae R W. 1951. Climate of the Canadian Arctic Archipelago. Toronto;Department of Transport,Met. Div. ; 90 pp.

Ragozin A I,Chukanin K I. 1959. Mean trajectories and velocities of pressure systems in the European Arctic and in the Subarctic. In;Sbornik statei po meteorologii. Trudy ANII,217,36-64(in Russian).

Rasmussen E. 1981. An investigation of polar low with a spiral cloud structure. J. Atmos. Sci. ,38;1785-1792.

Rasmussen E. 1983. A review of mesoscale disturbances in cold air masses. In; Lilly D K, Galchen T. Mesoscale,Meteorology-theories,Observations and Models. Boston;Reidel;247-283.

Rasmussen E. 1985a. A case study of a polar low development over the Barents Sea. Tellus,37A;407-418.

Rasmussen E. 1985b. Paskestormen et baroklink polart lavtryk. Vejret,4-7 Argang;3-17.

Rasmussen E A,Turner J. 2003. Polar Lows;Mesoscale Weather Systems in the Polar Regions. Cambridge; Cambridge University Press.

Reed R J. 1979. Cyclogenesis in polar air streams. Mon. Wea. Rev. ,107;38-52.

Reed R J,Kunkel B A. 1960. The Arctic circulation in summer. J. Meteorol. ,17;489-506.

Rempp G,Wagner A. 1917. Die Hydrodynamik des Föhns und die "lokalen" Winde in Spitzbergen,Deutsches Observatorium,Ebeltofthafen-Spitzbergen. Veroffentlichungen,7;12 pp.

Renfrew I A. 2003. Polar Lows. In;Holton J R,Curry J A,Pyle J A. Encyclopedia of Atmospheric Science's. London and San Diego;Academic Press;1761-1768.

Rigor I G, Heiberg A. 1997. International Arctic Buoy Program Data Report; 1 January 1996-31 December 1996. Advance Copy Technical Memorandum APL-UW TM5-97,Seattle;163 pp.

Rodewald M. 1950. Zur Frage der Luftdruckverhältnisse in der Arktis. Ann. Meteorol. ,3;284-290.

Sater J E,Ronhovde A G,Van Allen L C. 1971. Arctic Environment and Resources. Washington;The Arctic Inst. of North America;310 pp.

Schatz H. 1951. Ein Föhnsturm in Nordostgrönland. Polarforschung,3;13-14.

Schwerdtfeger W. 1931. Zur Theorie polarer Temperatur-und Luftdruckwellen. Veroff. des Geophysikalischen Instituts der Universitat Leipzig. II,Serie,Bd. IV,H. 5.

Sepp M,Jaagus J. 2011. Changes in the activity and tracks of Arctic cyclones. Climatic Change,105;577-595.

Serreze M C, Barry R G. 1988. Synoptic activity in the Arctic Basin in summer, 1979—1985. *In*: Amer. Met. Soc. , Second Conference on Polar Meteorology and Oceanography. March 29-31, 1988. Boston: Madison, Wisc. ; 52-55.

Serreze M C, Barry R G. 2005. The Arctic Climate System. Cambridge: Cambridge University Press; 385 pp.

Serreze M C, Box J E, Barry R G, Walsh J E. 1993. Characteristics of Arctic synoptic activity, 1952—1989. Meteorol. Atmos. Phys. , 51 : 147-164.

Shapaev W M. 1959. Basic data about local disturbances of wind and about representatives of the meteorological stations in the Soviet Arctic. Trudy AANI, 217 : 87-98(in Russian).

Shapiro M A, Fedor L S, Hampel T. 1987. Research aircraft measurements within a polar low over the Norwegian Sea. Tellus, 37 : 272-306.

Shaw N. 1927. The influence of the north polar region upon the meteorology of the northern hemisphere. *In*: Breitfuss L. Internat. Studiengesellschaft zur Erforschung der Arktis mit dem Luftschiff (Aeroarctic), Gotha: Justus Perthes : 25-30.

Shaw N. 1928. Manual of Meteorology. vol. II, Cambridge.

Shkolnik I M, Efimov S V. 2013. Cyclonic activity in high latitudes as simulated by a regional atmospheric climate model: added value and uncertainties. Environ. Res. Lett. , 8, doi: 10. 1088/1748-9326/8/4/045007.

Small D, Atallah E, Gyakum J. 2011. Wind regimes along the Beaufort Sea Coast favorable for strong wind events at Tuktoyaktuk. J. Appl. Metr. &Climatol. , 50 : 1291-1306.

Stepanova N A. 1965. Some Aspects of Meteorological Conditions in the Central Arctic: A review of U. S. S. R. Investigations. Washington: U. S. Department of Commerce, Weather Bureau: 136 pp.

Sugden D. 1982. Arctic and Antarctic. A Modern Geographical Synthesis. Oxford: Basil Blackwell: 472 pp.

Sverdrup H U. 1935. Übersicht uber das Klima des Polarmeeres und des Kanadischen Archipels. *In*: Köppen W, Geiger R. Handbuch der Klimatologie, Bd. II, Teil K, Klima des Kanadischen Archipels und Grönlands. Berlin: Verlag von Gebrüder Borntraeger: K3-K30.

Thorndike A S, Colony R. 1980. Arctic Ocean Buoy Program Data Report: 1 January 1979-31 December 1979. Seattle: Polar Science Center, University of Washington: 131 pp.

Turner J, Lachlan-Cope T, Rasmussen E A. 1991. Polar lows. Weather, 46(4) : 107-114.

Turner J, Marshall G J. 2011. Climate Change in the Polar Regions. Cambridge: Cambridge University Press: 434 pp.

Twitchell P F, Rasmussen E A, Davidson K L. 1989. Polar and Arctic Lows. Hampton: A. Deepak Publishing: 421 pp.

Vangengeim G Ya. 1937. Meteorological conditions of the region of Franz Joseph Land in the warm season of the year(April-August). Trudy Arkt. Inst. , 103 : 3-64(in Russian).

Vangengeim G Ya. 1952. Bases of the macrocirculation method for long-term weather forecasts for the Arctic. Trudy ANII, 34 : 314 pp. (in Russian).

Vangengeim G Ya. 1961. Degree of the atmospheric circulation homogeneity in different parts of Northern Hemisphere under the existence of main macrocirculation types W, E and C. Trudy AANII, 240 : 4-23(in Russian).

Vize V Yu. 1925. Novaya Zemlya's bora. Izv. Central'nogo Gidrometeorologicheskogo biuro, vyp. 5(in Russian).

Vowinckel E, Orvig S. 1970. The climate of the North Polar Basin. *In*: Orvig S. Climates of the Polar Regions, World Survey of Climatology, 14, Elsevier Publ. Comp. , Amsterdam-London-New York: 129-252.

Wagner G. 1965. Klimatologische Beobachtungen in Südostspitzbergen 1960. Wiesbaden: Franz Steiner Verlag: 69 pp.

Walsh J E. 1977. Measurements of the temperature, wind, and moisture distribution across the northern coast of

Alaska. Arctic & Alpine Res . ,9:175-182.

Walsh J E. 1978. Temporal and spatial series of the Arctic circulation. Mon. Wea. Rev. ,106:1532-1544.

Whittaker L M, Horn L H. 1984. Northern Hemisphere extratropical cyclone activity. J. Climatol . ,4:297-310.

Wilhelmsen K. 1985. Climatological study of gale-producing polar lows near Norway. Tellus,37A:451-459.

Wójcik G,Kejna M. 1991. Annual distribution of wind direction frequencies and annual and daily course of wind velocity in Hornsund(SW Spitsbergen). Acta Univ. Wratisl. ,1213,Prace Inst. Geogr. , Ser. A, t. V:351-363(in Polish).

Wójcik G,Marciniak K,Przybylak R. 1983. Air humidity during the summer on the coastal Kaffi öyra Plain and Waldemar Glacier (NW Spitsbergen) . *In*: Olszewski A, Wójcik G. Polskie Badania Polarne 1970—1982. Rozprawy UMK, X Sympozjum Polarne,Toruń:187-199(in Polish).

Wójcik G,Przybylak R. 1991. Meteorological conditions on the Kaffi öyra Plain(NW Spitsbergen)in the period 14th July-9th September 1982. Acta Univ. Nicolai Copernici,Geografi a,22,Toruń:109-124(in Polish).

Zahn M,von Storch H. 2008. A long-term climatology of North Atlantic polar lows. Geophys. Res. Lett . ,35, L22702. DOI:10. 1029/2008GL035769.

Zeeberg J. 2002. Climate and Glacial History of the Novaya Zemlya Archipelago,Russian Arctic. Amsterdam: Rozenberg Publishers:174 pp.

Zhang X D,Walsh J E,Zhang J,Bhatt U S,Ikeda M. 2004. Climatology and interannual variability of arctic cyclone activity:1948—2002. J. Climate,17:2300-2317.

第3章 辐射和能量状况

我们可以将北极光量测定的历史分为5个主要阶段：

第一阶段：19世纪内。在19世纪，太阳辐射主要是通过普通温度计进行测量的。即将温度计置于阳光和阴影中，并使其玻璃泡分别处于遮挡或裸露状态，通过所测得的读数之间的差值来估计辐射强度。Gavrilova(1963)指出，John Franklin 在 1825 年、1826 年和 1827 年远征北冰洋期间(Franklin,1828)首次使用该方法进行了测量。此后，多个北极考察队都进行了效仿(*Solar Radiation*……,1876;*Report of the International*……,1885;*Observations of the International*……,1886)。

第二阶段：19世纪末至第二次国际极地年(1932/1933年度)间。19世纪末(1893年)，Ångström 发明了第一支日射强度计，是光量测定历史上的重要里程碑。Westman(1903)首次在斯匹次卑尔根的特雷伦贝格湾(Treurenberg Bay)使用该仪器进行了测量，随后的20世纪20年代至30年代初，该类测量方式被广泛应用(如 Kalitin,1921,1924,1929;Götz,1931;Mosby,1932;Georgi,1935;Kopp,1939;Wegener,1939)。但问题在于这些测量结果在时间上不具有连续性，因此大多数科学家都认为，需要建立观测站网来更好地解决北极的辐射测量问题。

第三阶段：第二次国际极地年至1950年间。1932—1933年，首次连续的光量测定在多个观测站同步开展。同时，俄罗斯也在北极建立了光量测定观测网(6个站)，成为这一时期的又一个重要进展。

第四阶段：1950年至卫星时代伊始(约1972年)。大多数北极地区现存的光量测定站就是在这一时期(主要是在20世纪50年代)建立的，这些站点主要坐落于俄罗斯北极地区，数量约20个[Gavrilova(1963)的图1]。此外，从1950年开始，北极中部的漂流站"Severnyy Polyus"也开始开展常规测量工作(Volkov,1958;Sychev,1959)。

第五阶段：卫星时代至今。在此阶段内，除了标准的原位测量[包括1991年前和2003年至今的俄罗斯漂流站观测，以及其他的一些特殊的观测活动，如1997年10月至1998年10月的北冰洋热量收支观测计划(Heat Budget of the Arctic Ocean(SHEBA),Sokolov and Makshtas,2013;Uttal et al.,2002]以外，不同的遥感技术，特别是卫星遥感技术普遍流行起来。由于北极的气象站网非常稀疏，卫星遥感观测手段的出现格外重要，它能够为计算太阳辐射收入、反照率、地面长波辐射支出等这些地气系统净辐射收支中的必要组成部分提供很好的条件(Cracknell,1981;Lo,1986;Harris,1987;Schweiger et al.,1993;Serreze and Barry,2005,2014)。在全球尺度上，现存若干基于卫星观测的数据集，如国际卫星云气候计划(International Satellite Cloud Climatology Project,ISCCP)、地球辐射收支实验(Earth Radiation Budget Experiment,ERBE)、云和地球辐射能源系统(Clouds and the Earth's Radiant Energy System,CERES)等，这些数据集被用于计算地表辐射收支(Whitlock et al.,1993)及研究诸如极地最高日照强度、云层等要素的季节性和年际变化规律等(Kato et al.,2006)。此外，通过卫星观测还可以获取小范围区域上的地表辐射通量(Parlow,1992;Scherer,1992;Duguay,1993;Ørbæk et al.,1999),如 LandSat 卫星就由于其轨道和探测分辨率等因素在小范围区域上的地表辐射通量问题的研究上取得了较为显著的成效(Haefliger,1998)。对于更大范围的区域,通过 NOAA AVHRR(advanced very high resolution radiometer,先进型甚高分辨率辐射仪)和 SSM/I(special sensor microwave/imager,特殊微波传感器/成像仪)接收的数据可以有效地计算地表短波和长波辐射通量,相关工作在弗拉姆海峡(Fram Strait)地区(Kergomard et al.,1993)、格陵兰冰盖(Haefliger,1998),和整个北极(Serreze and Barry,2005,2014)都有所开展。

Gavrilova(1963)、Marshunova 和 Chernigovskii(1971),以及 Ohmura(1981,1982)已经对1980 年前人类对大气辐射问题的研究进行了综述,在此不再赘述。本节只从气候学角度出发,进行一些详细的阐述,并补充了一些在 Ohmura 综述之后的新的研究成果。毫无疑问,苏联(俄罗斯)气候学家们在研究北极辐射状况时所做出的贡献时至今日仍是非常突出的,其中最有名的一些研究如下:Kalitin(1940,1945);Marshunova(1961);Budyko(1963);Gavrilova(1963);Chernigovskii 和 Marshunova(1965);Stepanova(1965);Marshunova 和 Chernigovskii(1971);Gorshkov(1980);Makshtas(1984);Atlas Arktiki(1985);Khrol(1992)。除去苏联(俄罗斯)气候学家们以外,加拿大麦吉尔大学(McGill University)气候系北极气象研究组的科学家们,特别是 Vowinckel 和 Orvig 在北极辐射和热量平衡及其构成等方面做出了突出贡献。他们的研究成果首次发表在麦吉尔大学气象科学报告上(Larsson and Orvig,1962;Vowinckel and Orvig,1962,1963,1964a,1965;Vowinckel,1964a,b;Vowinckel and Taylor,1964),同时系列精简版的论文发表在气象学、地球物理学和生物气候学档案上(Archiv für Meteorologie,Geophysik und Bioklimatologie,Vowinckel and Orvig,1964b,c,d,1966;Vowinckel and Taylor,1965);此后,Vowinckel 和 Orvig 又将这些成果整理汇编,融入他们所著的系列丛书《世界气候学概览》(*World Survey of Climatology*)中(Vowinckel and Orvig,1970)。此外,Fletcher(1965)也根据以上提到的这些研究成果对北极地气系统的热量收支状况进行了很好的总结。虽然已有的这些研究给出了大量关于北极辐射状态的观点和结论,但事实上我们对北极辐射平衡及其组成部分的气候学特征仍所知甚少,在如北极中部和格陵兰冰盖等观测站网稀缺的区域尤其如此。

由于近几十年来北极的显著变暖,人们对地面和大气辐射(包括短波和长波辐射)、非辐射通量(感热和潜热)及驱动它们的过程越来越关注。在这个问题的研究中,通常三种不同来源的数据会被使用并相互比对,包括站点测量(陆地和海洋站、漂流站及测量计划)、卫星观测和再分析资料,相关内容可详见 Serreze 等(1998,2007);Serreze 和 Barry(2005,2014);Gorodetskaya 等(2008);Zygmuntowska 等(2012)等。其中最后一篇文献(Zygmuntowska et al.,2012)发现,由上述三类数据源计算得到的地面云辐射效应的月均长短波分量之间存在显著差异,文中总结道"从 ERAInterim 再分析资料中获取的月均长短波分量是 CloudSat(卫星观测)的 2 倍,而 SHEBA(国际科考计划的地面观测)则介于两者之间"。众所周知,云是地球辐射收支的主要决定因素之一,正因为卫星测量和再分析获得的结果与原位测量结果之间仍然存在很大差异,且近期的很多研究都基于卫星和再分析资料给出北极辐射和热量平衡的空间分布(如 Serreze and Barry,2005,2014;Serreze et al.,2007;Porter et al.,2010),因此笔者在本书中仍强调应以原位测量结果作为分析这一问题的主要依据。

关于北极局部地区辐射平衡及其构成部分的空间分布研究也有所开展且获得的结论十分

重要,如 Maxwell(1980)、McKay 和 Morris(1985),以及 Woo 和 Young(1996)研究了加拿大北极地区的辐射状况;苏黎世瑞士联邦理工学院(Swiss Federal Institute of Technology)大气和气候研究所在 20 世纪 90 年代通过卫星遥感技术对格陵兰冰盖的辐射条件进行了深入调查(Ohmura et al.,1991,1992;Konzelmann,1994;Konzelmann and Ohmura,1995;Haefliger,1998);Dissing 和 Wendler(1998)也用类似方法对阿拉斯加的情况进行了研究。此外,还有相当一些研究利用单站或多站资料分析了地表辐射收支及其相应组成(如 Maykut and Church,1973;Głowicki,1985;Hisdal et al.,1992;Ørbæk et al.,1999;Westermann et al.,2009;Dong et al.,2010;Kejna et al.,2012;Matsui et al.,2012 等)。这里需要提醒读者注意的是,我们现在所能看到的某一特定区域的辐射状况(特别是以等值线图呈现的结果)都只是对真实情况的一种粗略近似,很多时候这些结果都是基于理论计算得到的。卫星遥感技术的快速发展(Serreze and Barry,2005,2014)有望持续提升北极地表辐射通量测量的时空分辨率,加强我们对北极地表辐射通量的认知。

3.1　日照时间

对日照时间的认知具有理论和现实的双重意义。一方面,日照时间的认知对全球太阳辐射的计算有积极贡献(Spinnangr,1968;Dahlgren,1974;Markin,1975),特别是在北极光量测定数据少且时间覆盖短的现状下,日照时间的研究显得更加重要。另一方面,由于日照时间与云量有很大的关联,研究日照时间也可以补充我们对云量日变化的相关认知。对于大多数气象站而言,日照时间是例行的观测内容之一,但令人奇怪的是在北极关于这一要素的研究却仍然十分匮乏,与其重要意义相比相差甚远。Bryazgin(1968)指出,造成这种局面的原因主要是长期以来气候学家们忽视了这一要素的重要性。这种形势在过去的 40 年间仍没有改观。

在描述北极不同区域之间气候差异的部分文献中(通常针对的都是面积不大的区域),我们可以找到关于局地日照时间的一些信息(如 *Meteorology*,1944;Petterssen et al.,1956;Gavrilova,1963;Spinnangr,1968；Krenke and Markin,1973a,b;Markin,1975;Maxwell,1980;Pereyma,1983;Budzik,2005)。只有 Bryazgin(1968)对整个北极的日照情况进行了综合分析,在文章中描述了北极月平均日照时数和年日照总时数,但只给出了 4 月和全年的日照时数分布图(这里 Bryazgin 之所以选择 4 月,是因为他认为 4 月的日照时数最大);这些成果随后也被编入 *Atlas Okeanov*(Gorshkov,1980)和 Atlas Arktiki(1985)中。这里需要补充说明的是,Bryazgin 在给 Atlas Arktiki 绘制北极日照时数分布图时只使用了 42 个俄罗斯气象站的1936—1970 年的观测数据;对于北极的其他地区,月和年日照总时数是根据其与云量之间的显著相关性计算得到的,只能作为粗略的近似值。

此后,Marshunova 和 Chernigovskii(1971)利用全北极日照时数数据,质疑了 Bryazgin(1968)认为的全北极最大日照时数发生在 4 月的说法。事实上,在加拿大和太平洋区域,最大日照时数出现在 6 月或 7 月;即使是在斯匹次卑尔根也出现在 5 月(Spinnangr,1968;Budzik,2005)。

1 月,70°N 以北的地区正处于极夜,其他纬度相对较低的北极地区平均日照时数也很难超过 10 h。

4 月,日照时间普遍较长(图 3.1),总时数的最大值出现在极点附近和格陵兰冰盖中部,大于

400 h；而整个北冰洋、格陵兰岛（南部沿海部分除外）和加拿大北极地区东北部由于反气旋活动盛行（云量低），日照时数也普遍超过 300 h(Gavrilova(1959)的图 5)。日照持续最短发生在气旋活动较为剧烈的区域，如大西洋区域、巴芬湾南部、楚科奇海南部和白令海峡等，只有不到 200 h。

7 月，大量低云在北冰洋上空出现，因此该区域日照时数显著下降至 100 h 左右（图 5.4 或 Vowinckel and Orvig，1970），只有 4 月的 1/4；挪威和巴伦支海的日照时数甚至低于 100 h。北极陆架海(shelves seas)和俄罗斯北极沿海地区日照时数约为 150 h，再往南一些区域的日照时间可逐渐上升至 200～250 h。Bryazgin(1968)并没有给出加拿大北极地区和格陵兰岛的日照时间，但 Dahlgren(1974)提到，7 月德文岛(Devon Island)平均日照时数（2 年均值）为 316 h，而在格陵兰岛可能更长。

10 月中旬，极夜发生在 82°N 以北区域；在纬度高于 80°N 的北极岛屿上通常只有 1 h 的日照时数。南边地区的日照时数逐渐增加，北冰洋沿岸区域为 20～40 h，北极圈上为 60～80 h(Bryazgin，1968)，德文岛为 25 h(Dahlgren，1974)，而斯匹次卑尔根(Isfjord Radio 站)只有 13 h(1951—1960 年的均值；Spinnangr，1968)。但根据 Gavrilova(1963)公布的数据，10 月喀拉海和拉普捷夫海的沿海部分的日照时数小于 10 h，低于 Bryazgin(1968)给出的结论。

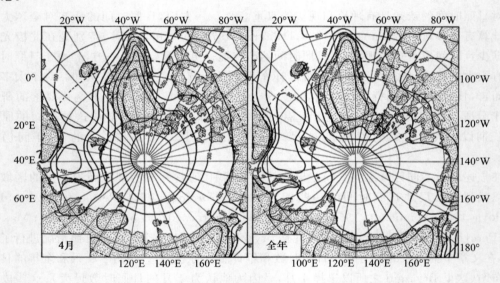

图 3.1 北极地区日照时数(h)(Atlas Arktiki，1985)

对于全年而言，格陵兰岛内部区域的日照总时数大于 2400 h，是全北极最长的（图 3.1）；除格陵兰岛外，加拿大北极地区的西南部和楚科奇西部区域接收的日照也能超过 2000 h。几乎整个加拿大北极地区、俄罗斯北极地区与阿拉斯加的南部部分区域也有超过 1600 h 的日照总时数。最低的日照时数出现在扬马延岛(Jan Mayen)至新地岛一线，只有不到 800 h。Bryazgin(1968)识别出了扬马延岛和熊岛(Björnöya islands)之间的一小片全年日照时数不超过 300 h 的区域。其中熊岛观测站是全北极观测站中观测到日照时数最少的站点，年平均只有 249 h；希望岛(Hopen)和扬马延岛紧次之，均为 444 h；这一片区域气旋活动最为频繁，致使云量显著高于其他北极区域，故而影响了接收到日照的时长。

整个北极的平均相对日照时数（实际日照时数占天文意义上可照时数的比例）在 20%～25%。其中 3 月和 4 月比例最高，达到 30%～40%；10 月和 11 月比例最低，在北冰洋

边缘海为 $3\%\sim5\%$,在北极大陆部分为 $15\%\sim20\%$(Gavrilova,1963)。

某些年份的日照时数会出现较大的波动。从 Atlas Arktiki(1985)给出的日照时数最大、最小值的对比可以看出,最大日照时数有时能达到甚至超过最小日照时数的 $2\sim3$ 倍。

3.2　总日辐射

总日辐射(global solar radiation)在净辐射和能量平衡中起到至关重要的作用,它是辐射状态、天气和气候形成的重要因素之一。总日辐射的测量并非难事,全球范围内的光量测定站通常都会开展该要素的测量,但目前全球的观测站网密度仍没有达到能够精确分析总日辐射全球分布的程度;因此获取辐射平衡及其主要构成的空间分布还需要配合一定的计算才能够实现。目前,主要可以通过两种方法来获取总日辐射(Marshunova and Chernigovskii,1971)。第一种方法是利用台站观测到的辐射数据,建立辐射与其他气象要素(如云量、日照时数)之间的关系。第二种方法兼顾考虑了对大气层外的辐射产生影响的过程及对穿越大气层到达地球表面的辐射产生影响的过程,利用相关学科的知识建立相应的分析方法。

以下列举的这些文献都能够为描述北极或北极特定区域总日辐射提供全面详实的信息:Gavrilova(1963);Vowinckel 和 Orvig(1964b,1970);Chernigovskii 和 Marshunova(1965);Marshunova 和 Chernigovskii(1971);Gorshkov(1980);Maxwell(1980);Atlas Arktiki(1985);McKay 和 Morris(1985);Khrol(1992);Schweiger 和 Key(1992);Serreze 等(1998);Serreze 和 Barry(2005,2014)。从这些文献中可以检索到诸多关于总日辐射的月平均和年平均分布图,其中最后列举的三篇文献运用了再分析资料和卫星遥感资料,而前面的文献使用的都是观测站资料。Serreze 等(1998)比较了分别使用卫星遥感和再分析资料获得的北极总日辐射,发现这两类数据反演的总日辐射的空间分布很接近,但具体数值上存在较大分歧;同时,Serreze 等还比对了 Gavrilova(1963)、Vowinckel 和 Orvig(1964b),以及 Marshunova 和 Chernigovskii(1971)的观测结果,给出了更加准确详实的信息。

本节将描述北极 4 个季节(代表月份)及全年的总日辐射分布特征,相关内容主要根据《北极地区能量平衡图集》(*Atlas of the Energy Balance of the Northern Polar Area*,Khrol(1992))给出,作者为 Girdiuk 和 Marshunova。

1 月,北极的大部分地区正经历极夜,辐射通量为零。根据 Gavrilova(1963)的研究,零等值线在 71°N 附近;但在 Girdiuk 和 Marshunova 给出的图上,零等值线在 68°N 附近。北极南部的大部分地区接收到的辐射量也不超过 2 kJ/cm² 。这里提醒一下读者,在查阅 Gavrilova(1963)所著书籍的英文译本时应注意,总辐射分布图的标题存在错误。

4 月,平均总日辐射在加拿大北极地区中部偏南区域和格陵兰岛南部内陆为 $50\sim53$ kJ/cm²;挪威海和巴伦支海由于云量最多,总日辐射降低至 $25\sim29$ kJ/cm²。北冰洋中部接收的辐射从极点附近的 35 kJ/cm² 变化至 80°~85°N 附近的(挪威海和巴伦支海附近区域除外)约 38 kJ/cm²(图 3.2)。总体而言,4 月接收的总辐射占全年的 $13\%\sim15\%$(Marshunova and Chernigovskii,1971)。同时我们也能注意到,总日辐射的分布形式与日照时数分布非常接近(比较图 3.1 和图 3.2)。

7 月,随着太阳高度的下降,总日辐射有所下降,是 6 月的 5/6~5/7。此外,7 月云量的显著增加进一步减少了总日辐射量。总日辐射最高的区域是格陵兰岛北半部分,为 $84\sim85$ kJ/cm²;次高区域在加拿大北极地区(西部区域除外)和北冰洋临近波弗特海和楚科奇海的区域,为

$59\sim63$ kJ/cm²。几乎整个大西洋区域接收的总日辐射都小于 50 kJ/cm²;最小值为 $40\sim42$ kJ/cm²,位于拥有最高云量、最厚云层的斯匹次卑尔根南部和西南部(图 3.2)。总体而言,7 月接收的总辐约占全年的 17%~19%。

10 月,总日辐射多少主要取决于白天的长短,因此等值线总体呈现相对清晰的纬向分布形式。北极点附近极夜已经开始发生,零等值线接近 83°N;在 73°~75°N 纬度带上,总辐射约为 4 kJ/cm²;加拿大北极地区和格陵兰岛南部的总日辐射最高,大于 10 kJ/cm²。

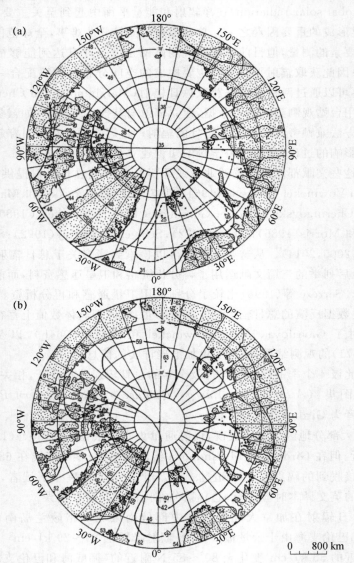

图 3.2 北极 4 月(a)与 7 月(b)的总日辐射[kJ/(cm²·月)]分布(Khrol,1992)

就全年而言,总日辐射分布形式与大气环流和云量的分布十分接近。气旋最活跃和云量最高的区域(主要集中在大西洋区域)其总日辐射最低,小于 250 kJ/cm²。加拿大北极地区南部和格陵兰岛中心区域由于反气旋活动盛行且云量最低,能够接收到 350 kJ/cm²甚至超过 400 kJ/cm²的总日辐射[图 3.3(a)]。

　　但我们也要注意到特定年的总日辐射可能会出现与平均值差异较大的情况,正如 Marshunova 和 Chernigovskii(1971)所提到的,不同年份之间单个月份的总日辐射平均偏差通常在 8%～12%,极端情况下能达到 30%;因此,为了更加可靠地描述北极的辐射状态,至少需要 5 年以上的观测才具有代表性(Marshunova and Chernigovskii,1971)。

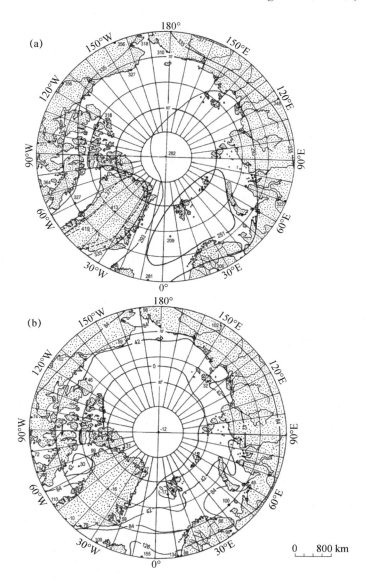

图 3.3　北极年平均总日辐射分布(a)和净辐射分布(b)(kJ/cm^2)(Khrol,1992)

3.3　短波净辐射

　　从气候学的角度来看,对短波净辐射(或吸收太阳辐射)的充分认知要比总日辐射更为重要。短波净辐射主要取决于太阳赤纬和地表反照率,因此从大尺度角度来看,在同一纬度上地表反照率是影响地表吸收太阳辐射的唯一因素;但在局地尺度上,不同海拔、地貌和地形梯度也会对吸收的太阳辐射产生显著影响。

3.3.1 反照率

虽然反照率是地表短波辐射平衡中非常重要的因素,但计算整个北极的月平均反照率是一项非常困难的任务,这其中的原因有很多,如植被、雪和冰盖这些影响反照率的主要要素的面积及物理特征一直处于动态变化,而原位测量或飞机测量却严重缺乏。

截至目前,只有少数出版物给出了北极反照率的月平均分布状况。相关结论率先由 Larsson 和 Orvig(1961,1962)及 Larsson(1963)以地图及立体图的形式发布,主要根据自然植被、大尺度地形特征、积雪、海冰和冰川等不同类型的信息编制而成。Marshunova 和 Chernigovskii(1971)也使用了与 Larsson 和 Orvig 相同的方法,构建了北极 3 月、5 月、7 月和 9 月平均反照率分布图。近年来,卫星技术的发展有效支撑了关于北极反照率及其他辐射平衡组成部分的分布及变化研究,当前关于北极反照率最为理想的结果可能也正是通过卫星观测获取的,相关工作可以参考如下文献,如 Robinson 等(1992);Schweiger 等(1993);Serreze 和 Barry(2005,2014);以及 Haefliger(1998)(只给出了格陵兰岛的情况)。

根据 Marshunova 和 Chernigovskii(1971)的数据,北冰洋和被海冰覆盖海域 3 月间的反照率约为 82%,为全年最高(图 3.4),反照率在俄罗斯北部、北美、加拿大北极群岛和(可能的)格陵兰岛也基本达到这个数值;但开放水域的反照率远远低于海冰覆盖区域,只有 20%。通过传统方法(Marshunova and Chernigovskii,1971)和卫星反演(Robinson et al.,1992)分别得到的北极 5 月的反照率情况惊人的一致,Marshunova 和 Chernigovskii(1971)的结果显示北冰洋和被海冰覆盖的北极周边海域的反照率为 78%~82%(图 3.4),而 Robinson 等(1992)给出的反照率为 75%~80%,且两种方法得到的反照率在北极各个区域内的差异均未超过 3%。7 月,根据 Marshunova 和 Chernigovskii(1971)的结果,北极中部的反照率为 60%~65%,海冰边缘附近的反照率为 50%~55%;而 Robinson 等(1992)给出的北极中部的反照率为 55%~60%,海冰边缘附近的反照率为 45%~50%。虽然两种方法给出的结果较 5 月的一致性差了一些,但差异也基本未超过 5%。同时,研究还表明浮冰区的反照率(巴伦支海、挪威海、格陵兰海和巴芬湾)下降至 25%~40%;冻土区域反照率最低,为 16%~18%。总体而言,7 月的平均反照率达到全年的最低水平,为 55%。

9 月,北极中部的反照率为 70%~83%(图 3.4),冻土区的反照率上升至 25%~35%(Marshunova and Chernigovskii,1971)。

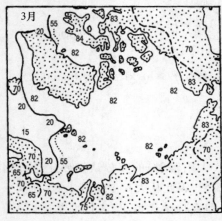
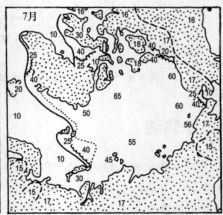

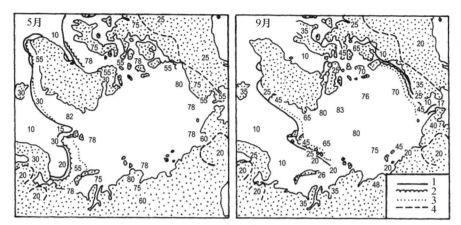

图 3.4 北极月平均反照率(%)(3 月,5 月,7 月和 9 月)(Marshunova and Chernigovskii,1971)。

1. 海冰和海水的边界线;2. 1~5 成海冰和 5~8 成海冰的分界线;

3. 5~8 成海冰和 8~10 成海冰的分界线;4. 森林边界

近年来,北极的变暖导致海冰和积雪显著减少,反照率总体也呈现出下降趋势。Serreze 和 Barry(2005)根据北极极地探路者卫星(Arctic Polar Pathfinder,APP-x)在 1982—1999 年获取的观测数据,计算了 4—9 月的月平均反照率,发现 5 月的反照率变化很小(不到 10%),而 7 月,特别是 9 月的变化在一些区域能够达到 20%~30%甚至更大。

3.3.2 吸收总日辐射

地球每一个位置上的吸收总日辐射取决于入射辐射和下垫面的反射特性(反照率),而这两个要素有着显著的年际变化规律。由于北极现有的光量测定站网非常稀缺,绘制整个北极的吸收总日辐射分布图是相当困难的工作。回顾以往的文献,笔者只找到了几个团队给出了相关研究结果。Gavrilova(1959,1963)最早绘制了北极吸收总日辐射的月度分布图,不久之后 Vowinckel 和 Orvig(1962)也给出了他们的结果,并将这些结果用在了之后发表的成名作之中(Vowinckel and Orvig,1964b,1970)。此外,Marshunova 和 Chernigovskii 也陆续给出了吸收总日辐射在苏联(俄罗斯)北极地区(Chernigovskii and Marshunova,1965)及整个北极(Marshunova and Chernigovskii,1971)的分布情况。Marshunova 和 Chernigovskii(1971)的研究内容主体并不包括苏联(俄罗斯)区域,但幸运的是文中的图片给出了该要素在苏联(俄罗斯)的分布情况。这里读者需要注意的是上述文献给出的吸收总日辐射的月度和年度分布结果只能说是粗略的近似,其精确程度与入射辐射的研究相比仍有显著差距。

1 月,整个北极只有 68°N 以南的区域能够接收到太阳辐射且太阳辐射通量较小,同时由于入射的太阳辐射 80%~85%被积雪反射,因此吸收总日辐射的零等值线近似位于北极圈附近(Gavrilova,1963)。

4 月(图 3.5),在被海冰或积雪覆盖的区域(北冰洋、拉普捷夫海、其他海域的中部和北部、泰梅尔半岛和格陵兰岛的北部及加拿大北极群岛),辐射吸收率为 1.5~2.0 kcal/cm²(6.3~8.4 kJ/cm²)。吸收辐射最多的区域位于挪威、巴伦支海及巴芬湾的开阔水域。在北极大陆南部,辐射吸收率在 2~3 kcal/cm²(8.4~12.5 kJ/cm²)。

7 月,北极大多数区域的辐射吸收率达到最大(Marshunova and Chernigovskii,1971)。北极点附近的北冰洋辐射吸收率约为 5 kcal/cm²(20.9 kJ/cm²),沿 80°N 纬圈辐射吸收率升高至 6 kcal/cm²(25.1 kJ/cm²),再向南至俄罗斯北极大陆和阿拉斯加的北部、加拿大北极群岛的南部,辐射吸收率逐渐上升至 10 kcal/cm²(41.8 kJ/cm²)。在挪威海、巴伦支海和格陵兰海的纯水区域及巴芬湾等地区,辐射吸收率也能达到 10~12 kcal/cm²(41.8~50.2 kJ/cm²);巴芬湾的中部甚至能超过 13 kcal/cm²(54.3 kJ/cm²)(图 3.5)。

10 月(图 3.5),北极中部约 80°N 以北区域由于极夜的出现吸收不到任何太阳辐射。0.5 kcal/cm²(2.1 kJ/cm²)等值线主要位于 70°N 和 75°N 之间。辐射吸收率最大值[>2 kcal/cm² (8.4 kJ/cm²)]出现在加拿大北极地区南部和格陵兰南部沿海地区。

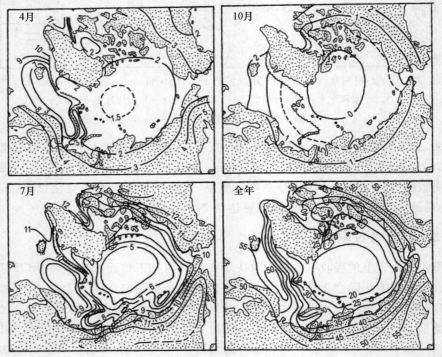

图 3.5　北极 4 月、7 月、10 月的平均吸收辐射量[kcal/(cm²·a)]及全年的平均吸收辐射总量 [kcal/(cm²·a)](Marshunova and Chernigovskii,1971)

就全年而言(图 3.5),辐射吸收率的最大值[50~55 kcal/cm²(209~230 kJ/cm²)]出现在北极最南部的区域,包括加拿大北极地区南部、挪威及巴伦支海,这主要是因为这些区域一年中的大部分时间都为开放水域或仅被薄的浮冰覆盖。向北,辐射吸收率逐渐下降,在北极点附近为 17~20 kcal/cm²(71.1~83.6 kJ/cm²)。但我们也注意到,Vowinckel 和 Orvig(1962, 1964b)的研究结果显示北极点附近的辐射吸收率显著更高,达到 28~30 kcal/cm²(117.0~125.4 kJ/cm²);Badgley(1961)也给出了相近的结果。此外,与冰情较重的年份相比,冰情较轻的年份中 7 月和 8 月吸收的辐射要高出 1.4~1.5 倍[Marshunova 和 Chernigovskii(1971)的表 21]。

3.4　长波净辐射

长波净辐射(又称为有效辐射)由地面辐射(向上红外辐射)和大气逆辐射(向下红外辐射)的差值得到(正的长波净辐射表示地面辐射大于大气逆辐射),主要决定因素是空气的温度和湿度、下垫面温度、大气层结和云(云量、类型、云高和云的物理特性)等。大气逆辐射在北极起着非常重要的作用,特别是在日照稀缺的冬季尤其明显,而 Vowinckel 和 Orvig(1970)的研究表明,逆辐射在北极的夏季也占主导地位(表3.1)。

长波净辐射及其构成在北极光量测定站中很少被测量,可能也就苏联系统性地开展过相关测量工作(Marshunova and Chernigovskii,1971)。Serreze 和 Barry(2005)也指出,"由于缺乏足够的直接测量值,无法绘制北极的下行长波辐射通量的分布"。目前,我们对长波净辐射的认知主要来自计算结果,如 Serreze 和 Barry(2005)使用 ISCCP-D 数据计算得到了全年 4 个季节的中间月(1 月、4 月等)的长波净辐射分布图;由于其研究月份与图 3.6 有所不同,因此这里不进行比较。

表 3.1 短波辐射和大气逆辐射对北极 6 月间地表的辐射收支贡献占比(Vowinckel and Orvig,1970)

辐射类型	纬度(°N)					
	65	70	75	80	85	90
长波(%)	60	64	68	69	69	69
短波(%)	40	36	32	31	31	31

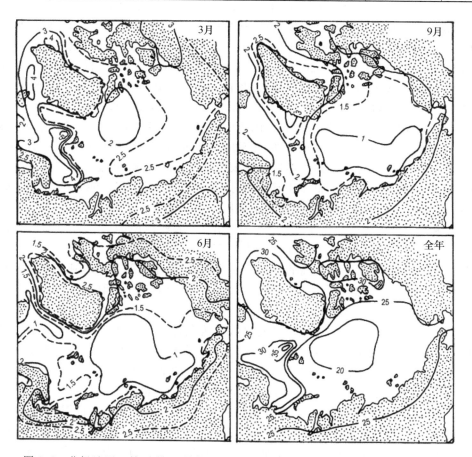

图 3.6 北极地区 3 月、6 月、9 月的平均长波净辐射量[kcal/(cm² · 月)]及全年长
波净辐射总量[kcal/(cm² · a)](Marshunova and Chernigovskii,1971)

11—3 次年月,巴伦支海、挪威海及格陵兰东部近岸的开放水面上的长波净辐射为 4～5 kcal/(cm² · 月)[16.7～20.9 kJ/(cm² · 月)],而海岸区域的长波净辐射为 2～2.25 kcal/(cm² ·

月)[8.4～9.4 kJ/(cm² · 月)]，约为开放水面的一半。3 月，极点附近的长波净辐射只比北极南部略低（图 3.6）。在整个温暖的半年里，北极中部的长波净辐射比冬季低了两倍；但在北极的其他地区特别是在北极大陆区域，温暖季节内长波净辐射的降幅并不是非常显著。就全年而言，极点附近的长波净辐射最低[20 kcal/cm²(83.6 kJ/cm²)]，这是冬季下垫面温度低及夏季云量高共同造成的(Marshunova and Chernigovski,1971)；其他区域的长波净辐射很少能超过 30 kcal/cm²(125.4 kJ/cm²)，最大值位于斯匹次卑尔根以西的一块全年与温暖的西斯匹次卑尔根流相连的小型开放水域，可以超过 40 kcal/cm²(167.2 kJ/cm²)。

3.5 净辐射

地面净辐射平衡是地面短波辐射分量与长波辐射分量之差。北极地区的短波净辐射通常都大于或等于零（极夜情况下），而长波净辐射在全年通常也为正值（地面辐射大于大气逆辐射）。Vowinckel 和 Orvig(1970)根据净辐射特性划分了两种主要的辐射类型，即挪威海型和浮冰型（图 3.7）。挪威海型主要出现在北极圈以北的开放水域，其特点是冬季具有极大的负平衡（显著低于正常预期），能够完全抵消夏季的正收入。就具体数值来看，挪威海型具有更大的年变化，范围为 -2～3 cal/(cm² · d)[-8.4～12.5 J/(cm² · d)]；而与之对比浮冰型的年变化范围相对较小，为 -1～2 cal/(cm² · d)[-4.2～8.4 J/(cm² · d)]。同时从图 3.7 中可以看出，净辐射平衡作为收入和支出分量的差值，其自身数值要比收入与支出分量小得多，因此也对收入与支出分量的准确性十分敏感(Vowinckel and Orvig,1970)。

1 月（图 3.8），北极大部分地区没有太阳辐射，净辐射平衡由长波辐射构成。除格陵兰海、挪威海、巴伦支海和巴芬湾的开放水域外，几乎整个北极地区的净辐射平衡都等于 -8 kJ/cm²。最大负值发生在格陵兰海东部靠近斯匹次卑尔根西岸附近的区域，可达到 -25 kJ/cm²。喀拉海和拉普捷夫海的一些冰间湖也有低于正常净辐射平衡水平的情况发生，能够达到 -13 kJ/cm²。

4 月（图 3.8），北极大部分地区仍处于小幅度的负平衡状态，只有在加拿大北极地区南部和太平洋区域才会出现较低的正平衡（约 3 kJ/cm²）。大西洋南部区域的净辐射平衡值显著较高，可以达到 13～14 kJ/cm²，最大值出现在巴芬湾，达到 21 kJ/cm²。

7 月（图 3.9）是净辐射平衡最高的月份。在北极中部，净辐射平衡达到 15～17 kJ/cm²，而在海冰边缘附近约为 34 kJ/cm²，陆地部分为 30～35 kJ/cm²。净辐射平衡最大值出现在北冰洋的开放水域，达到 42 kJ/cm²。

10 月（图 3.9），整个北极的净辐射平衡再次转为负值。在北冰洋被冰覆盖的区域及北极大陆区域，净辐射平衡变化范围为 -5～-6 kJ/cm²。在格陵兰、挪威、巴伦支和楚科奇海的海冰边缘开放水域处，辐射平衡达到最大负值，为 -8～-13 kJ/cm²。

就全年而言，净辐射平衡[图 3.3(b)]负值区主要位于北极中部纬度高于 77°-82°N 的区域，在北极点附近可达 -12 kJ/cm²。最低值位于格陵兰冰盖北部中心位置(-16 kJ/cm²)和靠近斯匹次卑尔根海岸附近的格陵兰海(-17 kJ/cm²)。在纬度低于 70°N 的北极大陆区域，净辐射平衡可以超过 70 kJ/cm²，特别是加拿大北极地区的最南端甚至可能达到 100 kJ/cm²以上。此外，在巴伦支海南部、丹麦海峡和巴芬湾也呈现出较高的净辐射平衡，为 100～110 kJ/cm²。

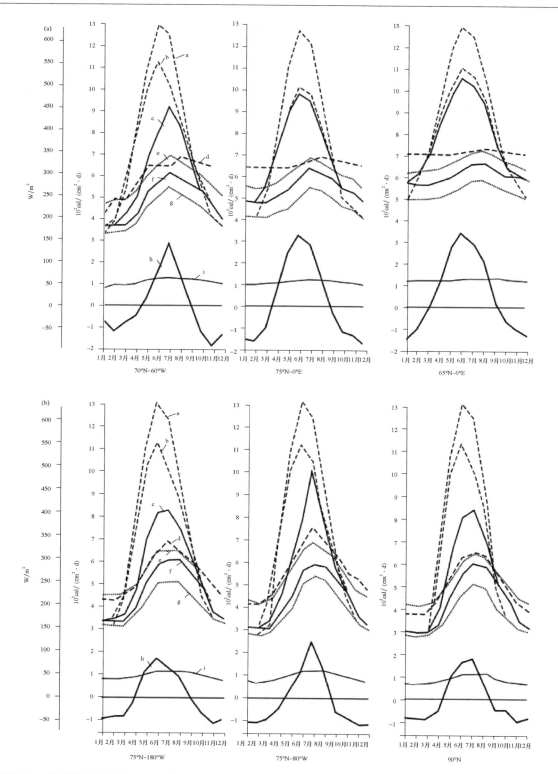

图 3.7　北极的辐射状态，(a)挪威海型，(b)浮冰型(Vowinckel and Orvig,1970)。a. 晴空状态下的总入射辐射；b. 实际总入射辐射；c. 地表实际吸收总辐射；d. 地面上行长波辐射；e. 阴天状态下的大气逆辐射；f. 实际总入射长波辐射；g. 晴空状态下的入射长波辐射；h. 实际净辐射平衡；i. CO₂产生的长波辐射

本节中给出的北极净辐射平衡分布(Khrol,1992)与其他最近公布的一些结果[如 Serreze 和 Barry(2005)的图 5.6]有较好的对应关系,主要差别发生在 4 月:根据图 3.8 给出的结果,北冰洋呈现出较小的负净辐射平衡($-3 \sim -2$ kJ/cm^2),然而根据 ISCCP-D 数据计算得到的结果却是正值(约 5 kJ/cm^2)。此外,卫星数据并不能很好地反演较小尺度上的净辐射平衡,如对于 1 月和 10 月斯匹次卑尔根以西和以南靠近海冰边界位置上的局部低值区,卫星资料可能就无能为力了。

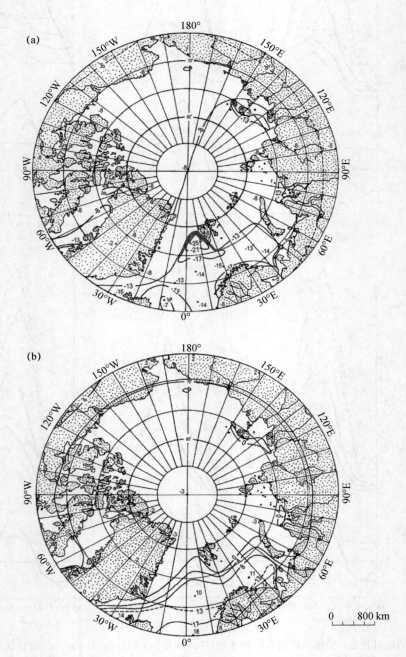

图 3.8 北极 1 月(a)和 4(b)月的月平均净辐射平衡(kJ/cm^2)(Khrol,1992)

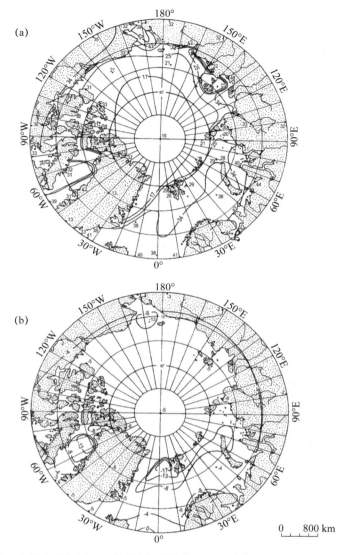

图 3.9　北极 7 月(a)和 10 月(b)的月平均净辐射平衡(kJ/cm²)(Khrol,1992)

3.6　热平衡

3.6.1　感热和潜热

　　尽管净辐射平衡是地表热平衡最重要的组成部分,但能量不仅能够通过辐射传输,还可以通过蒸发和感热从地面输送到大气,也可以通过凝结和感热从大气输送至地面,因此感热和潜热的作用也不容忽视。目前我们对北极的感热和潜热的认知仍非常有限,这主要是由于缺乏精确的直接测量手段,感热和潜热通常由计算得到,其准确性难以检验。在计算感热和潜热过程中,通常会使用不同类型的气候数据,包括空气和海洋/陆地温度、空气湿度、风速,以及陆地和海面的特征等;以下列举的这些文献中都给出了各自的计算方法,如 Shuleykin(1935);Budyko(1956);Untersteiner(1964);Vowinckel 和 Taylor(1965);Ariel 等(1973);Khrol

(1976);以及 Murashova(1986)等。计算整个北极的热平衡分布是一项困难和耗时的任务,因此相关文献非常稀少。Vowinckel 和 Taylor(1965,1970)计算得到了北冰洋中心、喀拉—拉普捷夫海、东西伯利亚海、波弗特海、挪威—巴伦支海(宽幅 5°的纬度带)的蒸发量和感热通量;而对于整个北极的热平衡状况,只有俄罗斯的气候学家们以分布图的形式给出了相关的研究成果,如 Budyko(1963)(该研究给出的是全球的分布情况,因此也包括了南北极);Gorshkov(1980);Atlas Arktiki(1985);Khrol(1992)。本书相关内容主要来自 Khrol(1992),他采用了 Ariel 等(1973)、Khrol(1976)和 Murashova(1986 年)提出的方法,给出了北极感热和潜热的分布状况。

3.6.1.1　感热

1 月(图 3.10),除了格陵兰、挪威和巴伦支海的开放水域,以及丹麦海峡和巴芬湾(包括北水冰间湖)以外,整个北极其他区域感热通量均为正值。最大值出现在北极中部、格陵兰、俄罗斯北极大陆北部和加拿大北极群岛北部,为 4~5 kJ/cm^2。在温暖的洋流区域,如西斯匹次卑尔根流、挪威洋流、摩尔曼斯克洋流(Murmansk Current)和西格陵兰流,通过感热损失的能量达到最大,最高至−60 kJ/cm^2。

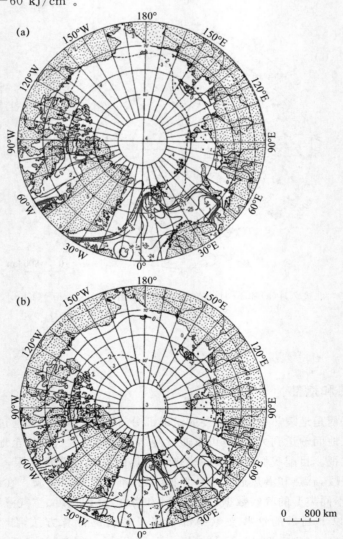

图 3.10　北极 1 月(a)和 4(b)月的月平均感热通量(kJ/cm^2)(Khrol,1992)

4 月(图 3.10),感热的分布形式与 1 月非常相近,只是感热通量的绝对值相对较小;最高值在 2 kJ/cm² 和 3 kJ/cm² 之间,最低值在 −25 kJ/cm² 和 −34 kJ/cm² 之间。大部分区域的感热通量较 1 月平均下降 1~2 kJ/cm²,但开阔水域处的降幅更显著。

7 月(图 3.11),北极中部的感热为负值,极点附近负值最大,为 −2 kJ/cm²。同时,负值区域更多地偏向太平洋地区一侧,南延至 70°N。格陵兰岛内和大部分北极大陆呈现更显著的负感热通量,分别可达 −8 kJ/cm² 和 −15 kJ/cm²。北极中部和北极大陆负值区之间的过渡区域则出现了高达 15~17 kJ/cm² 的正值分布带,特别是在加拿大北极地区西南部十分显著,这与来自南方大陆的暖平流息息相关。

10 月(图 3.11),北冰洋和格陵兰岛区域的感热通量再次变为正值,分别达到 3 kJ/cm² 和 5 kJ/cm²。在被海冰覆盖的北冰洋中,除了波弗特海和(可能的)拉普捷夫海,其他区域都呈现较小的负值,这主要是受到了来自大陆的冷平流的影响。在位于挪威海、格陵兰海、巴伦支海、楚科奇海、丹麦海峡、巴芬湾和白令海峡区域的开放水域,感热通量均呈现较高的负值,最高可达 −25 kJ/cm²。纬度较高的北极大陆区域(包括加拿大北极群岛)呈现较低的正的感热(很少超过 2 kJ/cm²)。

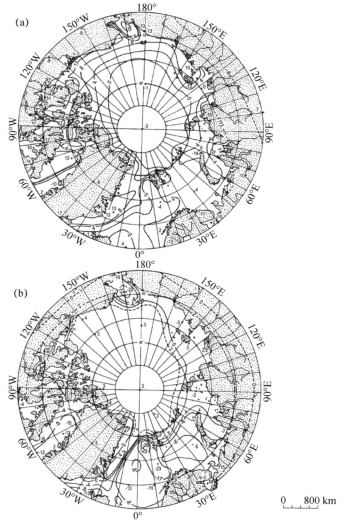

图 3.11　北极 7 月(a)和 10 月(b)的月平均感热通量(kJ/cm²)(Khrol,1992)

就全年而言[图 3.12(a)]，感热通量正值区域位于北冰洋加拿大一侧被常年冰覆盖的区域、格陵兰岛及东格陵兰冷流区域，最高可达 63 kJ/cm²。此外，在加拿大北极群岛之间的局部海域，能够观测到非常高的正值。而在北极的大陆区域感热通量基本为负值，最大可达−22 kJ/cm²。非常显著的能量损失发生在格陵兰海的东部，温暖的斯匹次卑尔根流与海冰边界的位置，损失的感热通量高达−368 kJ/cm²。此外，冰间湖和冰间水道区域也是能量损失的重要区域，最高可达−42 kJ/cm²。

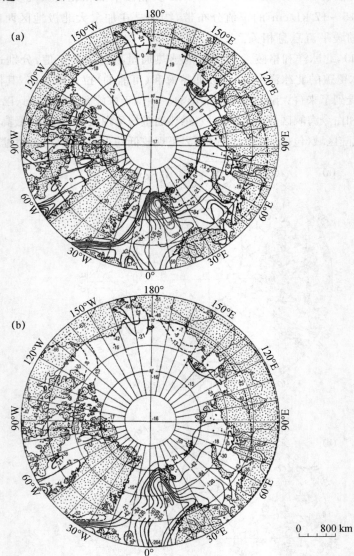

图 3.12　北极的年总感热(a)和潜热(b)通量(kJ/cm²)(Khrol,1992)

3.6.1.2　潜热

1 月(图 3.13)，北极的潜热通量显著弱于感热通量，这是由于整个北极的温度处于较低状态，同时下垫面被冰雪覆盖导致蒸发量非常小。北极中部的潜热通量低于−1 kJ/cm²，在海冰边缘附近能量损失提高至−4 kJ/cm²，而在开放水域达到最大的−39 kJ/cm²。冰间湖区域的能量损失也可达到−4 kJ/cm²。

4月的情况与1月非常相似(图3.13),但潜热能量损失相对更高一些。

7月(图3.14),由于蒸发作用的显著增强,通过蒸发损失的能量比冬季明显增加。最大的负通量发生在北极的大陆区域和北极岛屿的沿岸,为$-14 \sim -19$ kJ/cm²。北冰洋上也呈现出负的通量,是上述区域的1/7~1/6,为$-2 \sim -3$ kJ/cm²。在北冰洋和北极大陆之间的过渡部分(不包括挪威海、巴伦支海西部、喀拉海和楚科奇海的南部在内的其他周边海域),潜热通量能够达到$4 \sim 8$ kJ/cm²。此外,冰间湖的潜热通量可以达到-4 kJ/cm²。

10月(图3.14),整个北极的潜热再次变为负值。在北冰洋和其他被海冰覆盖的海域,负值从极点处的-0.8 kJ/cm²变化至海冰边缘处的$-4 \sim -6$ kJ/cm²。开放水域的能量损失明显更强,能量损失最大处位于挪威海和格陵兰海,分别达到-28 kJ/cm²和-24 kJ/cm²。

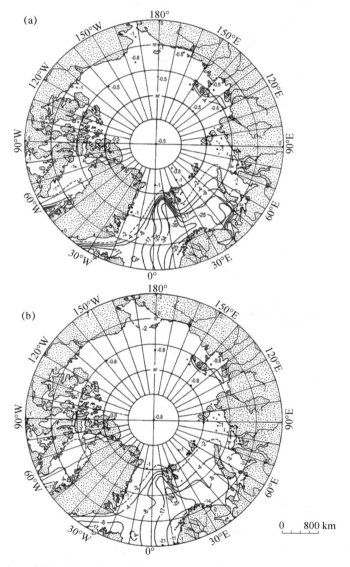

图 3.13　北极1月(a)和4月(b)的月平均潜热通量(kJ/cm²)(Khrol,1992)

就全年而言[图3.12(b)],北极所有区域均为负值。北冰洋的潜热通量在-16 kJ/cm²和-19 kJ/cm²之间,绝对值略低于感热;总体上感热和潜热作用基本可以相互补偿[对比图

3.12(a)和图 3.12(b)]。这样的相互补偿现象也发生在除波弗特海、楚科奇海、东西伯利亚海和西格陵兰海以外的北极大部分海域。但是在靠近斯匹次卑尔根岛海岸的格陵兰海区域,感热通量和潜热通量却呈现出非常近似的负大值区,且潜热的作用更加显著。对于北极大陆而言,通过潜热损失的能量是感热的 2 倍以上,达到近 $-50 \ \mathrm{kJ/cm^2}$。

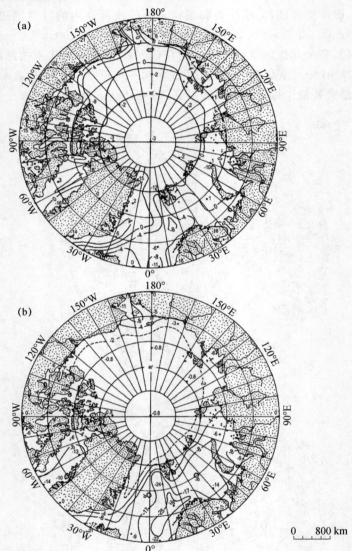

图 3.14 北极 7 月(a)和 10 月(b)的月平均潜热通量($\mathrm{kJ/cm^2}$)(Khrol,1992)

3.6.2 地表净热通量

Khrol(1992)在其编著的《北极地区能量平衡图集》(*Atlas of the Energy Balance of the Northern Polar Area*)中并未给出北极的热量平衡分布图,因此,本节中的相关信息主要来源于 Serreze 等(2007)基于欧洲中心 1979—2001 年的 ERA-40 再分析数据给出的研究结果。近期,Porter 等(2010)也在大尺度上评估了北极大气的能源收支。

图 3.15 和图 3.16 分别给出了北极各季节中间月份和全年的地表净热通量分布,可以非

常清楚地看到除夏季外北极全年均处于负的热平衡状态。1 月,开放水域的负热平衡达到最大(上行通量超过 100 W/m²);而在被冰覆盖的北冰洋区域,上行通量低于开放水域的一半。最低的上行通量发生在大陆部分和格陵兰岛区域,只有不到 10 W/m²。4 月,陆地和海洋之间出现了明显的差异,北冰洋及其邻近海域仍呈现负的热量平衡,最大值出现在斯瓦尔巴(Svalbard)的南方,上行通量能够超过 100 W/m²;而陆地区域则出现了较小的正热平衡,下行通量达到−10～−30 W/m²。夏季,整个北极地区都呈现出正的热平衡状态,同时海洋区域显著高于陆地区域。最低的正热平衡出现在极点附近,这主要是由于该区域的冰情最为稳定,消融程度最低。随着纬度向南热平衡逐渐上升,超过−100 W/m² 的高值区大多出现在 80°～70°N;特别是在 30°W～30°E 的扇区内达到最高,这是因为该区域内显著的冰雪融化使得开放水域面积增大,加快了对太阳辐射的吸收。10 月,表面热平衡的分布形态与 1 月相似。但不同的是,在大陆和其临近的海洋上多为上行热通量,且在大多数情况下仅略大于冬季。

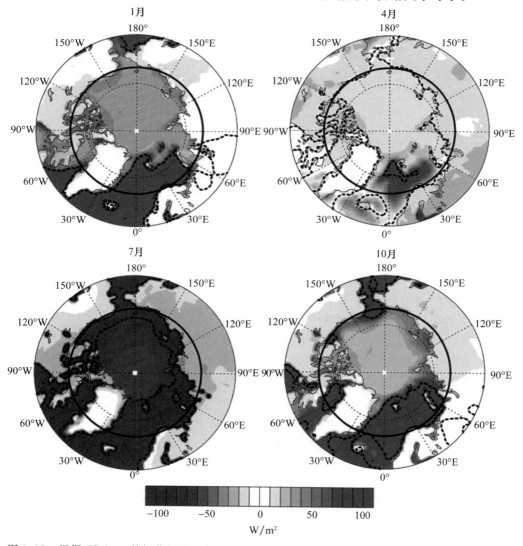

图 3.15　根据 ERA-40 数据获得的 60°N 以北范围内的 1 月、4 月、7 月和 10 月地表净热通量分布
(Serreze et al.,2007)。图中黑色加粗圈线为 70°N 纬圈,虚线为−100 W/m²、
0 W/m²、100 W/m² 等值线,白色区域为通量±10 W/m² 的范围(见彩图)

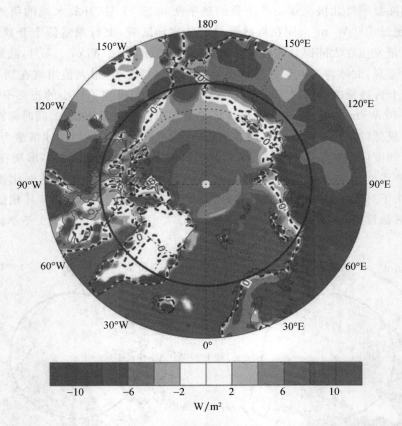

图 3.16　根据 ERA—40 数据获得的 60°N 以北范围内的年平均地表净热通量分布(Serreze et al.,2007)。
图中黑色加粗圈线为 70°N 纬圈,虚线为 0 W/m² 等值线,白色区域为通量±2 W/m² 的范围(见彩图)

　　就全年而言,北极大陆区域的地表净热通量变化范围为 0～－10W/m²,北冰洋及其周围海洋上为 0～10 W/m²(图 3.16)。

　　负热平衡最显著的区域为大西洋区域,而在格陵兰岛内部,热平衡接近零。Serreze 等(2007)对以上给出的结论做出补充解释:"在一个稳定的气候状态下,陆地部分的热通量理论上应接近零。然而,ERA-40 的结果显示,北极大部分陆地区域的年平均通量在－5～－10 W/m²,局地甚至更大。虽然这看起来有些不切实际,但已有的一些观测结果证明地表以下正在发生变暖,因此上述结论可能是合理的。"

参考文献

Ariel N Z,Bartkovskiy R S,Biutner Z K,Kucherov N W,Strokina L A. 1973. About computation of monthly mean heat and humid fluxes over the ocean. Meteorol. i Gidrol.,5:3-11(in Russian).

Atlas Arktiki. 1985. Glavnoye UpravlenyeGeodeziy i Kartografi y,Moscow:204 pp.

Badgley F I. 1961. Heat balance of the surface of the Arctic Ocean. In:Proc. of the Western Snow Conference,11-13 April 1961,Spokane,Washington:101-104.

Bryazgin N N. 1968. Duration of the sunshine and its anomaly during the IGY and IQSY in the Arctic. Trudy

AANII,274:50-59(in Russian).

Budyko M I. 1956. Heat Balance of the Earth's Surface. Leningrad:Gidrometeoizdat:255 pp(in Russian).

Budyko M I. 1963. Atlas of the Heat Balance of the Earth. Akademia Nauk SSSR,GGO,Moskva:69 pp(in Russian).

Budzik T. 2005. Sunshine duration in Ny Ålesund(NW Spitsbergen)in period 1993—2004. Problemy Klimatologii Polarnej,15:103-111(in Polish).

Chernigovskii N T,Marshunova M S. 1965. Climate of the Soviet Arctic (Radiation Regime). Leningrad: Gidrometeoizdat:199 pp. (in Russian).

Cracknell A P. 1981. Remote Sensing in Meteorology,Oceanography and Hydrology. Chichester:Ellis Horwood Limited:542 pp.

Dahlgren L. 1974. Solar Radiation Climate Near Sea Level in the Canadian Arctic Archipelago. Arctic Institute of North America Devon Island Expedition 1961-62,Meddelande nr 121,Meteorologiska Institutionen,Uppsala Universitet,Uppsala:119 pp.

Dissing D,Wendler G. 1998. Solar radiation climatology of Alaska. Theor. Appl. Clim .,61:161-175.

Dong X,Xi B,Crosby K,Long C N,Stone R S,Shupe M D. 2010. A 10 year climatology of Arctic cloud fraction and radiative forcing at Barrow,Alaska. J. Geophys. Res. ,115:1-14.

Duguay C R. 1993. Modelling the radiation budget of alpine snowfields with remotely sensed data:model formulation and validation. Ann. Glaciol. ,17:288-294.

Franklin J. 1828. Narrative of a Second Expedition to the Polar Sea in the Years 1825,1826 and 1827. London: John Murray:320 pp.

Fletcher J O. 1965. The Heat Budget of the Arctic Basin and Its Relation to Climate,A Report Prepared for United States Air Force Project RAND. Santa Monica:The RAND Corporation:180 pp.

Gavrilova M K. 1959. Radiation balance of the Arctic. Trudy GGO:92(in Russian).

Gavrilova M K. 1963. Radiation Climate of the Arctic. Leningrad:Gidrometeoizdat:225 pp(in Russian),Translated also by Israel Program for Scientific Translations,Jerusalem,1966:178 pp.

Georgi J. 1935. Die Eismittestation. Deutsche Grönland-Expedition A. Wegener 1929 und 1930-31. Wiss. Ergebnisse,4,1,Leipzig.

Głowicki B. 1985. Radiation conditions in the Hornsund area(Spitsbergen). Polish Pol. Res .,6:301-318.

Gorodetskaya I V. Tremblay L -B,Liepert B,Cane M A,Cullather R I. 2008. The infl uence of cloud and surface properties on the Arctic Ocean shortwave radiation budget in coupled models. J. Climate,21:866-882.

Gorshkov S G. 1980. Military Sea Fleet Atlas of Oceans:Northern Ice Ocean. USSR:Ministry of Defense:184 pp(in Russian).

Götz F W P. 1931. Zum Strahlungsklima des Spitzbergensommers; Strahlungs-und Ozonmessungen in der Königsbucht. Beit. Z. Geophys. ,Bd. 31.

Haefliger M. 1998. Radiation balance over the Greenland Ice Sheet derived by NOAA AVHRR satellite data and in situ observations. Zürcher Geographische Schriften,72,Zürcher:92 pp.

Harris R. 1987. Satellite Remote Sensing:An Introduction. London and New York:Routledge & Kegan Paul Ltd. :220 pp.

Hisdal V. Finnekåsa Ø,Vinje T. 1992. Radiation measurements in Ny-Ålesund,Spitsbergen 1981—1987. Nor. Polarinst. Medd . :118.

Kalitin N N. 1921. Radiation and polarimetric observations conducted in the town of Arkhangelsk and in the White Sea in the summer of 1920. Meteorol. Vestn,Nos:1-12(in Russian).

Kalitin N N. 1924. Radiation,polarimetric and cloud observations conducted in August and September 1921 by the Hydrographic Expedition of the Arctic Ocean. Zap. po Gidrografii:48(in Russian).

Kalitin N N. 1929. Some data on the incoming and outgoing of radiant energy for Matochkin Shar. Izv. GGO:4 (in Russian).

Kalitin N N. 1940. Global radiation in the Arctic. Probl. Arkt. ,1:36-43(in Russian).

Kalitin N N. 1945. The amounts of warmth of solar radiation in the territory of the USRR. Priroda,2:37-42(in Russian).

Kato S,Loeb N G,Minnis P,Francis J A,Charlock T P,Rutan D A,Clothiaux E E,SunMack S. 2006. Seasonal and interannual variations of top-of-atmosphere irradiance and cloud cover over polar regions derived from the CERES data set. Geophys. Res. Lett . ,33:L19804,doi:10. 1029/2006GL026685.

Kejna M,Przybylak R,Araźny A. 2012. The influence of cloudiness and synoptic situations on the solar radiation balance in the area of Kaffi øyra(NW Spitsbergen) in the summer seasons 2010 and 2011. Bull. Geogr. Phys. Geogr. Ser . ,5:77-95,DOI:10. 2478/v10250-012-0005-6.

Kergomard C,Bonnel B,Fouquart Y. 1993. Retrieval of surface radiative fl uxes on the marginal zone of sea ice from operational satellite data. Ann. Glaciol. ,17:201-206.

Khrol V P. 1976. Evaporation from the surface of the Arctic Ocean. Trudy AANII,323:148-155(in Russian).

Khrol V P. 1992. Atlas of the Energy Balance of the Northern Polar Region,Gidrometeoizdat,St. Petersburg:10 pp. +72 maps(in Russian).

Konzelmann T. 1994. Radiation conditions on the Greenland Ice Sheet. Zürcher Geographische Schriften,56,Zürcher:124 pp.

Konzelmann T,Ohmura A. 1995. Radiative fluxes and their impact on the energy balance of the Greenland Ice Sheet. J. Glaciol. ,41:490-502.

Kopp W. 1939. Diskussion der Ergebnisse der Oststation in Scoresbysund. Deutsche GrönlandExpedition A. Wegener 1929 und 1930-31. Wiss. Ergebnisse,Bd. 4,Hf. 2,Leipzig.

Krenke A N, Markin V A. 1973a. Climate of the archipelago in accumulation season. In: Glaciers of Franz Joseph Land. Izd. "Nauka",Moskva:44-59(in Russian).

Krenke A N, Markin V A. 1973b. Climate of the archipelago in ablation season. In: Glaciers of Franz Joseph Land. Izd. "Nauka",Moskva:59-69(in Russian).

Larsson P. 1963. The distribution of albedo over arctic surfaces. Geogr. Rev. ,53:572-579.

Larsson P,Orvig S. 1961. Atlas of Mean Monthly Albedo of Arctic Surfaces,Scient. Rep. No. 2,Publ. in Meteorol. ,45,McGill Univ. ,Montreal(pages are not numbered).

Larsson P,Orvig S. 1962. Albedo of Arctic Surfaces. Scient. Rep. No. 6,Publ. in Meteorol. ,54,McGill Univ. ,Montreal:33 pp.

Lo C P. 1986. Applied Remote Sensing. New York: Longman Scientific &. Technical: 394 pp. Makshtas A P. 1984. The Heat Budget of Arctic Ice in the Winter. Leningrad: Gidrometeoizdat: 67 pp (in Russian). English version published by International Glaciological Society,Cambridge,1991:77 pp.

Markin V A. 1975. The climate of the contemporary glaciation area. In: Glaciation of Spitsbergen(Svalbard). Izd. Nauka,Moskva:42-105(in Russian).

Marshunova M S. 1961. Principal characteristics of the radiation balance of the underlying surface and of the atmosphere in the Arctic. Trudy ANII,226:109-112(in Russian).

Marshunova M S,Chernigovskii N T. 1971. Radiation Regime of the Foreign Arctic. Leningrad: Gidrometeoizdat:182 pp. (in Russian). Translated also by Indian National Scientific Documentation Centre,New Delhi,1978:189 pp.

Matsui N, Long C N, Augustine J, Halliwell D, Uttal T, Longenecker D, Niebergall O, Wendell J, Albee R. 2012. Evaluation of Arctic broadband surface radiation measurements. Atmos. Meas. Tech. ,5:429-438,doi:10. 5194/amt-5-429-2012.

Maxwell J B. 1980. The climate of the Canadian Arctic islands and adjacent waters. vol. 1,Climatological studies,No. 30,Environment Canada,Atmospheric Environment Service:531.

Maykut G A,Church P E. 1973. Radiation climate of Barrow,Alaska,1962-66. J. Appl. Meteorol. ,12:620-628.

McKay D C, Morris R J. 1985. Solar radiation data analyses for Canada 1967—1976. vol. 6: The Yukon and Northwest Territories. Minister of Supply and Services Canada,Ottawa,variously paged.

Meteorology of the Canadian Arctic. 1944. Department of Transport,Met. Div. ,Canada:55 pp.

Mosby H. 1932. Sunshine and radiation. The Norwegian North Polar Expedition with the "Maud" 1918—1925. Scient. Res. ,1a,7,Geofysisk Institutt,Bergen:1-110.

Murashova A B. 1986. Computation of monthly values of turbulent fluxes over the ocean. Trudy GGO,504:80-85(in Russian).

Observations of the International Polar Expeditions 1882—1883,Fort Rae. 1886. London:Trubner & CO. :326 pp.

Ohmura A. 1981. Climate and energy balance of Arctic tundra. Zürcher Geographische Schriften,3,Zürcher:448 pp.

Ohmura A. 1982. A historical review of studies on the energy balance of Arctic tundra. J. Climatol. ,2:185-195.

Ohmura A,Steffen K,Blatter H,Greuell W,Rotach M,Konzelmann T,Forrer J,Abe-Ouchi A,Steiger D,Stober M,Niederbäumer G. 1992. Energy and Mass Balance During the Melt Season at the Equilibrium Line Altitude, Paakitsoq, Greenland Ice Sheet. ETH Greenland Expedition Progress Report No. 2, Dept. of Geogr. ,ETH Zürich:94 pp.

Ohmura A, Steffen K, Blatter H, Greuell W, Rotach M, Konzelmann T, Laternser M, AbeOuchi A, Steiger D. 1991. Energy and Mass Balance During the Melt Season at the Equilibrium Line Altitude, Paakitsoq, Greenland Ice Sheet. ETH Greenland Expedition Progress Report No. 1,Dept. of Geogr. ,ETH Zürich:108 pp.

Ørbæk J B,Hisdal V,Svaasand L E. 1999. Radiation climate variability in Svalbard:surface and satellite observations. Polar Res . ,18:127-134.

Parlow E. 1992. Klimaökologie und Fernerkundung:Integration von Messergebnissen und Fernerkundungsdaten zur Erstellung klimarelevanter Flächendatensätze. Stuttgarter Geographische Studien,117:73-87.

Pereyma J. 1983. Climatological problems of the Hornsund area-Spitsbergen. Acta Univ. Wratisl. ,714:134 pp.

Petterssen S,Jacobs WC,Hayness BC. 1956. Meteorology of the Arctic,Washington,D. C. :207 pp.

Porter DF,Cassano JJ,Serreze MC,Kindig DN. 2010. New estimates of the large-scale Arctic atmospheric energy budget',J. Geophys. Res. ,115:D08108,doi:10. 1029/200 9JD012653.

Report of the International Polar Expedition to Point Barrow, Alaska. 1885, Washington: Meteorology: 203-260.

Robinson D A,Serreze MC,Barry RG,Scharfen G,Kukla G. 1992. Large-scale patterns and variability of snow melt and parameterized surface albedo in the Arctic Basin. J. Climate,5:1109-1119.

Scherer D. 1992. Klimaökologie und Fernerkundung: Erste Ergebnisse der Messkampagne 1990/1991. Stuttgarter Geographische Studien,117:89-104.

Schweiger A J,Key J R. 1992. Arctic cloudiness:Comparison of ISCCP-C2 and Nimbus-7 satellite-derived cloud products with a surface-based cloud climatology. J. Climate,5:1514-1527.

Schweiger A J, Serreze MC, Key JR. 1993. Arctic sea ice albedo: A comparison of two satellite-derived data sets. Geophys. Res. Lett. ,20:41-44.

Serreze M C,Barrett A P,Slater A G,Steele M,Zhang J,Trenberth K E. 2007. The largescale energy budget of the Arctic. J. Geophys Res. ,112(D11122):doi:10. 1029/2006JD008230.

Serreze M C,Barry R G. 2005. The Arctic Climate System. Cambridge:Cambridge University Press:385 pp.

Serreze M C, Barry R G. 2014, The Arctic Climate System. second edition. Cambridge: Cambridge University

Press:404 pp.

Serreze M C,Key JR,Box JE,Maslanik JA,Steffen K. 1998. A new monthly climatology of global radiation for the Arctic and comparisons with NCEP-NCAR reanalysis and ISCCP-C2 fields. J. Climate,11:121-136.

Shuleykin V V. 1935. Elements of the thermal regime of the Kara Sea. Trudy Taymyrskoy Gidrografi cheskoy Ekspeditsii. 2,Izd. Gidrogr. Otdela UMS,Leningrad:7-48(in Russian).

Sokolov V,Makshtas A. 2013. Russian drifting stations in XXI century. The Arctic Science Summit Week 2013-abstract Ref. ♯:A_4855,Kraków.

Solar Radiation at Polaris Bay. Terrestrial Radiation. 1876. Scientific Results of the U. S. Arctic Expedition. Steamer "Polaris",C. F. Hall Commanding,vol. I,Physical observations,Washington.

Spinnangr G. 1968. Global radiation and duration of sunshine in northern Norway and Spitsbergen. Meteorol. Ann. ,5,Oslo:137 pp.

Stepanova N A. 1965. Some Aspects of Meteorological Conditions in the Central Arctic: A review of U. S. S. R. Investigations. Washington:U. S. Department of Commerce,Weather Bureau:136 pp.

Sychev K A. 1959. Observations of Research Drifting Stations "North Pole 4","North Pole 5" and "North Pole 6",1956/57,vol. 2,Meteorology,Actinometry. Izd. "Morskoy Transport",Leningrad:648 pp(in Russian).

Uttal T,Curry J A,Mcphee M G,Perovich D K,Moritz R E,Maslanik J A. Guest PS,Stern H L,Moore J A,Turenne R,Heiberg A,Serreze M C,Wylie D P,Persson O G,Paulson C A,Halle Ch,Morison J H,Wheeler P A,Makshtas A,Welch H,Shupe M D,Intrieri J M,Stamnes K,Lindsey R W,Pinkel R,Scott Pegau W,Stanton T P,Grenfeld T C. 2002. Surface Heat Budget of the Arctic Ocean. Bull. Amer. Meteorol. Soc. ,83:255-275.

Untersteiner N. 1964. Calculations of temperature regime and heat budget of sea ice in the central Arctic. J. Geophys. Res. ,69:4755-4766.

Volkov N A. 1958. Results of Scientific Research Work of the Drifting Stations "North Pole 4" and "North Pole 5",1955—1956,vol. 3,Meteorology,Actinometry. Izd. "Morskoy Transport",Leningrad(in Russian).

Vowinckel E. 1964a. Heat flux through the polar ocean ice. Scient. Rep. ,No. 12,Publ. in Meteorol. ,70,McGill Univ. ,Montreal:15 pp.

Vowinckel E. 1964b. Atmospheric energy advection in the Arctic. Scient. Rep. ,No. 13,Publ. in Meteorol. ,71,McGill Univ. Montreal:14 pp.

Vowinckel E,Orvig S. 1962. Insolation and absorbed solar radiation at the ground in the Arctic. Scient. Rep. ,No. 5,Publ. in Meteorol. ,53,McGill Univ. ,Montreal:32 pp.

Vowinckel E,Orvig S. 1963. Long wave radiation and total radiation balance at the surface in the Arctic. Scient. Rep. ,No. 8,Publ. in Meteorol. ,62,McGill Univ. ,Montreal:33 pp.

Vowinckel E,Orvig S. 1964a. Radiation balance of the troposphere and of the EarthAtmosphere system in the Arctic. Scient. Rep. ,No. 9,Publ. in Meteorol. ,63,McGill Univ. ,Montreal:23 pp.

Vowinckel E,Orvig S. 1964b. Incoming and absorbed solar radiation at the ground in the Arctic. Arch. Meteorol. Geophys. Bioklim. ,13:352-377.

Vowinckel,Orvig S. 1964c. Long wave radiation and total radiation balance at the surface in the Arctic. Arch. Meteorol. Geophys. Bioklim. ,13:451-479.

Vowinckel E,Orvig S. 1964d. Radiation balance of the troposphere and of the earthatmosphere system in the Arctic. Arch. Meteorol. Geophys. Bioklim. ,13:480-502.

Vowinckel E,Orvig S. 1965. The heat budget over the Arctic Ocean. Final Rep. ,Publ. in Meteorol. ,74,McGill Univ. ,Montreal,variously paged.

Vowinckel E,Orvig S. 1966. The heat budget over the Arctic Ocean. Arch. Meteorol. Geophys. Bioklim. ,14:303-325.

Vowinckel E,Orvig S. 1970. The climate of the North Polar Basin. *In*: Orvig S. Climates of the Polar Regions. World Survey of Climatology,14. Amsterdam-London-New York: Elsevier Publ. Comp. ;129-252.

Vowinckel E,Taylor B. 1964. Evaporation and sensible heat flux over the Arctic Ocean. Scient. Rep. ,No. 10, Publ. in Meteorol. ,66;30 pp.

Vowinckel E,Taylor B. 1965. Evaporation and sensible heat flux over the Arctic Ocean. Arch. Meteorol. Geophys. Bioklim. ,14;36-52.

Wegener K. 1939. Ergünzungen für Eismitte. Deutsche Grönland-Expedition A. Wegener 1929 und 1930-31. Wiss. Ergebnisse,Bd. 4,Hf. 2,Leipzig.

Westman J. 1903. Measures de l'intensite de la radiation solaire faites en 1899 et en 1900 à la station d'hivernage suedoise à la baie de Treurenberg,Spitzberg Missions Scientifi ques pour la Mesure d'un Arc de Méridien au Spitzberg Entreprises en 1899—1902. 2,sec. 8,B. Radiation Solaire,Stockholm,59 pp.

Westermann S,Lüers J,Langer M. ,Piel K,Boike J. 2009. The annual surface energy budget of a high-arctic permafrost site. The Cryosphere,3;245-263.

Whitlock C H,Charlock T P,Staylor W F,Pinker R T,Laszlo I,DiPasquale R C,Ritchey N A. 1993. WCRP Surface Radiation Budget Shortwave Data Product Description-Version 1. 1. Technical report, NASA Technical Memorandum 107747.

Woo M-K,Young KL. 1996. Summer solar radiation in the Canadian High Arctic. Arctic,49;170-180.

Zygmuntowska M,Mauritsen T,Quaas J,Kaleschke L. 2012. Arctic Clouds and Surface Radiation-a critical comparison of satellite retrievals and the ERA-Interim reanalysis. Atmos. Chem. Phys. ,12;6667-6677, doi;10. 5194/acp-12-6667-2012.

第4章 气　　温

4.1　月平均、季节平均和年平均气温

气温是气候研究中最重要的环节,关于北极气温的研究一直都是热点问题,对其的客观认知相比其他要素而言也更加深入。但在某些特定的区域,如北极中部或格陵兰岛内部,对这一要素的认知仍存在明显的不足。

事实上,有仪器记录的北极气温观测历史并不长远,并且这些记录在地理上十分稀疏。只有 6 项记录可追溯至 19 世纪下半叶(Upernavik:1874;Jakobshavn:1874;Godthåb:1876;Ivigtut:1880;Angmagssalik:1895;Malye Karmakuly:1895);其中除了 Malye Karmakuly 站位于新地岛,其他所有气候站都位于格陵兰岛上。此后,斯匹次卑尔根岛上的绿色港湾(Green Harbour)也于 1911 年建立起了气候观测站。近期 Nordli 等(2014)根据 19 世纪初在斯瓦尔巴开展的多项狩猎探险活动期间记录的气象观测,将该地区的气象记录回溯至 1898 年。20 世纪 20 年代,又有 7 个新的气候观测站开始运作,主要分布在北极的大西洋扇区;再往后,随着第二个国际极地年(1932/1933 年)的到来,现存的大多数俄罗斯观测站在此期间建立;而大多数加拿大站则是在第二次世界大战之后才被建立。综上所述,我们不难看出,若想要对整个北极地区的气温分布等相关特征进行可靠的追溯评估,当前已有的数据只能客观支撑 60~70 年的时间。

除了站点观测以外,著名的"弗拉姆号"探险队(1893—1896 年)和"莫德号"探险队(1918—1925 年)也在探险期间收集了大量的气象数据。1937 年之后,苏联的漂流站在北冰洋中部获取了大量的不同类型的气象数据,但可惜的是这一长期观测计划于 1991 年结束。而华盛顿大学极地科学中心从 1979 年起在北冰洋布放一系列自动数据采集浮标,开展了北冰洋浮标观测计划(The Arctic Ocean Buoy Program)。该计划的主要目标是对北冰洋海表气压进行测量,获取海冰的大尺度运动规律。在最初的几年里,温度传感器被安装在浮标内,只能给出较为粗略的信息;而在 1992 年之后,温度传感器被安装在浮标外部,数据质量明显提高。近期,Roshydromet(俄罗斯联邦水文气象和环境监测局)决定恢复于 2003 年建成的北冰洋漂流站的正常运作;除了标准的气象和高空观测外,漂流站还将记录大气表面和边界层的复杂特性,入射、折射和穿透冰的太阳辐射光谱信息,长波辐射通量,以及海冰及冰上积雪的形态特性。2007 年之后,Sokolov 和 Makshtas(2013)与德国波茨坦的阿尔弗雷德·韦格纳研究所(Alfred Wegener Institute)合作,对北极边界层结构进行了分析,其中包括低空急流和地表逆温等相关内容。此外,卫星也为北极温度的研究提供了全新的且强有力的数据支撑(Comiso and Parkinson,2004;Comiso,2006)。

虽然在前文中提到,对北极气温空间分布的可靠估计应该出现在 20 世纪 50 年代之后,但确实有一些更早的研究做出了相关尝试。Mohn(1905)最早尝试给出北极逐月和全年的平均气温空间分布。Brown(1927)也给出了北极 1 月和 7 月的平均气温粗略分布(等温线间隔为

30°F)；根据其结果，北极中部 1 月和 7 月的温度分别为－30°F(－34.4 ℃)和 30°F(－1.1 ℃)。更精确的气温分布图由 Mecking(1928)给出，等温线已达到 5 ℃间隔；最低温度发生在极点附近和格陵兰冰盖上，1 月和 7 月的最低温度分别为－40 ℃和 0 ℃。此后，Sverdrup(1935)绘制了更加精细的气温分布图，包含了整个北极每间隔 2 个月的气温分布(从 1 月开始)，等温线间隔提升至 2 ℃。其结果显示 1 月的气温最低，平均气温低于－36 ℃，范围从极点延伸至格陵兰岛北部和加拿大北极群岛。与 Mecking(1928)给出的结果相比，Sverdrup 认为 7 月平均温度接近 0 ℃的区域不仅局限于极点周围，而且覆盖了整个北冰洋包括大部分陆架海的区域。

回顾第二次世界大战之后的文献，我们发现基于仪器观测的北极温度空间分布的相关研究进展依然很少[Petterssen et al.，1956；Prik，1959；Baird，1964；Central Intelligence Agency，1978；Herman，1986；Parkinson et al.，1987(基于 Crutcher and Meserve，1970 的数据)，Przybylak，1996a，b，2000a，2002；Rigor et al.，2000；Frolov et al.，2005；Serreze and Barry，2005，2014]。其他大多数的工作(如 Prik，1960；Sater，1969；Vowinckel and Orvig，1970；Donina，1971；Sater et al.，1971；Barry and Hare，1974；Sugden，1982；Martyn，1985)都只是对 Prik(1959)结果的再版。此外，著名的俄罗斯地图集(Gorshkov，1980 和 Atlas Arktiki，1985)中给出的相关图片也是由 Prik(1959)编写和更新的。因此，以上大多数研究工作都只给出了北极 1 月和 7 月的气温分布，只有 Przybylak(1996a，2002)发布了气候学中普遍使用的 4 个季节(12—2 月、3—5 月等)及全年的气温分布图，该工作通过 1951—1990 年约 40 个均匀连续的温度序列来绘制实现。此外，以下列举的文献对北极部分区域的气温特征开展研究，如 Rae(1951)、Donina(1971)、Maxwell(1980)、Barry 和 Kiladis(1982)、Ohmura(1987)、Calanca 等(2000)和 Przybylak 等(2014)等。近期，利用不同种类的再分析资料进行相关研究也逐渐成为新的趋势(如 Walsh，2008；Turner and Marshall，2011)。

本节采纳了 Przybylak(1996a，2002)得到的结果，主要基于以下考虑：一是它给出了北极季节平均和年平均的温度分布情况；二是虽然 Prik 给出的分布图被大量文献广泛引用，但 Ohmura(1987)指出其给出的格陵兰上空的温度分布有"严重的气候学错误"。由于 Przybylak(1996a，2002 年)没有给出格陵兰的温度，因此本节还引用了 Ohmura(1987)和 Calanca(通过个人交流获取)的相关研究结论作为补充。

4.1.1　气温的年循环和日变化

气温的年循环主要取决于以下三点：

(1)地理纬度和季节因素主导的接收太阳辐射能量的变化；

(2)大气环流的变化；

(3)下垫面物理性质的变化。

Petterssen 等(1956)将北极气温的年循环分为三种典型类型：①海洋型，②海岸型及③大陆型。在图 4.1 中，Jan Mayen 站为海洋型，Malye Karmakuly 站和 Egedesminde 站为海岸型，其余站点为大陆型。图 4.2 给出了北极热力大陆度(thermic continentality)的分布，可以看到 Jan Mayen 站的大陆度低于 20%，Malye Karmakuly 站和 Egedesminde 站为 40%~50%，其余的站点均高于 60%。因此，我们可以将大陆度低于 30%的北极区域认定为海洋型，大陆度在 30%~55%的区域为海岸型，而高于 55%的区域为大陆型。北极区域内大陆型最为常见，主要分布在除大西洋扇区、巴芬湾南部及太平洋扇区以外的区域，占近 80%的面积。海洋型则是第二大类型。这些类型的主要特征如下所述。

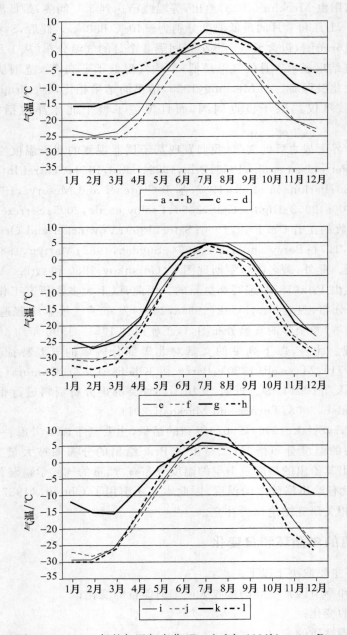

图 4.1 特定北极站点 1961—1990 年的气温年变化(Przybylak,1996b)。a. —Danmarkshavn;b. —Jan
Mayen;c. —Malye Karmakulyl;d. —Polar GMO E. T. Krenkelya;e. —Ostrov Dikson;f. —Ostrov
Kotelny;g. —Mys Shmidta;h. —Resolute A;i. —Coral Harbour A;j. —Clyde A;k. —Egedesminde;
l—65°~85°N 区域内 1961—1986 年气温的变化(Alekseev and Svyashchennikov,1991)

海洋型(Jan Mayen)。气温年变化范围较小,略超过 10 ℃。夏季(6—8 月)的平均温度仅
在 4~5 ℃轻微变化;冬季(12—次年 3 月)亦是如此,温度在−5 ℃~−6 ℃振荡。最高温度出
现在 8 月,而最低温度出现在 3 月。

海岸型(Malye Karmakuly,Egedesminde)。海岸型本质上是介于第一类(海洋型)和第三类(大陆型)之间的过渡型。温度的年变化范围为 20 ℃左右,约为海洋型的 2 倍、大陆型的一半。冬季气温明显低于海洋型而高于大陆型。最低温通常出现在 2 月,但有时如 Egedesminde 站观测到的情况一样会出现在 3 月。夏季的气温接近或高于海洋型,最高温出现时间有时会推迟(Peterssen et al.,1956)。

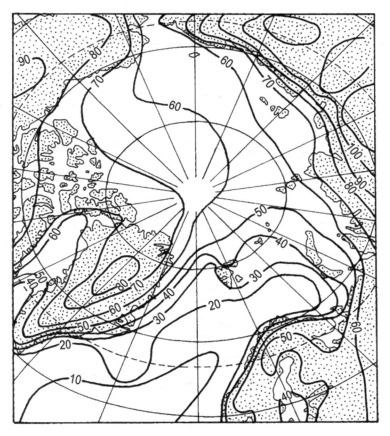

图 4.2 北极的热力大陆度分布情况(Ewert,1997)

大陆型(其余站点)。这种类型的特点是温度的年变化范围最大,达到 40 ℃,冬季平均温度在 -30 ~ -35 ℃,最低温度主要发生在 1 月,偶尔发生在 2 月。夏季温度相对较高,特别是在北极南部可以达到 10 ℃左右;但在较高纬度区域,夏季温度也就只有 1~3 ℃(图 4.1a、d、g、h)。在极点,7 月为最暖月份,平均气温只有 -0.5 ℃(表 4.1)。在格陵兰冰盖的中心部分(Eismitte),月平均温度可以从约 -42 ℃(2 月)变化至 -12 ℃(7 月)(Donina,1971)。

在这些代表北极不同气候类型的 11 个站中,其中 9 个站测量到的最温暖月份为 7 月。只有 Jan Mayen 站和 Ostrov Dikson 站的最暖月为 8 月。6 个站测得的最冷月为 2 月,3 个站为 1 月,2 个站为 3 月。这些结果与最近研究给出的西伯利亚、太平洋、中央区域、极点的月平均温度(表 4.1)保持一致,即最高温度均出现在 7 月,而最低温度出现在 2 月;同时西伯利亚和太平洋区域 1 月与 2 月的温差只有不到 0.5 ℃。从图 4.1 中还能看到,65°~85°N 纬度带内的温度年循环也呈现出了类似的规律。

表 4.1　月平均和年平均气温(Radionov et al. ,1997)　　　　　　　　单位:℃

区域	月												年
	1 月	2 月	3 月	4 月	5 月	6 月	7 月	8 月	9 月	10 月	11 月	12 月	
北极点	−32.3	−35.4	−33.8	−25.8	−12.1	−2.4	−0.5	−2.2	−9.5	−19.0	28.1	−31.5	−19.4
西伯利亚	−31.5	−31.8	−31.4	−24.9	−10.8	−1.8	−0.1	−1.3	−7.2	−17.0	−25.3	−30.9	−17.8
太平洋	−30.8	−31.2	−29.7	−22.6	−10.5	−2.2	−0.1	−1.0	−6.5	−18.3	−25.7	−29.0	−17.3
北冰洋中央区	−32.4	−34.4	−32.8	−25.9	−12.1	−2.3	−0.3	−1.7	−8.9	−19.4	−28.3	−31.2	−19.1

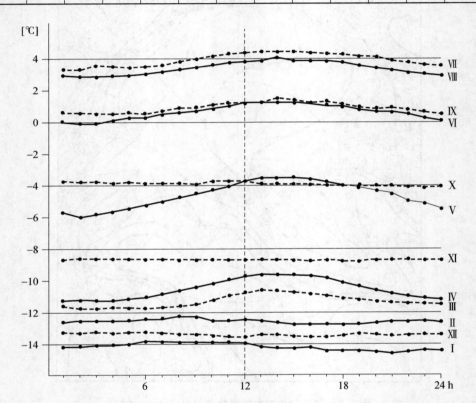

图 4.3　1979—1983 年月平均气温日变化(测量于斯匹次卑尔根的霍恩松,
Przybylak,1992)。Ⅰ.1月,Ⅱ.2月,Ⅲ.3月等

就月平均的气温日变化而言,除极夜期间以外都呈现出非对称的变化规律。后半天通常比前半天温度更高,平均而言最高气温出现在 13—15 时(图 4.3)。对于极夜期间的情况,Przybylak(1992)根据霍恩松(Hornsund,位于斯匹次卑尔根)的每日气温变化情况,将其分为5 种基本类型:①"普通型",即最高温度出现在"白天"时间段,最低温度出现在"夜间"时间段;②"逆转型",即最高温度和最低温度分别出现在了"夜间"和"白天";③"上升型",即气温在全天保持上升趋势;④"下降型",即气温在全天保持下降趋势;⑤"恒定型",即气温在全天几乎保持恒定。经统计,1978—1983 年的 11—次年 2 月冬季期间,"下降型"占比最高,达到 25.9%;"逆转型"和"上升型"的出现也十分频繁,均达到 23.3%。"逆转型"主要发生在 12 月和 1 月的晴天天气内,分别占 12 月和 1 月的 25.3% 和 17.4%(Przybylak,1992)。Przybylak(1992)还发现,"逆转型"的发生主要由强烈的气旋活动引起,不具有周期性和规律性。即使我们假设还有其他因素有利于"逆转型"的发生(如辐射平衡的周期性变化、臭氧、地磁活动的影响等),

这些因素理论上只可能在某些特定天气下被发现(通常为反气旋,未发生平流过程的情况下),但在真实研究中并没有发现类似的情况。

此外,在非极夜时间段,无论哪个季节,晴朗天气条件下的气温日变化规律都更加清晰;而在极夜状况下,云的分化作用则被显著减小[详见 Przybylak(1992)的图 15]。

4.1.2　气温的空间分布

北极的气温在所有季节内都呈现出很大的空间变化,在较冷的半年中尤其如此(图 4.4～图 4.6),这主要是大气环流的发展(特别是气旋活动)造成的。格陵兰岛区域由于海拔较高,冰雪下垫面反照率高,以及准静止的反气旋环流等特性,在各个季节内都是北极最冷的地区。

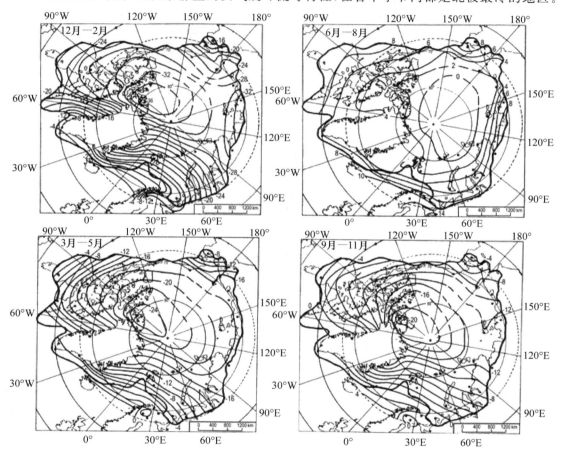

图 4.4　1951—1990 年北极季节平均气温(℃)的空间分布(主要来自于 Przybylak,1996a,但也对北极中央区的结果进行了修正)

在冬季,格陵兰的平均温度下降至−40 ℃以下[图 4.6a],甚至可以接近−45 ℃。而次低温区域从极点向加拿大北极群岛和格陵兰附近延伸,平均温度在 Eureka 站附近达到−36 ℃左右(图 4.4);低于−30 ℃的低温带从次低温区穿过极点向西伯利亚地区中部延伸。冰雪下垫面高反照率导致的辐射热量损失与通过水体和大气从低纬地区获取的热量相平衡,使得冷区范围分布较广且温度均匀。在这一季节内,最高温度出现在大西洋扇区和巴芬湾的南部,温度在−2～−6 ℃,主要是冰岛低压[图 2.3(a)]引发的强烈的气旋活动将较暖的气团输送至此造成的。进入太平洋扇区的气旋比大西洋气旋弱,但它们产生的增暖效应同样也很明显(从图上等温线的形状就可以反映出来)。总体而言,正如 Radionov 等(1997)所指出的那样,等温线和等压线的分布形式能够很好地吻合[比较图 2.2(a)与图 4.4 或见 Atlas Arktiki,1985]是这一季节的一个明显特征。

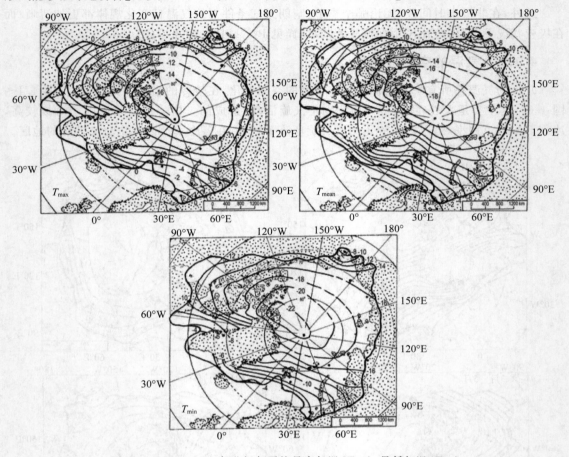

图 4.5 1951—1990 年北极年平均最高气温(T_{max}),最低气温(T_{min})
和平均气温(T_{mean})(℃)的空间分布(Przybylak,1996a)

在春季和秋季,北极温度分布的形式通常与冬季非常接近(图 4.4),但平均要高出 10~15 ℃;而春季的温度又要比秋季显著低 6~8 ℃。然而在格陵兰冰盖的中部,秋季的温度甚至更低[比较图 4.6(b)和 4.6(d)]。同样的现象也在 Eismitte 站被观测到,根据 Ohmura (1987)公布的结果,春季和秋季的平均温度分别为—30.9 ℃ 和—31.0 ℃。

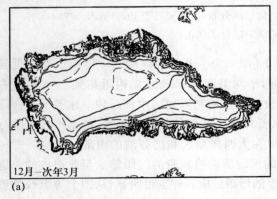

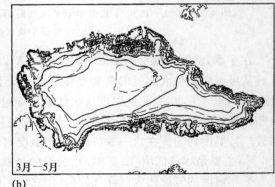

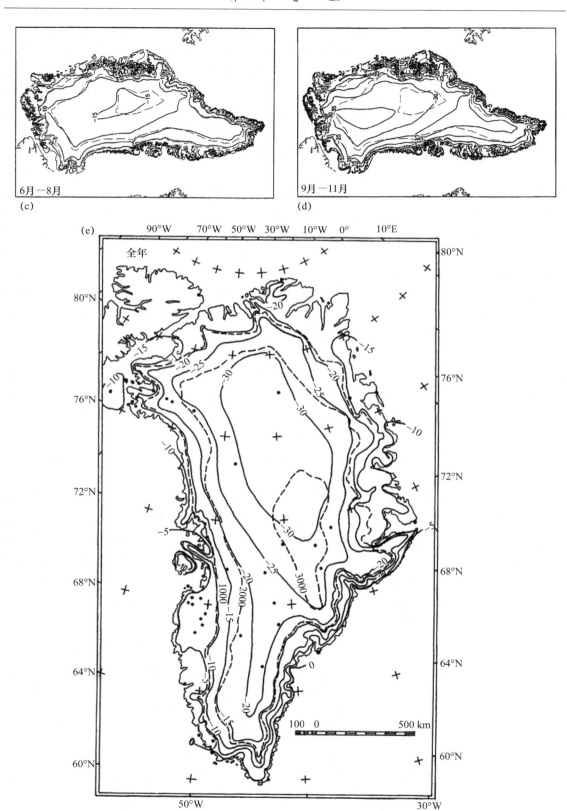

图 4.6 格陵兰岛季节平均气温(通过与 Calanca 沟通获得)和年平均气温(Ohmura,1987)(℃)的的空间分布

夏季,由于极昼的存在,日照对温度分布的影响远超大气环流,起到决定性的作用;因此夏季等温线的纬向分布形态更加显著。与其他季节相比,夏季温度的空间变化最小(水平温度梯度最小)。最低的夏季平均气温出现在格陵兰冰盖的北部(约−15 ℃),但与其他季节相比,低温区域明显南压至格陵兰海拔最高的地区[图 4.6(c)];7 月,此区域的温度略低于−10 ℃,而在 6 月和 8 月则低于−15 ℃。夏季北极的次低温区域为北极中部,由于普遍出现的冰雪消融使海表温度略低于冰点(图 4.4)。最高气温(>8 ℃)出现在加拿大和俄罗斯的北极大陆中部。而在强气旋活动盛行的地区(大西洋和巴芬湾地区)气温却变得相对寒冷(4~8 ℃)。

北极的年平均温度主要取决于寒冷半年,且由于冬、秋和春季的温度分布形式非常相近,年平均温度的分布形式也与它们十分接近(比较图 4.5 与图 4.4)。全年平均最低温度出现在格陵兰冰盖海拔高于 2000 m 的区域,其中纬度高于 70°N 的部分年均气温低于−20 ℃,高海拔中心区域低于−30 ℃。在除格陵兰岛以外的区域,最低气温(<−18 ℃)在冬、春、秋季都出现在加拿大北极群岛东北部,Eureka 站记录到的最低年平均气温达到−19.7 ℃。极点附近温度也很低,1954—1991 年其平均温度为−19.4 ℃(表 4.1)。北极中部大西洋扇区 85°N以北和太平洋扇区 80°N 以北的区域,年平均气温略高一些,在−16~−18 ℃。北极最温暖的地区是气旋活动最活跃的地区,主要分布在从冰岛向喀拉海延伸的区域,以及巴芬湾和太平洋扇区;等温线在这些区域都出现了向北的弯折。

年平均温度的变率(图 4.7)在斯匹次卑尔根岛、法兰士约瑟夫地群岛和新地群岛之间的区域达到最大,标准差 σ 大于 1.5 ℃;在西伯利亚大部分地区达到最小,σ 小于 1.0 ℃;加拿大北极群岛北部、北冰洋中部特别是太平洋一侧的年平均温度变率也较小。显而易见的是,冬季平均温度的变率最高,Przybylak(1996a)辨别了 σ 大于 2.5 ℃的三个主要区域:①大西洋区域的中部和东部;②包括巴芬湾南部和加拿大北极东南部的带状区域;③太平洋区域的东部(主要是阿拉斯加)。显著的温度就变率毫无疑问是剧烈的气旋活动引起的,因为气旋能够将低纬度地区的暖气团带入北极。然而,最大的变率区域与气旋活动最频繁的区域并不一致[图 2.3(a)],而是出现在不同类型气团(如气旋携带的海上暖气团及陆源性极地冷气流)最常交汇的区域。反之,在全年被寒冷的气团(来自北极中部)或温暖的气团(来自与中纬度相接的海洋)占据的北极地区,其温度变率最小。夏季平均温度的变率最低,σ 超过 1.5 ℃的情况只发生在俄罗斯的部分地区(图 4.7)。变率最低($\sigma<0.5$ ℃)出现在从斯匹次卑尔根岛至北地群岛的区域。夏季较小的温度变率可以用 Przybylak(1996a)的结论来解释:①流入气团的温度差异最小(Przybylak,1992);②太阳高度的每日变化较小(极昼);③北冰洋较强的冰雪消融对温度具有稳定作用。

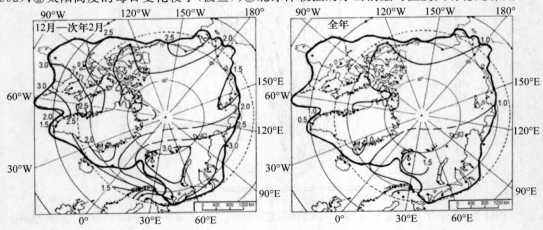

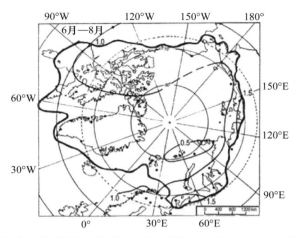

图 4.7　1951—1990 年北极冬季气温、夏季气温及年平均气温的标准差空间分布(Przybylak,1996a)

Alekseev 和 Svyashchennikov(1991),以及 Przybylak(1997)发现,北极气温分布的空间相关性在冬季和春季较强,在夏季最小;同时,年平均气温的空间分布相关性还要略强于冬季(Przybylak,1997)。统计结果显示,与 Svalbard Lufthavn 站(位于大西洋地区)、Ostrov Kotelny 站(位于西伯利亚地区)和 Resolute A 站(位于加拿大地区)年平均气温变化具有显著相关性的区域半径为 2500～3000 km;而冬季平均气温,则半径为 2000～2500 km;夏季则只有 1500～2000 km(图 4.8)。此外,加拿大区域的温度空间相关性最高,可能是由于此区域大气环流的稳定性最高,特别是在冬季和春季尤其如此(Serreze et al. ,1993)。

大西洋、巴芬湾地区冬季温度具有显著的相关性,同样可能是强烈的气旋活动引起的(Baranowski,1977;Niedźwiedź,1987,1993;Przybylak,1992;Serreze et al. ,1993),因为气旋系统从低纬度携带温暖潮湿气团,能够显著减少气候的局部甚至区域变化。气旋经常沿冰岛—喀拉海槽移动,因此东大西洋地区的等相关线出现东北向的弯曲;从年均温度的等相关线分布中也可窥见一斑(图 4.8)。同时,这些区域冬季温度的相关性也与太阳辐射的匮乏息息相关。但在其他北极地区,温度变化的相关性可能还取决于反气旋环流的主导及地表特征的高度均匀性。在春季,几乎整个北极地区的气温变化都具有较高的相关性,这就很可能与均匀的冰雪覆盖的下垫面有关;这种下垫面的均匀性也有利于反气旋形势的发展和维持。夏季气温变化相关性较低的原因可能是:①地表特性差异较大,②弱且分布均匀的气旋性环流和反气旋环流(图 2.3),③其他局地因素的影响在这个季节也十分显著,如极昼期间强烈的太阳辐射等。

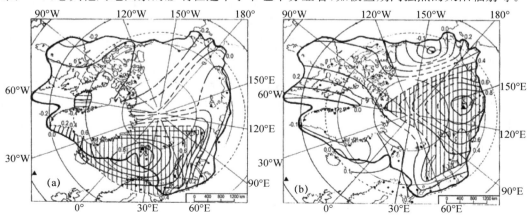

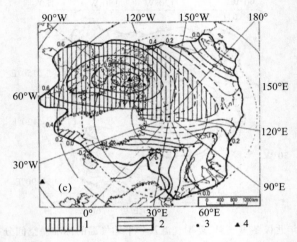

图 4.8　1951—1990 年北极年平均气温与 Svalbard Lufthavn 站(a)，Ostrov Kotelny 站(b)及 Resolute A 站(c)年平均气温的等相关线分布(Przybylak,1997)。1. 具有统计上显著正相关性(0.05 水平上)的区域；2. 具有统计上显著负相关性(0.05 水平上)的区域；3. 气象站；4. 相关性分析时选取的参考站

　　Przybylak(1997)利用最小几何距离和树突法(dendrite method)在北极范围内划定了年平均气温最一致的 9 组站点(Przybylak,1997 的图 7)，结果发现年均温度一致的区域通常相对孤立，如加拿大北极地区东南部的年平均温度与喀拉海西南部及周围大西洋区域的年平均温度一致性较好，太平洋区域年平均温度与格陵兰岛的东北部一致。

　　同时他还发现，北极区域年平均气温变化(通过 27 个站 点计算得到)与北半球年平均气温变化(同时包含两个序列，一是仅有陆地，二是同时包括陆地和海洋)并没有较好的一致性，相关系数只有 0.18 且并不显著。与北半球年平均气温变化的两个序列数据相比较，加拿大区域的年均温度变化与其一致性最好；而太平洋区域只与北半球陆地年平均气温变化序列具有较好的一致性，相关系数为 0.40。以上这些相关特性在各个季节内基本类似，但春季和夏季相关程度更强，夏季尤为突出(Przybylak,1997 的表 4)。

4.1.3　频率分布

　　上一节已经给出了 1951—1990 年北极地区季节平均和年平均温度的分布形式。在此基础之上，进一步得到温度的频率分布对于天气和气候的预测而言同样十分重要。Przybylak (1996a)利用来自各个站点(图 1.2)的数据和区域平均数据研究了这个问题，图 4.9 给出了 5 个气候区和整个北极地区冬季、夏季和年平均温度的频率分布。在气旋活动占主导的区域(大西洋、太平洋和巴芬湾地区)，冬季平均温度变化最大；频率分布上具有较宽的范围和相对平稳的频率值。对于 −14～−17 ℃这个区间而言，在大西洋约占 70%，在巴芬湾约占 40%；这是受到与冰岛低压紧密相联的气旋活动的显著影响而产生的。同时，气旋影响巴芬湾的强度和频率都要低于大西洋区域，因此 −14～−17 ℃的频率也低了近一半。最接近正态分布的为西伯利亚区，温度区间在 −29～−30 ℃的频率占 35%，−30～−31 ℃的频率占 20%。整个北极的冬季平均温度 50% 的频率在 −21～−22 ℃之间，约 30% 在 −20～−21 ℃之间。

　　夏季，整个北极平均温度在 3～4 ℃的频率高达 70%，每个气候区域和整个北极的平均温度都呈现明显的正态分布,大西洋区域的温度变化最小,只有 3 ℃。每个区域内,至少都存在在某一特定 1 ℃间隔内频率高于 45% 的现象出现。之所以夏季温度变化较小主要是受较强的大气环流影响(Przybylak,1996a);同时,与冬季相反,夏季从不同方向进入北极的气团其热力差异也显著较小(Przybylak,1992)。

年平均气温的频率分布与夏季相似,接近正态分布。−9～−11 ℃的情况约占 95%。有趣的是,这种年平均温度的分布与任何单个气候区域的情况都有所不同,它们是更温暖的大西洋和巴芬湾区及更寒冷的其他 3 个区的情况的平均。

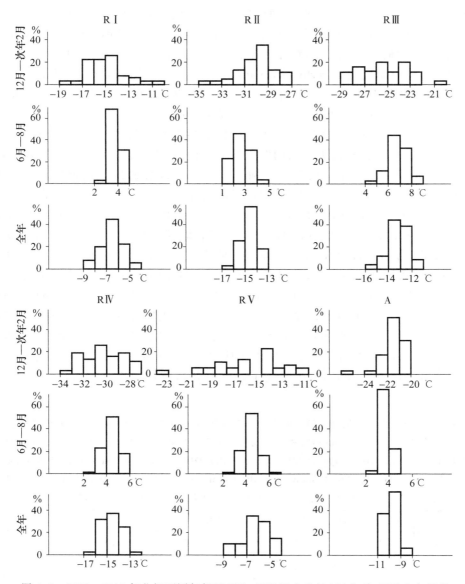

图 4.9　1951—1990 年北极不同气候区(RI～RV)及全北极(A)冬季、夏季和年平均
气温的相对频率(%)分布(Przybylak,1996a)。RI. 大西洋区;RII. 西伯利亚区;
RIII. 太平洋区;RIV. 加拿大区;RV. 巴芬湾区

4.2 平均和极端气温

根据 Przybylak(1996a,1997)的研究结果,北极 40 年平均气温(T_{mean})和极端气温(T_{max} 和 T_{min})的空间分布在各个季节及全年尺度上是相似的,只是在温度值的大小上存在差异。通常而言,季节平均 T_{max} 和 T_{min} 比 T_{mean} 分别高和低约 4 ℃,而年平均极端气温与平均气温的差异约 3 ℃。但在夏季的北冰洋,特别是 7 月的冰雪消融会显著缩小极端温度与平均温度之间的差异。图 4.5 给出了年平均 T_{max} 和 T_{min} 的空间分布;格陵兰由于缺乏相关研究,尚未能给出相关分布的信息。在某些特定年份,冬季极端气温与平均极端气温的偏差达到最大,为 3~8 ℃;而在夏季,偏差达到最小,对于 T_{min} 而言只有 1~3 ℃,对于 T_{max} 而言只有 1~4 ℃;同时,年平均气温的异常值与夏季接近(Przybylak,1996a,1997)。通过计算温度变率参量(σ)的空间分布发现,季节平均和年平均 T_{max} 和 T_{min} 的 σ 空间分布与 T_{mean}(图 4.7)非常接近;同时 Przybylak(1996a)还发现 T_{max} 的 σ 略高于 T_{mean},而 T_{min} 的 σ 略低于 T_{mean}。

云对 T_{max} 的影响在较为温暖的半年(6—9 月)和较为寒冷的半年(10—次年 5 月)期间是完全相反的(表 4.2)。夏季,最大 T_{max} 的发生与晴天有关,最小 T_{max} 的发生与阴天有关。晴朗的天气下,温度正异常(表 4.2)在俄罗斯和加拿大的大部分北极大陆地区显著较高,高出 3~7 ℃;但在大西洋地区的西部和中部相对较低,只有 1~2 ℃。夏季北极云量的增加会造成降温的发生,这种现象在北极南部边界具有显著大陆性气候的区域尤其明显。例如,在 Naryan—Mar 站、Chokurdakh 站和 Coral Harbour A 站,晴天和阴天之间的 T_{max} 的平均差异为 5~7 ℃不等;而在挪威北极地区(海洋气候),这种差异只有 1~2 ℃(表 4.2)。在寒冷的半年里,云量对 T_{max} 的影响与夏季相反,云层增加反而会导致变暖的发生。特别是在冬季,阴天导致的 T_{max} 的正异常最高;在除了 Jan Mayen 站和 MysShmidta 站所代表的区域以外的其他北极地区都能超过 4 ℃。值得注意的是,阴天导致的 T_{max} 的正异常在北极大部分地区(不包括西伯利亚地区和大西洋区域西部)春季都要高于秋季。在晴天条件下,除了 Jan Mayen 和 Naryan—Mar 站以外,最大的负异常皆发生在秋季。就全年而言,云对 T_{max} 的影响作用最小发生在 5 月/6 月和 9 月/10 月,这正是处于以上提到的两种相反作用的过渡期(见 Przybylak,1999 的图 4)。

表 4.2 1951—1990 年北极地区 T_{max}(℃)的平均季节异常,表中 1 对应晴天($C<2$),2 对应局部多云($2 \leqslant C \leqslant 8$),3 对应多云($C>8$),Mean 对应季节平均(Przybylak,1999)。缩写对照:DAN. Danmarkshavn; JAN. Jan Mayen;HOP. Hopen;NAR. Naryan—Mar;DIK. Ostrov Dikson;CHO. Chokurdakh; SHM. Mys Shmidta;RES. Resolute A;COR. Coral Harbour A;CLY. Clyde A;a. 数据时间段为 1955—1990 年,b. 数据时间段为 1967—1990 年,c. 数据时间段为 1953—1990 年

季节	要素	DAN[a]	JAN	HOP	NAR[b]	DIK[b]	CHO[b]	SHM[b]	RES[c]	COR[c]	CLY[c]
12 月—次年 2 月	1	−3.1	−5.2	−10.1	−14.1	−8.4	−4.8	−5.9	−3.2	−6.3	−4.3
	2	0.0	−1.1	−1.4	−3.8	−1.7	−0.6	−0.4	0.5	0.4	0.3
	3	4.5	0.9	5.2	4.9	4.8	4.0	2.5	5.8	8.9	4.8
	平均	−18.5	−2.6	−9.2	−12.4	−21.4	−29.7	−21.2	−27.8	−24.0	−22.6

续表

季节	要素	DAN[a]	JAN	HOP	NAR[b]	DIK[b]	CHO[b]	SHM[b]	RES[c]	COR[c]	CLY[c]
3月—5月	1	−2.3	−0.2	−8.9	−7.2	−8.7	−4.6	−6.1	−5.6	−6.0	−4.5
	2	0.1	−1.1	−1.9	−0.9	−3.5	−0.3	−1.0	−1.0	−0.6	−0.3
	3	2.2	0.7	3.8	1.7	4.0	3.6	3.1	7.8	6.3	4.4
	平均	−11.7	−1.0	−6.7	−1.9	−12.9	−12.7	−12.6	−18.4	−11.5	−13.1
6月—8月	1	2.0	1.7	1.0	6.1	7.1	4.7	3.9	3.4	2.8	2.6
	2	0.8	0.5	0.2	3.4	2.8	2.9	2.1	1.4	1.3	1.4
	3	−1.7	−0.2	−0.1	−2.8	−0.9	−2.2	−1.3	−1.3	−2.4	−1.8
	平均	5.3	5.9	3.2	15.2	5.3	12.6	6.7	4.4	10.1	6.3
9月—11月	1	−3.7	−3.1	−12.4	−7.1	−15.4	−10.9	−6.6	−10.8	−12.4	−10.3
	2	0.1	−0.7	−2.5	−1.5	−6.2	−3.5	−2.0	−2.6	−0.9	−0.9
	3	3.0	0.3	1.6	1.2	3.6	4.1	1.5	5.8	3.6	2.1
	平均	−9.4	2.2	−1.4	1.2	−6.3	−9.7	−5.8	−12.0	−4.4	−5.5

云对 T_{min} 的影响与对 T_{max} 的影响大致相似,但也有几点显著的差异(比较表 4.2 和表 4.3)。夏季,在挪威和加拿大北极南部地区,云对 T_{min} 和 T_{max} 的影响是相反的;阴天的 T_{min} 要高于晴天(表 4.3)。另外,阴天条件下北极其他地区 T_{max} 的正异常比 T_{min} 的异常要显著高 2~3 倍或以上。冬季,云对 T_{max} 和 T_{min} 的影响非常相似,但在大多数北极地区,晴天条件下 T_{min} 的负异常较小。而春季,云对 T_{min} 的影响明显大于 T_{max};晴天(阴天)条件下,T_{min} 的负异常(正异常)明显大于 T_{max},这意味着春季云量的增加会导致 T_{min} 比 T_{max} 的增幅更大。秋天也有类似的情况,但总体比春天偏弱。

表 4.3 1951—1990 年北极地区 T_{min}(℃)的平均季节异常,表中 1 对应晴天($C<2$),2 对应局部多云($2≤$ $C≤8$),3 对应多云($C>8$),Mean 对应季节平均(Przybylak,1999)。缩写对照:DAN. Danmarkshavn; JAN. Jan Mayen;HOP. Hopen;NAR. Naryan−Mar;DIK. Ostrov Dikson;CHO. Chokurdakh; SHM. Mys Shmidta;RES. Resolute A;COR. Coral Harbour A;CLY. Clyde A;a. 数据时间段为 1955—1990 年,b. 数据时间段为 1967—1990 年,c. 数据时间段为 1953—1990 年

季节	要素	DAN[a]	JAN	HOP	NAR[b]	DIK[b]	CHO[b]	SHM[b]	RES[c]	COR[c]	CLY[c]
12月—2月	1	−3.3	−5.2	−8.4	−12.9	−6.9	−3.9	−6.1	−2.5	−4.9	−3.9
	2	−0.3	−1.3	−1.9	−5.5	−1.8	−1.1	−1.1	0.2	−0.3	−0.3
	3	5.4	1.1	5.2	6.1	4.6	4.1	3.4	5.8	9.2	6.1
	平均	−27.1	−7.8	−15.9	−21.3	−28.5	−36.7	−28.2	−35.0	−32.3	−30.4
3月—5月	1	−3.7	−1.2	−8.8	−10.7	−9.1	−5.8	−8.9	−6.1	−7.5	−5.8
	2	−0.2	−1.6	−2.4	−2.7	−4.0	−0.9	−2.1	−1.3	−1.4	−1.1
	3	4.1	1.1	4.3	3.6	4.6	5.3	5.2	9.0	9.2	7.0
	平均	−19.7	−5.5	−12.3	−10.4	−19.8	−21.3	−20.0	−25.5	−21.2	−22.4

季节	要素	DANª	JAN	HOP	NARᵇ	DIKᵇ	CHOᵇ	SHMᵇ	RESᶜ	CORᶜ	CLYᶜ
6月—8月	1	0.8	−0.7	−0.3	1.8	4.4	1.6	0.9	1.5	−0.2	0.3
	2	0.0	−0.6	−0.3	1.1	1.1	0.9	0.5	0.3	0.0	0.0
	3	−0.3	0.2	0.1	−0.9	−0.4	−0.7	−0.3	−0.3	0.0	−0.1
	平均	−0.3	2.2	0.1	6.4	0.9	3.7	0.9	−0.5	2.1	−0.4
9月—11月	1	−4.2	−2.4	−13.0	−9.6	−15.1	−11.6	−8.9	−11.4	−12.5	−11.5
	2	−0.3	−0.9	−3.1	−3.3	−7.4	−4.6	−4.0	−3.4	−2.2	−2.2
	3	4.2	0.4	1.9	2.4	4.1	4.9	2.6	6.9	5.3	3.6
	平均	−15.6	−1.6	−5.1	−5.2	−11.3	−15.8	−11.3	−17.8	−11.5	−11.3

根据 Atlas Arktiki(1985)的结论,北极绝对最低温度出现在格陵兰冰盖上。其冬季(12月—次年3月)的温度经常下降至−50 ℃以下,Northice 站在1954年1月9日测量到的最低温度为−66.1 ℃。Eismitte 站和 Centrale 站也分别于1931年3月20日和1950年2月22日测量到次低温−64.8 ℃。除格陵兰岛外,绝对温度低于−50 ℃主要出现在大陆度最大(60%~70%以上)的区域(图4.2),呈带状分布,从俄罗斯北极地区中部穿越极点至加拿大北极地区东北部(见 Gorshkov,1980 的第44及45页)。Maxwell(1980)的研究提到,1975年以前加拿大北极地区的绝对最低气温−57.8 ℃记录于1973年2月的羊头湾[Shepherd Bay,布西亚半岛(Boothia Peninsula)以南]。然而,Sverdrup(1935)报道(见其文中 K11 页的表格记录),在富兰克林夫人湾(Lady Franklin Bay,埃尔斯米尔岛东北部),最低的温度记录达到−58.8 ℃;但 Sverdrup 并未提供这个温度发生的确切日期。通过分析其文中表7的相关信息,该记录应该发生在以下年度的冬季之中:1871/1872年度、1875/1876年度、1881/1882/1883年度、1905/1906年度或1908/1909年度。−58.8 ℃的记录可能也是整个北极大气低层(不包括格陵兰)的最低温度。而我们已知的北半球的绝对最低温度发生在亚北极的奥伊米亚康村镇(Oimekon),达到−77.8 ℃(Martyn,1985)。夏季整个北极地区的绝对最低气温都小于0 ℃,北极中部为−8~−16 ℃(Gorshkov,1980);格陵兰6月下降至−20 ℃以下,8月甚至低于−30 ℃(见 Putnins,1970 的表 XVIII)。

绝对最高气温发生在夏季,并呈现出明显的纬向特征(Gorshkov,1980)。在北极中部,最高气温通常低于10 ℃;在北极岛屿区域,它们也很少超过20 ℃。记录到的最高温度通常发生在北极大陆最南端(特别是加拿大和俄罗斯北极地区西部),可以超过30 ℃。加拿大北极大陆区域的最高温度记录出现在科珀曼(Coppermine),达到30.6 ℃(Rae,1951)。在加拿大北极群岛,最高温度发生在1930年7月的剑桥湾(Cambridge Bay),达到28.9 ℃;俄罗斯北极地区的绝对最高温度也能超过30 ℃(Gorshkov,1980)。在45°E 和60°E 的俄罗斯沿海地区,温度甚至能高于32 ℃;例如,Naryan−Mar 站在1967—1990年记录到的最高温度为33.9 ℃(1990年7月10日)。冬季,在北极大陆的绝大部分区域,最高气温还未曾超过冰点(Gorshkov,1980);而在格陵兰冰盖上,最高气温也几乎未能超过−10 ℃。

4.2.1 季节平均和年平均的气温日变化范围

年平均气温日变化范围(diurnal temperature ranges,DTR)超过8 ℃的区域主要位于加拿大和俄罗斯北极地区远离大西洋和太平洋的大陆区域(图4.10);低于5 ℃的区域主要分布

第 4 章 气 温

在挪威北极地区,特别是被海冰覆盖的区域。从挪威北极地区至阿拉斯加之间的区域[包括区域内斯匹次卑尔根岛至弗兰格尔岛(Ostrov Vrangelya)之间的几乎所有的岛屿],年平均气温日变化范围在 5～6 ℃。

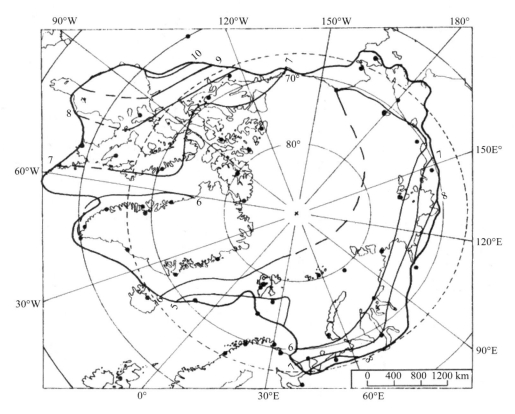

图 4.10   1951—1990 年北极地区温度日变化范围(diurnal temperature ranges,DTR,℃)
的年平均值空间分布(Przybylak,2000b)。图中虚线代表可能的等值线路径

DTR 的变化可能与强烈多变的气旋活动带来的高云量关系密切。在温暖的半年内,气旋活动会使 DTR 下降;而在较冷的半年内则刚好相反。因此,在上述区域和其他一些受大气环流显著影响的区域(如俄罗斯北极地区西部和北部,格陵兰岛西部海岸等),DTR 均在冬季较大。图 4.11 给出了各个季节 DTR 的分布情况。

冬季,最高的 DTR(>8 ℃)分布在北极的南部大陆区域,最低则分布在挪威北极地区南部及格陵兰西海岸(图 4.11),DTR 在北极中部为 7 ℃ 左右。

春季的 DTR 要显著高于冬季,不同区域的 DTR 差异能够超过 7 ℃(冬季只有 4 ℃),DTR 的最高值(>9 ℃)出现在加拿大和俄罗斯北极地区最南部的中央区域,这个区域同样也是大陆度最显著的区域(图 4.2)。DTR 的最低值与冬季类似,也出现在挪威北极地区和格陵兰西海岸(<6 ℃)。夏季平均而言 DTR 低于春季,但不同区域的 DTR 差异幅度与春季接近,最高值都超过 10 ℃,最低值低于 3 ℃。挪威北极地区和俄罗斯北极地区西北部的 DTR 异常低,只有不到 3～4 ℃。

秋季,不同区域的 DTR 差异幅度下降至 4～5 ℃。最高的 DTR 再次出现在加拿大和俄罗斯北极地区最南部的中央区域,分别为大于 8 ℃ 和大于 6 ℃;最低 DTR 出现在挪威北极地区,小于 4 ℃(图 4.11)。

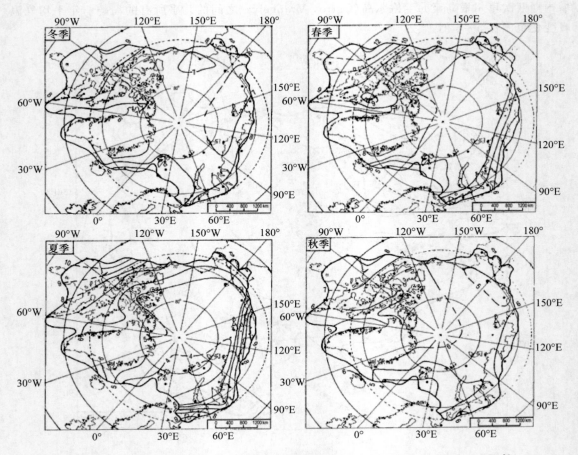

图 4.11 1951—1990 年北极地区温度日变化范围(diurnal temperature ranges,DTR,℃)
的季节均值空间分布(Przybylak,2000b)

DTR 的年变化过程非常有趣,值得研究。根据其在各个季节的情况,可以将其分为 4 种
类型(图 4.12):

(1)DTR 冬季最大,夏季最小;

(2)DTR 春季最大,秋季最小;

(3)DTR 冬季最大,秋季最小;

(4)DTR 夏季最大,秋季最小。

前两种类型显然在北极占主导地位。在 33 个被分析站中,一类有 14 个站(42.4%),二类
有 11 个站(33.3%),而三类和四类分别只有 4 个(12.1%)和 3 个(9.1%)站。此外,只有 Eu-
reka 站的 DTR 呈现出与以上 4 类不同的状态。一类主要发生在挪威北极地区、俄罗斯北极
地区西部和北部及加拿大北极地区北部;北极中部也很可能呈现同样的状态。值得一提的是,
这些地区要么受到大气环流的显著影响(气旋活动频繁),要么位于极点周围仍存在较弱气旋
活动的区域(Serreze and Barry,1988;Serreze et al.,1993)。二类主要分布在气旋活动相对较
弱但太阳辐射日变化最为显著的区域(加拿大和俄罗斯北极地区南部、阿拉斯加北部和格陵兰
岛的部分区域)。Ohmura(1984)对 1969 年和 1970 年夏季加拿大北极地区阿克塞尔海伯格岛

(Axel Heiberg Island)的热平衡进行了调查研究,给出了对这一类型更为详实的解释。同时这一类型在科学文献中也常被定义为"弗拉姆(Fram)型"。三类和四类位于相对孤立的区域,主要与局地特定的辐射和大气环流条件有关。

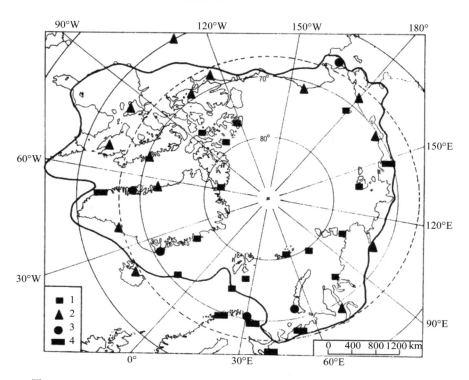

图 4.12　1951—1990 年北极地区 DTR 的年变化类型分布(Przybylak,2000b)。
1.DTR 在冬季最大而夏季最小;2.DTR 在春季最大而秋季最小;
3.DTR 在冬季最大而秋季最小;4.DTR 在夏季最大而秋季最小

根据对 DTR 的月平均值分析发现,最大值最常发生在 4 月(63.6% 的站点)或 2 月(18.2% 的站点),最小值最常发生在 9 月(62.1% 的站点)或 10 月(16.7% 的站点)(Przybylak,2000b)。

气温日变化范围与云量

根据 4.2 节给出的结论,云量对 T_{max} 和 T_{min} 的影响大致相似。但在某些季节,云量变化造成的 T_{max} 和 T_{min} 的异常存在显著的差异,这也能够导致 DTR 出现变化。

云量对 DTR 的影响见表 4.4 和图 4.13。就全年而言,除了扬马延岛地区以外,云量的增加会导致 DTR 的减少;这种现象在夏季最为显著,春季和秋季其次。冬季的情况要复杂得多,整个北极都在部分多云的条件下出现最大的 DTR;云量的进一步增加则会导致 DTR 的下降。部分地区在晴天条件下(Danmarkshavn 和 Mys Shmidta)或多云条件下(Ostrov Dikson 和 Chokurdakh)也会呈现轻微的 DTR 正异常。值得注意的是,在气旋活动盛行的北极地区(大西洋、太平洋和巴芬湾地区),阴天的 DTR 异常低于晴天(表 4.4 和图 4.13)。

表 4.4 1951—1990 年北极地区 DTR(℃)的平均季节异常，表中 1 对应晴天，2 对应局部多云，3 对应多云，Mean 对应季节平均(Przybylak,1999)，表中其他信息同表 4.2

季节	要素	DANᵃ	JAN	HOP	NARᵇ	DIKᵇ	CHOᵇ	SHMᵇ	RESᶜ	CORᶜ	CLYᶜ
12 月—次年 2 月	1	0.2	0.0	−1.7	−1.2	−1.5	−0.8	0.3	−0.7	−1.4	−0.5
	2	0.3	0.2	0.4	1.7	0.2	0.6	0.8	0.3	0.6	0.5
	3	−0.8	−0.2	−0.1	−1.3	0.2	0.1	−0.8	−0.1	−0.3	−1.3
	平均	8.6	5.2	6.7	8.9	7.1	7.0	7.0	7.2	8.3	7.8
3 月—5 月	1	1.3	1.0	0.0	3.5	0.3	1.2	2.8	0.4	1.5	1.1
	2	0.3	0.5	0.6	1.8	0.5	0.5	1.1	0.3	0.8	0.7
	3	−1.9	−0.3	−0.5	−1.9	−0.5	−1.7	−2.1	−1.3	−2.9	−2.6
	平均	8.0	4.5	5.6	8.5	6.9	8.6	7.4	7.1	9.7	9.3
6 月—8 月	1	1.3	2.3	1.2	4.3	2.8	3.1	3.0	1.9	3.1	2.3
	2	0.8	1.0	0.5	2.3	1.7	2.0	1.6	1.1	1.3	1.4
	3	−1.4	−0.4	−0.2	−1.8	−0.4	−1.5	−1.0	−0.9	−2.4	−1.7
	平均	5.6	3.7	3.1	8.8	4.4	8.9	5.8	4.9	8.0	6.7
9 月—11 月	1	0.5	−0.7	0.6	2.4	−0.2	0.7	2.1	0.6	0.2	1.2
	2	0.4	0.2	0.6	1.8	1.2	1.1	1.9	0.9	1.3	1.5
	3	−0.8	−0.2	−0.3	−1.2	−0.5	−0.7	−1.2	−1.1	−1.7	−1.5
	平均	6.2	3.8	3.7	6.4	5.0	6.1	5.5	5.8	7.1	5.8

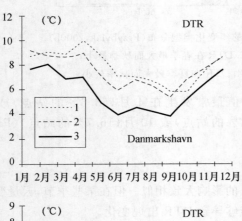

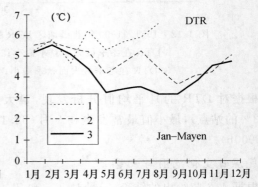

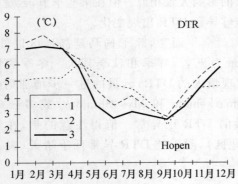

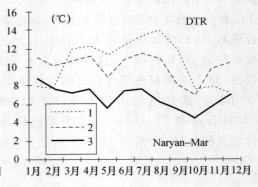

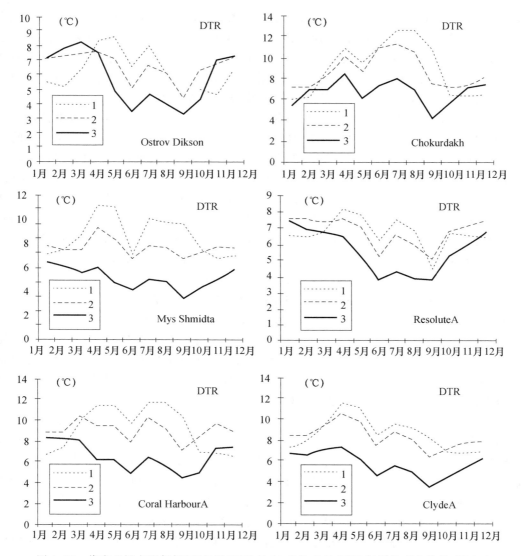

图 4.13　代表北极主要气候区(包括子区)的 10 个站点的 DTR 年平均变化趋势,图中 1
对应晴天,2 对应局部多云,3 对应多云(Atlas Arktiki,1985;Przybylak,1999)

在西伯利亚和加拿大地区,由于反气旋的盛行,辐射起到了更为重要的作用。多云条件下(表 4.2 和表 4.3),T_{max} 和 T_{min} 的异常几乎相同;但在晴天,T_{max} 的负异常明显更大。而当大量较暖的气团和云通过天气尺度的气旋活动从低纬输送至高纬区域时,它们对 T_{max} 和 T_{min} 的作用却是不同的,这一点与西伯利亚和加拿大地区的情况有所不同:一方面暖平流本身会同时影响 T_{max} 和 T_{min};另一方面高云量会阻断地面向外的长波辐射,这种对长波的阻挡作用在夜间更为显著,因此造成的 T_{min} 的正异常会高于 T_{max}(表 4.2 和表 4.3)。

4.3　逆温

对流层内的地表逆温是北极气候的主要特征之一,这种现象尤其容易发生在太阳高度较低或无日照的时间段内;由于发生频率较高,经常被冠以"半永久逆温"之名。除极区以外,半永久逆温只在副热带地区发生；但副热带的逆温是动态的，且逆温层与地表之间由高度稳定层分隔开。极地逆温一般是由表面负的净辐射平衡引起的，主要与冰雪下垫面密切相关；但也存在反气旋中的空气下沉或暖平流流经冷气团造成的对流层上层逆温的现象。Vowinckel 和 Orvig(1970)指出北极逆温比副热带逆温更加复杂，它们主要可以分为三种类型，即表面型、下沉型和平流型。后两种可以发生在任何高度，但温度的梯度相对较小。

对北极对流层热结构的研究始于 20 世纪初，摩纳哥王子于 1906 年最早资助开展了高空气球调查(Hergessell,1906)。关于早期的研究历史，Belmont(1958)进行了全面出色的回顾(至 1957 年前)，这里不再赘述。对从 20 世纪 60—70 年代这一时间段内的相关研究，读者可以参考以下列举的文献，如 Dolgin(1962)；Gaigerov(1964)；Stepanova(1965)；Vowinckel(1965)；Billeo(1966)；Vowinckel 和 Orvig(1967,1970)；Dolgin 和 Gavrilova(1974)等。20 世纪 80 年代起，相关调查研究工作进一步加强，20 世纪 90 年代获取了比较显著的研究成果，期间较重要的文献包括：Maxwell(1982)；Kahl(1990)；Nagurnyi 等(1991)；Timerev 和 Egorova(1991)；Bradley 等(1992)；Kahl 等(1992a,b)；Serreze 等(1992)；Zaitseva 等(1996)；Serreze 和 Barry(2005)；Tjernström 和 Graversen(2009)；Bourne 等(2010)；Devasthale 等(2010)；Zhang 和 Seidel(2011)；Zhang 等(2011)。这些调查研究初衷是描述和建立北极逆温的气候特征，但相关成果也为近年来全球变暖和温室气体积聚情况的研究提供了依据。

本节关于北极逆温特性的阐述主要来源于 Zaitseva 等(1996)发表的研究成果。他们使用了美国空军在 1950—1961 年的雷鸟(Ptarmigan)天气勘测任务中获取的探空资料(地面以上 3～5 km)，以及 1950—1954 年的苏联北极点漂流站的探空资料分析了北冰洋西部的气温廓线结构；他们选择了两个代表点位进行比对，一处位于极点附近(1079 条探空廓线记录)，另一处位于波弗特海(2040 条探空廓线记录)；图 4.14 给出了研究得到的逆温频率、逆温层底部高度、逆温层厚度及逆温层温度差异的情况。从图中可以看出，逆温发生的频率高达 93%，且冬季频率最高，为 98%～99%[请读者注意，这里为了方便起见，季节的定义与我们通常使用的一致，如冬天为 12—次年 2 月等，但与原文 Zaitseva 等(1996)所使用的季节定义有所区别。同时，这里也使用了中位数来描述平均的状态。冬季，约 75% 的逆温接地，且 2 月在北极西部最常见，几乎达到 100%。Zaitseva 等(1996)发现冬季逆温发生频率并不存在显著的区域差异，但这可能与研究点位间相似的天气和下垫面条件有关。逆温发生频率的快速变化出现在冬春过渡的 4—5 月，极点和波弗特海附近 5 月地面逆温频率分别下降至 45% 和 36%，这也与 Vowinckel 和 Orvig(1967)的研究结论基本一致。

在夏季，逆温的发生频率最低(88%)，但空中逆温的发生频率是最高的，达到 52%(图 4.14a,b)。夏季地表逆温的发生主要与下垫面冰雪融化有关，在某些站位，能够观测到地表逆温频率的次大值发生[见 Bradley 等(1992)的图 4]。根据 Zaitseva 等(1996)的研究，地表逆温在夏季达到最小值 36%，这主要与高频率的气旋活动引起的近地面大气强烈混合及高云量有关。极点和波弗特海附近的地表逆温全年最低发生频率分别出现在 8 月和 9 月，即刚好在夏季冰雪融化结束后的时间段。以上这些结果也与 Bradley 等(1992)及最近的 Zhang 等(2011)发表的结果基本吻合。但我们也发现，在 20 世纪 50 年代，春季的逆温比秋天更为频繁(图 4.14)，而在 1990—2009 年情况却完全相反[Zhang 等(2011)的图 4]。为此，Zhang 等(2011)检验了利用气候模型和再分析资料模拟地面逆温的可靠性，他们指出利用模型和再分析得到的地表逆温特性与观测结果相似(文中的图 8 和 S7)；该研究期间内，地表逆温在冬季和秋季的发生更频繁、更厚、更强，但这两个季节内的地表逆温强度也存在较大差异。

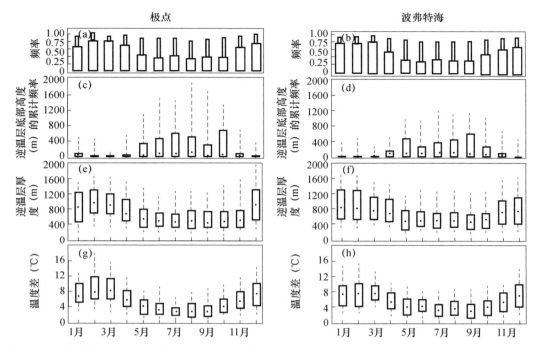

图 4.14　月平均逆温发生频率(a,b)、逆温层底部高度(c,d)、厚度(e,f)及逆温层温差(g,h)的累计频率分布;左侧一列为极点情况,右侧一列为波弗特海情况(Zaitseva et al.,1996)。图 a 与图 b 中的宽柱体和窄柱体分别对应地表逆温和对流层上层逆温,两者累加为总逆温发生频率

极点附近的地表逆温层底高度[图 4.14(c),(d)]在冬季达到最低,夏季最高(能达到约 600 m)。在波弗特海,5 月和 9 月观测到了逆温层底高度的最大值,分别达到 600 m 和 650 m;而在夏季,由于地表冰雪融化,逆温层底高度显著下降,平均约 125 m。此后,极点附近和波弗特海的逆温层分别在 11 月和 10 月重新接地。

极点附近的逆温层平均厚度为 900 m,比波弗特海处厚 100 m。这两个地区的逆温层最大厚度经常能够超过 1200 m,极少情况下能超过 1600 m,极端情况下甚至能够达到 3000 m 以上[见 Bradley 等(1992)的表 5]。逆温层的平均厚度最大值在极点附近发生在 2 月和 12 月,在波弗特海为 1 月,同时波弗特海 12 月和 2 月的逆温层厚度也只是略低于 1 月。春季,太阳辐射和云层范围的增加促进了地表混合层的形成,逆温层下层被破坏,逆温层厚度顺势降低。夏季和秋季,极点附近的平均逆温层厚度达到最低,略超过 400 m;而波弗特海尽管与极点拥有相近的天气条件,但秋季 9 月和 10 月的逆温层厚度明显更低。Bradley 等(1992)通过对巴特岛(Barter Island)和巴罗角(Point Barrow)站情况的研究也得到了相同的结论。因此不难看出,夏季冰雪下垫面的融化进程是逆温层厚度略高于秋季的主要原因。11—12 月,极点附近的逆温层厚度出现激增,但这种现象在波弗特海要再提前 1 个月左右的时间[图 4.14(e)、(f)]。

逆温层内的温度变化(逆温强度,inversion intensity 或 strength)与逆温厚度及地表温度显著相关[见 Bradley 等(1992)的图 6 和图 7]。从图 4.14(g)、(h)中也能看出,当冬季表面温度最低时,逆温达到最强。冬季逆温层的平均温差在 7~8 ℃,这两个区域记录到的最高温差均超过 15 ℃,出现在 2 月。在某些特殊的情况下逆温温差甚至能够超过 30 ℃(见 Bradley 等(1992)的表 5),如 1983 年 1 月 25 日在巴特岛观测到了 35.7 ℃ 的温差(6.7 ℃/100 m);这种现象通常在对流层低层出现下沉增温而同时地表出现强烈的辐射冷却时产生。逆温强度在 4

月和 5 月显著降低。在极点附近,最低的强度(3～4 ℃)发生在 6—9 月,随后至冬季逐渐增强;在波弗特海,最低的强度(3～4 ℃)发生在 5—10 月,低强度维持的时间比极点长。

空中逆温的强度和厚度相对地表逆温要小得多,平均为 1.2 ℃和 0.5～0.9 km(Vowinckel and Orvig,1970);持续时间在寒冷的半年内也明显较短,但在夏季更长。总体而言,北极逆温强度的月平均值很少能够超过 8 ℃。

最后需要补充的是,北极地表逆温发生频率最低出现在大西洋区域的最南端,1 月为 20%～30%,7 月为 30%～40%[Dolgin 和 Gavrilova(1974)的图 30],这也与北极其他区域逆温发生频率的年变化刚好相反;这种现象的发生主要与强烈的气旋活动及下垫面特性(相对温暖的开放水域)息息相关。Dolgin 和 Gavrilova(1974)指出,逆温容易发生在反气旋活动主导和积雪、浮冰覆盖的区域,反之则不易发生。但这里也要补充说明的是逆温并不仅仅是反气旋系统的一种特征,有研究也表明,气旋系统内逆温的发生频率平均值为 69 %(Dolgin,1960;Gaigerov,1962),且在气旋的北侧区域高于南侧区域。

参考文献

Alekseev G V,Svyashchennikov P N. 1991. The natural variation of climatic characteristics of the Northern Polar Region and the Northern Hemisphere. Leningrad:Gidrometeoizdat. 159 pp(in Russian).

Atlas Arktiki. 1985. Glavnoye Upravlenye Geodeziy i Kartografiy. Moscow:204 pp.

Baird P D. 1964. The Polar World. London:Longmans:328 pp.

Baranowski S. 1977. The subpolar glaciers of Spitsbergen,seen against the climate of this region. Acta Univ. Wratisl. 393:167 pp.

Barry R G, Hare F K. 1974. Arctic climate. In:Ives JD,Barry RG Arctic and Alpine Environments. London:Methuen & Co. Ltd. :17-54.

Barry RG,Kiladis GN. 1982. Climatic characteristic of Greenland. In:Climatic and Physical Characteristics of the Greenland Ice Sheet. CIRES,Univ. of Colorado,Boulder:7-33.

Belmont A D. ,1958. Low tropospheric inversions at ice island T-3. In:Sutcliffe R C. Polar Atmosphere Symposium. Part I,Meteorol. Section:215-284.

Billeo M A. 1966. Survey of Arctic and Subarctic Temperature Inversions. Tech. Rep. 161,Cold Regions Res. and Eng. Lab. ,Hanover,N. H. :38 pp.

Bourne S M,Bhatt U S,Zhang J,Thoman R. 2010. Surface based temperature inversions in Alaska from a climate perspective. Atmos. Res . ,95:353-366,doi:10. 1016/j. atmosres. 2009. 09. 013.

Bradley R S,Keimig F T,Diaz H F. 1992. Climatology of surface-based inversions in the North American Arctic. J. Geophys. Res. ,97(D14):15699-15712.

Brown R N R. 1927. The Polar Regions:A Physical and Economic Geography of the Arctic and Antarctic. London:Methuen & Co. Ltd. :245 pp.

Calanca P,Gilgen H,Ekholm S,Ohmura A. 2000. Gridded temperature and accumulation distributions for Greenland for use in cryospheric models. Ann. Glaciol. ,31:118-120.

Central Intelligence Agency. 1978. Polar Regions Atlas. National Foreign Assessment Center,C. I. A. Washington,DC:66 pp.

Comiso J C. 2006. Arctic warming signals from satellite observations. Weather,61(3):70-76.

Comiso J C,Parkinson C L. 2004. Satellite-observed changes in the Arctic. Physics Today,57(8):38-44.

Crutcher H J, Meserve J M. 1970. Selected Level Height, Temperatures, and Dew Points for the Northern Hemisphere. NAVAIR 50-1C-52(revised), Chief of Naval Operations, Naval Weather Service Command, Washington, D. C. ;420 pp.

Devasthale A, Willén U, Karlsson K-G, Jones C G. 2010. Quantifying the clear-sky temperature inversion frequency and strength over the Arctic Ocean during summer and winter seasons from AIRS profiles. Atmos. Chem. Phys . ,10:5565-5572,doi:10. 5194/ acp-10-5565-2010.

Dolgin I M. 1960. Arctic aero-climatological studies. Probl. Arkt. ,4:64-75(in Russian).

Dolgin I M. 1962. Some results of atmospheric investigation over the Arctic Ocean. Probl. Arkt. i Antarkt. ,11: 31-36(in Russian).

Dolgin I M, Gavrilova L A. 1974. Climate of the Free Atmosphere of the non-Soviet Arctic. Leningrad: Gidrometeoizdat;320 pp(in Russian).

Donina S M. 1971. Air temperature. In: Dolgin I M. Meteorological Conditions of the non-Soviet Arctic. Leningrad: Gidrometeoizdat;83-104(in Russian).

Ewert A. 1997. Thermic continentality of the climate of the Polar regions. Probl. Klimatol. Polar. ,7:55-64(in Polish).

Frolov I E, Gudkovich Z M, Radionov V F, Shirochkov A V, Timokhov L A. 2005. The Arctic Basin. Results from the Russian Drifting Stations. Chichester: Praxis Publishing Ltd. ;272 pp.

Gaigerov S S. 1962. Problems of the Aerological Structure Circulation and Climate of the Free Atmosphere of the Central Arctic and Antarctic. Izd. AN SSSR, Moskva;316 pp(in Russian).

Gaigerov S S. 1964. Aerology of the Polar Regions, Gidrometeoizdat, Moskva(in Russian). Translated also by Israel Program for Scientific Translations, Jerusalem, 1967;280 pp.

Gorshkov S G. 1980. Military Sea Fleet Atlas of Oceans: Northern Ice Ocean. USSR: Ministry of Defense;184 pp(in Russian).

Hergessell H. 1906. Die Erforschung der freien Atmosphäre über dem Polarmeer. Beitr. Phys. Frei. Atmos. ,2: 96-98.

Herman G F. 1986. Atmospheric modelling and air-sea interaction. In: Untersteiner N. The Geophysics of Sea Ice. New York: Plenum Press;713-754.

Jones P D. 1994. Hemispheric surface air temperature variations: a reanalysis and an update to 1993. J. Climate, 7;1794-1802.

Kahl J D. 1990. Characteristics of the low-level temperature inversion along the Alaskan Arctic coast. Int. J. Climatol. ,10:537-548.

Kahl J D, Serreze M C, Schell R C. 1992a. Low-level tropospheric temperature inversions in the Canadian Arctic. Atmos. -Ocean,30:511-529.

Kahl J D, Serreze M C, Shoitani S M, Skony S M, Schnell R C. 1992b. In-situ meteorological sounding archives for Arctic studies. Bull. Am. Meteor. Soc. ,73;1824-1830.

Martyn D. 1985. Climates of the Earth. PWN Warszawa;667 pp(in Polish).

Maxwell J B. 1980. The climate of the Canadian Arctic islands and adjacent waters. vol. 1. Climatological studies, No. 30, Environment Canada, Atmospheric Environment Service;531.

Maxwell J B. 1982. The climate of the Canadian Arctic islands and adjacent waters. vol. 2. Climatological studies, No. 30, Environment Canada, Atmospheric Environment Service;589.

Mecking L. 1928. The Polar Regions: A regional geography. In: The Geography of the Polar Regions. Amer. Geogr. Soc. Special Publ. No. 8, New York;93-281.

Mohn H. 1905. Meteorology. The Norwegian North Polar Exped. 1893—1896. Scient. Res. ,vol. VI, Christiania-London-New York-Bombay-Leipzig,659 pp.

Nagurnyi A P, Timerev A A, Egorova S A. 1991. Space-time inversion variability in the lower Arctic tropo-
　　sphere. Dokl. RAS, 319(in Russian).

Niedźwiedź T. 1987. The influence of the atmospheric circulation on the air temperature in Hornsund region
　　(Spitsbergen). In: Repelewska-Pękala J, Harasimiuk M, Pękala K. Proceedings of XIV Polar Symposium:
　　Actual Research Problems of Arctic and Antarctic, Lublin, Poland, May 7-8: 174-180(in Polish).

Niedźwiedź T. 1993. Long-term variability of the atmospheric circulation over Spitsbergen and its infl uence on
　　the air temperature: In: Repelewska-Pękalowa J, Pękala K. Proceedings of XX Polar Symposium, Lublin,
　　Poland: 17-30.

Nordli Ø, Przybylak R, Ogilvie A E J, Isaksen K. 2014. Long-term temperature trends and variability on Spits-
　　bergen: the extended Svalbard Airport temperature series, 1898—2012. Polar Res. 21349, http://
　　dx. doi. org/10. 3402/polar. v33. 21349.

Ohmura A. 1984. On the cause of "Fram" type seasonal change in diurnal amplitude of air temperature in polar
　　regions. J. Climatol. , 4: 325-338.

Ohmura A. 1987. New temperature distribution maps for Greenland. Zeit. für Gletscherkunde und Glazialgeolo-
　　gie, 23: 1-45.

Parkinson C L, Comiso J C, Zwally H J, Cavalieri D J, Gloersen P, Campbell W J. 1987. Arctic sea-ice, 1973—
　　1976: Satellite passive-microwave observations. Technical Information Branch, NASA, Washington, DC,
　　NASA SP-489: 296 pp.

Petterssen S, Jacobs W C, Hayness B C. 1956. Meteorology of the Arctic. Washington, D. C. : 207 pp.

Prik Z M. 1959. Mean position of surface pressure and temperature distribution in the Arctic. Trudy ANII, 217:
　　5-34(in Russian).

Prik Z M. 1960. Basic results of the meteorological observations in the Arctic. Probl. Arkt. Antarkt. , 4: 76-90
　　(in Russian).

Przybylak R. 1992. Thermal-humidity relations against the background of the atmospheric circulation in Horn-
　　sund(Spitsbergen)over the period 1978—1983. Dokumentacja Geogr. , 2: 105 pp(in Polish).

Przybylak R. 1996a. Variability of Air Temperature and Precipitation over the Period of Instrumental Observa-
　　tions in the Arctic. Rozprawy: Uniwersytet Mikołaja Kopernika: 280 pp(in Polish).

Przybylak R. 1996b. Thermic and precipitation relations in the Arctic over the period 1961-1990. Probl. Klima-
　　tol. Polar . , 5: 89-131(in Polish).

Przybylak R. 1997. Spatial variations of air temperature in the Arctic in 1951—1990. Pol. Polar Res. , 18: 41-63.

Przybylak R. 1999. Infl uence of cloudiness on extreme air temperatures and diurnal temperature range in the
　　Arctic in 1951—1990. Pol. Polar Res. , 20: 149-173.

Przybylak R. 2000a. Temporal and spatial variation of air temperature over the period of instrumental observa-
　　tions in the Arctic. Int. J. Climatol . , 20: 587-614.

Przybylak R. 2000b. Diurnal temperature range in the Arctic and its relation to hemispheric and Arctic circula-
　　tion patterns. Int. J. Climatol. , 20: 231-253.

Przybylak R. 2002. Variability of Air Temperature and Atmospheric Precipitation During a Period of Instru-
　　mental Observation in the Arctic. Boston-Dordrecht-London: Kluwer Academic Publishers: 330 pp.

Przybylak R, Araźny A, Nordli Ø, Finkelnburg R, Kejna M, Budzik T, Migała K, Sikora S, Puczko D, Rymer K,
　　Rachlewicz G. 2014. Spatial distribution of air temperature on Svalbard during 1 year with campaign meas-
　　urements. Int. J. Climatol . , 34, 3702-3719, DOI: 10. 1002/joc. 3937.

Putnins P. 1970. The climate of Greenland. In: Orvig S. Climates of the Polar Regions, World Survey of Clima-
　　tology. vol. 14. Amsterdam-London-New York: Elsevier Publ. Comp. 3-128.

Radionov V F, Bryazgin N N, Alexandrov E I. 1997. The Snow Cover of the Arctic Basin. University of Washington,Technical Report APL-UW TR 9701,variously paged.

Rae R W. 1951. Climate of the Canadian Arctic Archipelago. Department of Transport,Met. Div. ,Toronto:90 pp.

Rigor I G,Colony R L,Martin S. 2000. Variations in surface air temperature observations in the Arctic,1979—1997. J. Climate,13:896-914.

Sater J E. 1969. The Arctic Basin. Washington:The Arctic Inst. of North America:337 pp.

Sater J E,Ronhovde A G,Van Allen L C. 1971. Arctic Environment and Resources. Washington:The Arctic Inst. of North America:310 pp.

Serreze M C,Barry R G. 1988. Synoptic activity in the Arctic Basin in summer,1979—1985. *In*:Amer. Met. Soc. ,Second Conference on Polar Meteorology and Oceanography,March 29-31,1988,Madison,Wisc. ,Boston:52-55.

Serreze M C,Barry R G. 2005. The Arctic Climate System. Cambridge:Cambridge University Press:385 pp.

Serreze M C,Barry R G. 2014. The Arctic Climate System. second edition. Cambridge:Cambridge University Press:404 pp.

Serreze M C,Box J E,Barry R G,Walsh J E. 1993. Characteristics of Arctic synoptic activity,1952—1989. Meteorol. Atmos. Phys. ,51:147-164.

Serreze MC,Kahl JD,Schnell RC. 1992. Low-level temperature inversions of the Eurasian Arctic and comparisons with Soviet drifting stations. J. Climate,5:615-630.

Sokolov V,Makshtas A. 2013. Russian drifting stations in XXI century. The Arctic Science Summit Week 2013-abstract Ref. ♯:A_4855,Kraków.

Stepanova N A. 1965. Some Aspects of Meteorological Conditions in the Central Arctic:A review of U. S. S. R. Investigations. Washington:U. S. Department of Commerce,Weather Bureau:136 pp.

Sugden D. 1982. Arctic and Antarctic. A Modern Geographical Synthesis. Oxford:Basil Blackwell:472 pp.

Sverdrup H. U. ,1935. Übersicht über das Klima des Polarmeeres und des Kanadischen Archipels. *In*:Köppen W,Geiger R. , Handbuch der Klimatologie,Bd. II,Teil K,Klima des Kanadischen Archipels und Grönlands. Berlin:Verlag von Gebrüder Borntraeger:K3-K30.

Timerev A A,Egorova S A. 1991. Spatial-temporal variability of surface inversions in the Arctic. Soviet Meteorology and Hydrology,7:39-44.

Tjernström M,Graversen R G. 2009. The vertical structure of the lower Arctic troposphere analysed from observations and the ERA-40 reanalysis. Quart. J. Roy. Meteor. Soc . ,135:431-443,doi:10. 1002/qj. 380.

Turner J,Marshall G J,2011. Climate Change in the Polar Regions. Cambridge:Cambridge University Press:434 pp.

Vowinckel E. 1965. The inversion over the Polar Ocean. Scient. Rep. ,No. 14,Publ. in Meteorol. ,72,McGill Univ. ,Montreal:30 pp.

Vowinckel E,Orvig S. 1967. The inversion over the Polar Ocean. *In*:Orvig S. W. M. O. -S. C. A. R. -J. C. P. M. Symp. Polar Meteorol. ,Proc. -W. M. O. Tech. Note,87:39-59.

Vowinckel E, Orvig S. 1970. The climate of the North Polar Basin. *In*: Orvig S. Climates of the Polar Regions. World Survey of Climatology,14,Amsterdam-London-New York:Elsevier Publ. Comp. :129-252.

Walsh J E. 2008. Climate of the marine Arctic environment,Ecological Applications,18(2)Supplement:S3-S22.

Zaitseva N A,Skony S M,Kahl J D. 1996. Temperature inversions over the Western Arctic from radiosonde data. Russian Meteorol. and Hydrol. ,6:6-17.

Zhang Y,Seidel D J. 2011. Challenges in estimating trends in Arctic surface-based inversions from radiosonde data. Geophys. Res. Lett . ,38:L17806,doi:10. 1029/2011GL048728

Zhang Y,Seidel D J,Golaz J-Ch,DESER C,Tomas R A. 2011. Climatological Characteristics of Arctic and Antarctic Surface-Based Inversions. J. Clim. ,24:5167-5186.

第 5 章 云

1990 年之前,我们对北极云的认知是十分匮乏的(Raatz,1981;Barry et al.,1987;Serreze and Rehder,1990),在此后的 20～25 a 中,相关领域的研究取得了重要的进展(Wang and Key,2003,2005a,b;Gorodetskaya et al. 2008;Walsh et al.,2009;Eastman and Warren,2010a,b;Chernokulsky and Mokhov,2012;Liu et al.,2012a,b;Probst et al.,2012;Zygmuntowska et al,2012),但总体而言我们对其的认知依然存在较大的不完备。

Hughes(1984)对当时全球 15 种不同的云气候类型进行了综述,其中列举的文献中只有 2 篇同时给出了关于两极的云的相关信息(Scherr et al.,1968;Berlyand and Strokina,1980),而另有 4 篇文献仅涉及南极或北极其中之一。在 20 世纪 80 年代下半叶和 90 年代初,出现了 4 种新的云气候学类型,一种是基于地表观测(Warren et al.,1986,1988)获得的,另外三种是基于卫星辐射探测得到的(METEOR-Matveev and Titov,1985;Aristova and Gruza,1987;Mokhov and Schlesinger,1993,1994;NIMBUS-7—Stowe et al.,1988,1989;ISCCP—Rossow and Schiffer,1991;Rossow and Garder,1992)。Rossow(1992)指出,上述 4 种云气候学给出的云量随地理及季节变化的变化规律是非常一致的,其中三种云气候学给出的总云量在除极地以外的任何地方几乎都达到一致;但是在极地,云量的平均地理分布及其年变化却存在很大差异。正如 McGuffie 等(1988)所指出的,"现有的全球云气候学都不能全面地提供极地的云信息"。此外,通用的地图投影和比例尺都无法给出足够详细的云信息。

在 20 世纪 90 年代,特别是截至本书出版前的 15 年内,大量有关北极云量的论文被发表,多数成果都是通过卫星辐射测量的估算完成。近年来,越来越多的新数据如再分析数据和气候模式数据被采用(Gorodetskaya et al.,2008;Walsh et al.,2009;Chernokulsky and Mokhov,2012;Probst et al.,2012;Zygmuntowska et al.,2012)。目前关于北极云的研究工作主要可以分为两类:①基于人工或计算机自动算法的云分类(Key and Barry,1989;Dutton et al.,1991;Carsey,1992;Curry and Ebert,1992;Key and Haefliger,1992;Robinson et al.,1992;Serreze et al.,1992;Francis,1994;Hahn et al.,1995;Hahn and Warren,1999;Schupe and Intrieri,2004;Palm et al.,2010;Liu et al.,2012a;b);②基于卫星、再分析和模式的云气候学研究,及其与地面气候学之间的比较(Barry et al.,1987;Kukla and Robinson,1988;McGuffie et al.,1988;Serreze and Rehder,1990;Rossow 1992,1995;Schweiger and Key,1992;Wang and Key,2003,2005a,b;Vavrus,2004;Gorodetskaya et al.,2008;Walsh et al.,2009;Eastman and Warren,2010a,b;Chernokulsky and Mokhov,2012;Liu et al.,2012a,b;Probst et al.,2012;Zygmuntowska et al.,2012)。需要补充一点的是,目前在用的基于卫星的云气候学存在某些明显的短板,特别表现在其空间覆盖上存在较大的不完备(Liu er al.,2012a)。同时,由于极地冰雪下垫面与云之间的对比度较低,卫星对云的被动探测技术的可靠性常受到质疑,在极夜更是如此。此外,这类仪器对光学厚度很薄的云也不敏感(Liu et al.2012a);普遍存在的北极地表逆温也会对卫星观测的云顶温度产生负面影响(Chernokulsky and Mokhov,2012)。为了应对以上这些不足,联合使用激光雷达、雷达和卫星观测是一种很好的解决方案(Liu et al.,2012a);但对于气候学研究而言,此类观测的时间序列仍然太短(Chernokulsky and Mokhov,2012),且与被动卫星观测相比,雷达联合测量的空间覆盖范围十分有限(Palm et al.,2010)。无论如何,该方法在确定北极云量方面仍然给出了相对较高分辨率的资料来源。Zygmuntowska 等(2012)强调,2007 年新发射的两颗采用有源遥感技术的卫星在对北极云观测时还存在着其他一些问题,包括使用 CloudSat(云雷达)探测光学厚度较薄的云和云反演时会受到地表附近地面杂波的影响,同时光学厚度较厚的云会使 CALIPSO(激光雷达)产生显著衰减。

卫星云气候学和地面云气候学的对比研究表明,两者之间存在显著差异(McGuffie et al.,1988;Rossow,1992;Schweiger and Key,1992)。Schweiger 和 Key(1992)研究发现,在整个北极区域,基于卫星反演得出的云量估计值通常比地面观测值低 5%～35%,且局地差异甚至高达 45%;5—10 月,两种云气候学得到的结果之间的差异是冬季的 2～3 倍。尽管这一研究已过去 20 余年,且越来越多的观测数据不断更迭,但研究人员仍无法确切地回答哪一种云气候学是"正确的";正如 Chernokulsky 和 Mokhov(2012)在其最近的综述中所陈述的,"很难说哪一种北极云量观测数据集是最好的"。我们也发现,近年来的卫星云量数据与地面观测总体更加接近,但不同类别的数据间仍存在显著差异;地面数据和卫星数据估计的总云量年均值的空间相关系数在 0.5～0.7;除国际卫星云气候学项目(ISCCP)的产品外,几乎所有基于卫星反演的产品都正确地捕捉到了总云量(total cloud fraction,TCF)的年变化[见 Chernokulsky 和 Mokhov(2012)的图 2]。值得注意的是,目前的结果显示,卫星观测与地面观测之间最大的差异出现在冬季,这与前面提到的 Schweiger 和 Key(1992)的结果存在较大的分歧。

根据再分析数据计算得到的整个北极地区的总云量平均值明显差于根据卫星数据得到的结果,更是差于地表数据结果[见 Chernokulsky 和 Mokhov(2012)的图 2];就月平均值而言,其与通过地面数据计算得到的结果之间的差异高达 30%,在冬季尤为明显。Walsh 等(2009)就给出了基于 4 种不同再分析数据与地面数据得到的结果之间的对比,有兴趣的作者可自行阅读。此外,Probst 等(2012)给出了用于计算全球或特定地区总云量的 21 个气候模式与地面站、卫星观测之间的比对结果,发现上述模式明显低估了总云量值,在热带和极地的表现普遍更差;基于模式获取的地球总云量的年均值在 47%～73%,而基于观测数据(ISCCP D2)得到的值约为 67%。还有一些学者专门对估算北极地区总云量和其他云特征的气候模式进行了验证研究,如 Vavrus(2004)和 Gorodetskaya 等(2008)等。

综上所述,地面观测数据支撑的云气候学研究成果是最可靠的(如 Vowinckel,1962;Huschke,1969;Vowinckel and Orvig,1970;Gorshkov,1980;Hahn et al.,1995;Hahn and Warren,1999;Eastman and Warren,2010a,b 等)。这些研究得到的北极大部分地区的总云量及其季节性变化是广泛一致的,但在云量的地理分布上也会存在一些差异,这一点对于冬季的低云来说尤其明显(McGuffie et al.,1988)。Crane 和 Barry(1984)认为过去的研究中云量平均值的显著差异可能与使用的数据集有关(受限于站网密度、观测周期等)。例如,使用较短时间序列的观测数据集可能会使结果出现较大的偏差,特别表现在当冬季天空光照很低时,云(特别是薄云)的观测变得十分困难,短时间的观测会造成结果很大的不确定性(Schneider et al.,1989;Hahn et al.,1995;Eastman and Warren,2010b)。直至今日,受限于观测站点的稀疏分布,北极偏远地区冬季云的地面观测能力仍存在较大不足。[Eastman 和 Warren(2010b)中的图 2]。此外,地面观测对中高层云的观测可信度要低于低层云,因为中高层云容易被低云遮蔽(Chernokulsky and Mokhov,2012)。

极地是全球气候系统的重要组成部分(*The Polar Group*,1980;*Arctic Climate System Study*,1994),而云又是北极气候系统的一个核心构成,它影响着系统各要素(大气、海洋、冰层、生物圈和岩石圈)之间的能量和水分交换。与其重要性相比,显然我们对北极云的了解是不充分的,仍需在未来不断开展深入的调查与研究。

5.1　年循环

北极不同地区的云量年变化规律相近且较为简单,可以分为三个主要的变化阶段:冬季、夏季和过渡期(春季和秋季)(图 5.1)。在较冷的半年(11 月—次年 4 月),平均总云量最低,在40%~60%。到了 5 月,云量陡然增加,这一现象在除加拿大北极地区以外的区域更加显著。6—10 月北极云量达到最高,为 80%~90%。过渡期内,秋季云量减少的速度比春季增加的速度要快。同时,从图 5.2 可以看出,春季的云量的变化及夏季较高云量主要是低云造成的。在整个年循环过程中,中云云量变化不大,而高云云量在夏季明显处于最小值。有趣的是,中高云的云量最大值出现在 10 月,Huschke(1969)认为这与该月气旋活动频发有很大关系。此外,中云在春季也有一个很小的相对高值。

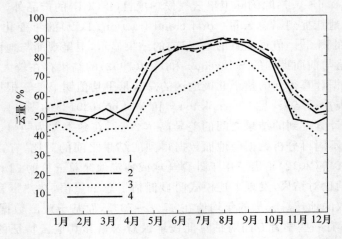

图 5.1　月平均总云量。1. 西欧亚北极地区,2. 东欧亚北极地区,
3. 加拿大北极地区,4. 北极中部(Huschke,1969)

从 Huschke(1969)的研究结果给出的北极云量的年变化中并不能看出 Vowinckel(1962)所分的三种主要类型(挪威海型、极地海洋型与东西伯利亚型),但如果以单个台站的数据而不是区域平均数据考量时,可以发现至少两种类型的存在。第三种类型(东西伯利亚型)位于本研究定义的北极区域之外,在此不予考虑。同时,作者建议将挪威海型和极地海洋型分别称为海洋型和大陆型。海洋型主要出现在北极大陆度最低的地区(包括大西洋区南部和中部,以及巴芬湾区南部),其特点是全年云量大,且夏季云量最大(图 5.3);同时虽然海洋型区域显著受到来自西南的气旋影响,但云量最大仍在气旋频率相对最低的夏季出现。大陆型在北极地区更为常见,前文中根据 Huschke(1969)研究中针对不同区域的云量年变化的相关描述均可归为该类型。

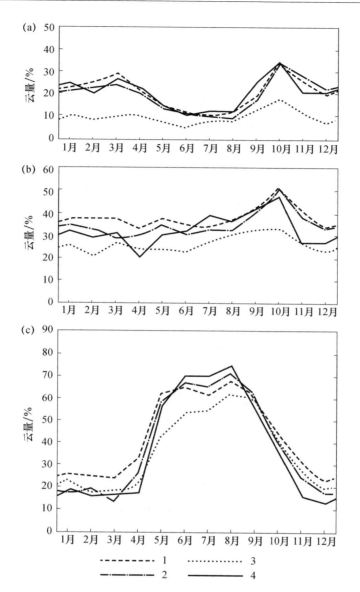

图 5.2 北极特定地区各月平均高云云量(a)、中云云量(b)和低云云量(c)，

图注与图 5.1 同(Huschke,1969)

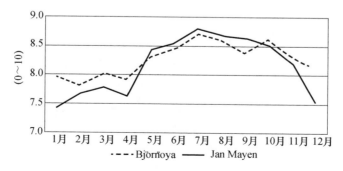

图 5.3 1951—1998 年北极大西洋区的各月平均总云量

5.2 空间分布

冬季(1月),云量的空间分布差异比夏季更大。云量最高的区域(>80%)从挪威海延伸到新地群岛,覆盖了巴伦支海的大部分区域,甚至到斯匹次卑尔根的南部(图5.4)。在整个大西洋地区和巴芬湾地区东南部都出现了超过60%的云量。最低的云量(<40%)分布在从西伯利亚地区中部穿过北极点到格陵兰岛和加拿大北极地区东部的带状区域。云量的绝对最小值出现在格陵兰冰盖的高原和西伯利亚一侧的北冰洋上(图5.4)。在云量最高的区域内,低云占主导地位,在加拿大及格陵兰岛一侧的北冰洋上情况亦是如此。而在其他地区,中高云则更为常见(Vowinckel,1962;Vowinckel and Orvig,1970)。

1—7月,最显著的云量变化发生在北冰洋中部(图5.4),变化幅度在35%~90%以上。大西洋区的云量仍然很高,甚至高于冬季。挪威北部和格陵兰岛之间区域的云量与北极中部相似,超过90%。上述现象很可能归因于一个事实,即虽然气旋活动频率的小幅度减少会带来云量的下降,但这一季节从北冰洋流入的多云气团比冬季要多,弥补了气旋活动下降带来的云量损失。最低云量(<60%)出现在格陵兰冰盖上,最小值出现在冰盖的东北部(<50%)。

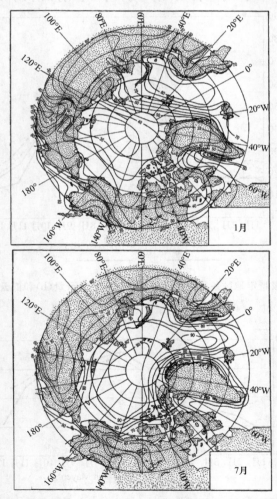

图5.4　北极地区月平均(1月和7月)总云量(单位%)的空间分布(Vowinckel,1962)

　　图 5.5 给出了 2 月和 8 月北极海域晴天(0～3 成云)和多云(7～10 成云)的频率分布。总体而言,冬季晴天的天数占比更高。2 月,北冰洋大部分海域平均每隔一天就有一个晴天出现[图 5.5(c)]。晴天天数最多的区域是加拿大北极群岛的西南部(＞60％)。在大西洋区的大部分区域及巴芬湾的南部,受强烈气旋活动影响,晴天变得非常罕见(＜20％)。在夏季(8 月),晴天很少出现[图 5.5(d)],大多数地区晴天的频率低于 10％;只有在格陵兰岛和埃尔斯米尔岛的沿海地区,晴天出现的频率才略高一些,达到 20％～30％。

　　在几乎整个北极区域,夏季的多云天气出现的频率都要高于冬季[对比图 5.5(a)和(b)],较大的差异主要出现在大陆度较高的地区。在北冰洋中部及斯匹次卑尔根、熊岛和扬马延之间,多云的天气持续发生(＞90％)。在北极的其他地区(不包括格陵兰岛、巴芬湾、整个加拿大北极地区和巴伦支海南部附近的水域),多云天气出现的频率为 80％～90％,只有格陵兰岛和埃尔斯米尔岛附近的多云天气频率才在 60％以下。冬季,在整个北极地区(除大西洋和巴芬湾地区外),大致是夏天的一半;但在大西洋地区和巴芬湾地区的北部,只比夏季低了 10％～20％。此外,在格陵兰岛和拉布拉多半岛之间的一小部分地区,冬季的云量可能比夏季大。

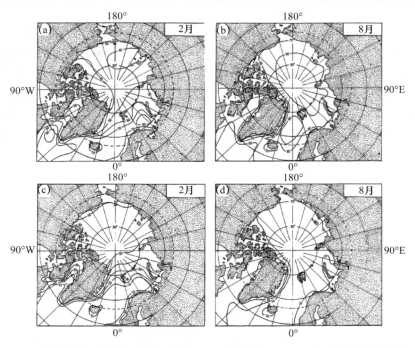

图 5.5　北极地区 2 月和 8 月多云天(7～10 成)和晴天(0～3 成)的出现频率(％),
第一行为多云,第二行为晴天(Gorshkov,1980)

5.3　雾

　　北极地区的雾可分为 4 种类型:平流雾、辐射雾、"蒸发雾(steam fog)"或"北极烟(arctic smoke)"、冰雾。最常见的雾是平流雾,主要发生在夏季(特别是 6—9 月),由相对温暖、潮湿的空气在寒冷的下垫面上流动所致。平流雾最易在喀拉海、拉普捷夫海、东西伯利亚海和楚科奇海的开阔水域中形成,而墨西哥湾流的北部延伸所携带的暖水使得挪威海和巴伦支海上空出现这种雾的频率大大减少。平流雾出现的频率从海岸线向内陆迅速减少,但在浮冰上减少得较慢。同时各种类型的雾也不会在风速超过 10 m/s 的情况下出现（Vowinckel and Orvig，1970）。第二类辐射雾主要发生在冬季，此时云量小，有利于长波的向上辐射。由于沿海和内陆地区的次表层热通量明显小于海冰区域，因此更强的辐射冷却效应易导致雾的出现。同时由于辐射雾发生在非常低温的环境下，所以通常非常浅薄且密度较小。第三类蒸发雾在北极地区并不常见，这种雾主要发生在极冷的空气平流至开放水域之时，其必要条件是气温与水温存在巨大温差。在该合适条件下，进入大气的水蒸气通量大于下垫面冷空气所能容纳的水汽通量，多余的水分很快凝结成雾。这种雾最常出现在河流、未冻结的湖泊、开阔水道或冰间湖上，且很快就会被风驱散，因此它们的水平和垂直范围都十分有限。最后一类冰雾只有在空气温度足够低（通常低于 −30 ℃）时才会形成，极低的温度会导致水汽凝华成冰晶，其中速度较小的轻冰颗粒会长时间悬浮在地表附近的静止空气中，其厚度通常在 15～150 m。人类活动是水汽和污染物的主要局地来源之一，因此这类雾大多发生在人类居住区域附近。同时，由于气温较低时大气条件更加稳定，易导致大气污染物的大量集中，因此冰雾也被认为是空气污染的一种类型（Benson 1969；Maxwell，1982）。有关更多详细信息，读者可查阅 Berry 和 Lawford（1977）及 Maxwell（1982）的文章。

　　一年中，总体而言雾在夏季出现的频率最高。例如，北冰洋夏季雾的出现频率高达 65%～80%，而冬季则只有 5%～10%。但在北极不同的局部区域，雾发生频率的最大值也会发生在不同的月份内。例如，内陆地区秋季雾发生频率最大，以辐射型雾为主（Petterssen et al.，1956）。在艾斯米特站（Eismitte，格陵兰中部），最大值会出现在 10 月（26 d）和 12 月（20 d）（Georgi et al.，1935）。此外，Prik（1960）指出，雾的出现取决于海冰密集度（图 5.6）。雾的最高频率一般出现在海冰密集度为 70%～90% 的海域；若海冰密集度减少或增多，都可能导致雾发生频率的降低。同时，雾的持续时间也有所不同，通常不会持续很长时间（<6～12 h），但有时也可达 76 h（Prik，1960）。

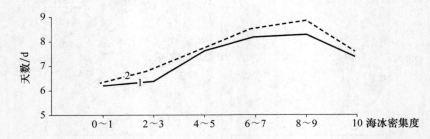

图 5.6　夏季（7 月和 8 月），不同海冰密集度条件下以 10 d 为周期统计得到的有雾的
平均天数（Prik，1960）；1. Ostrov Ruskiy，2. Ostrov Uedinenya

　　目前关于北极地区雾的地理分布及其他特征的信息有限，多数公开发表的文章中仅对个别站点或较小区域的情况进行了分析（如 Loewe，1935；Bedel，1956；Kanevskiy and Davidovich，1968；Krenke and Markin，1973 a，b；Pietron，1987）。若要对该问题有更全面的理解，可以关注 Rae（1951）、Petterssen 等（1956）、Prik（1960）、Andersson（1969）、Ukhanova（1971）和 Maxwell（1982）等著作。可惜的是，像 Vowinckel 和 Orvig（1970）及 Putnins（1970）这样著名的学者，对该现象也只给出了不超过半页的非常简短的阐述。只有 Prik（1960）提供了整个北极地区 7 月的雾频率图，同时 Ukhanova（1971）给出了 7 月及全年的非苏联北极区域的雾频率图。但是，这些分布图只能被视为粗略的近似，主要是受限于观测站网过于稀疏，每日的观测

频率各不相同且对雾的定义没有统一的规范等因素。

在较暖的半年,雾观测的准确性最高。而在冬季,尤其是极夜期间,观测结果的可靠性较低。Sverdrup(1993)就指出,在冬季或过渡季节的夜间,观测到的雾的发生频率有虚高的现象存在。

1月,在非苏联北极地区,阿拉斯加的雾发生频率最高,平均超过20%,如巴罗站就达到了21%。在其他地区(格陵兰内陆地区除外),雾发生频率均低于10%(有雾的时间少于3 d)。在加拿大北极群岛和格陵兰岛的大部分台站,1月雾天平均不足1 d。如前所述,在7月(图5.7),几乎所有地方的出现频率都是一年中最高的。在北极的中部,有20~25 d的雾天。类似的频率也出现在巴伦支海和楚科奇海的北部,以及东西伯利亚海和拉普捷夫海(Prik,1960)。在陆地地区,7月的雾天显著减少5~10 d,同时在大西洋地区南部观察到的雾天也较少(10~20 d)。

全年来看,北极中部的雾天最多(>140 d),几乎整个北冰洋在一年当中都有超过100 d的雾天发生。格陵兰岛和斯匹次卑尔根之间也经常会出现格陵兰岛东部冷洋流引起的浓雾。整个北极各海域的北部在一年当中也可能有超过100 d的雾天(除了挪威海和巴芬湾)。在格陵兰岛中部,1931/1932年韦格纳远征(Wegener expedition)期间,记录了多达133 d的雾天;但其中2/3的雾可能与冰盖上的云有关,其余1/3是辐射雾(Putnins,1970)。在沿海的台站,雾的发生频率明显较低,通常在30~60 d,只有很少的一些台站雾天超过了100 d,如巴罗站(Ukhanova,1971)和OstrovHejsa站(Krenke and Markin,1973a,b)。此外应注意,时间低于一年的观测数据是相当不可靠的,如在距离艾斯米特站不远的法国Centrale站上,1949/1950年该站只观测到了56 d的雾天。Krenke和Markin(1973a,b)的研究结果还表明,雾的发生在很大程度上也取决于局地条件,如在比较开阔的沿海观测站通常观测到更多的雾。

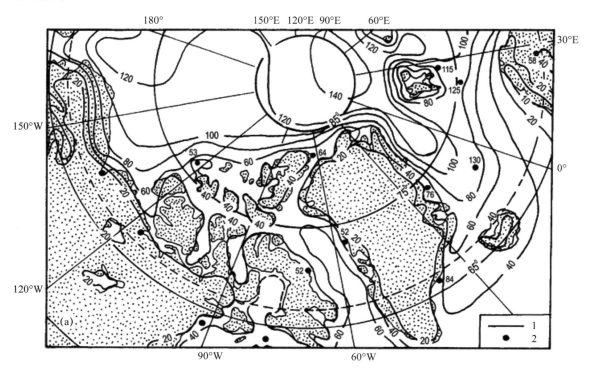

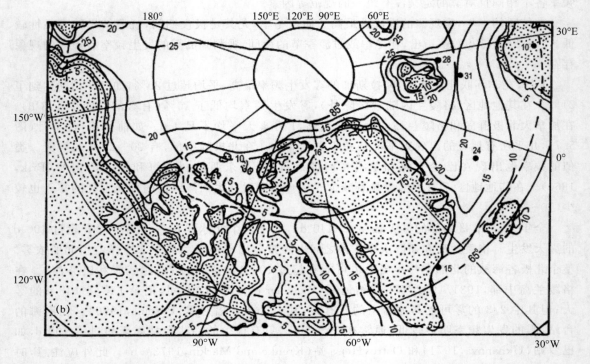

图 5.7 年均雾天数(a)及 7 月平均雾天数(b)。1. 平均雾天数, 2. 最大雾天数(Ukhanova, 1971)

参考文献

Andersson T. 1969. Annual and diurnal variation of fog. Meteorologiska Institutionen, Uppsala: Universitet, Meddellande, Nr 102, Uppsala: 36 pp.

Arctic Climate System Study. 1994. WCRP-85, WMO/TD-No. 627: 66 pp.

Aristova L N, Gruza G V. 1987. Data on the Structure and Variability of Climate. Total Cloudiness on Satellite Observations. Northern and Southern Hemispheres. Obninsk: ASRIHMI-MCD: 248 pp.

Barry R G, Crane R G, Schweiger A, Newell J. 1987. Arctic cloudiness in spring from satellite imagery. J. Climatol. , 7: 423-451.

Bedél B. 1956. Les Observations Météorologigues de la Station Francaise du Groenland. Paris. Benson C S. 1969. Ice fog. Engineering and Science, 32: 15—19.

Berlyand T G, Strokina L A. 1980. Global Distribution of Total Cloud Amount. Leningrad: Gidrometeoizdat: 72 pp(in Russian).

Berry M O, Lawford R G. 1977. Low-temperature Fog in the Northwest Territories. Atmos. Environ. Serv. , Tech. Memo. 850: 27 pp.

Carsey F D. 1992. Microwave remote sensing of sea ice. Geophys. Monogr. , 68, Amer. Geophys. Union: 462 pp.

Chernokulsky A, Mokhov I I. 2012. Climatology of Total Cloudiness in the Arctic: An Intercomparison of Observations and Reanalyses. Advances in Meteorology, Article ID 542093: 15 pages, doi: 10. 1155/2012/542093.

Crane R G, Barry R G. 1984. The influence of clouds on climate with a focus on high latitude interactions. J. Climatol. , 4: 71-93.

Curry J U A,Ebert E E. 1992. Annual cycle of radiation fluxes over the Arctic ocean:Sensitivity to cloud optical properties. J. Climate,5:1267-1280.

Dutton E G,Stone R S,Nelson D W,Mendonca B G. 1991. Recent interannual variations in solar radiation, cloudiness,and surface temperature at the South Pole. J. Climate,4:848-858.

Eastman R,Warren S G. 2010a. Interannual variations of Arctic cloud types in relation to sea ice. J. Climate,23: 4216-4232.

Eastman R,Warren S G. 2010b. Arctic cloud changes from surface and satellite observations. J. Climate,23: 4233-4242.

Francis J A. 1994. Improvements to TOVS retrievals over sea ice and applications to estimating Arctic energy fluxes. J. Geophys. Res. ,99(D5):10395-10408.

Georgi J,Holzapfel R,Kopp W. 1935. Meteorologie. Das Beobachtungsmaterial. Wiss. Ergebnisse. DeutchenGrönland-Expedition Alfred Wegener 1929 und 1930/1931. 4,Leipzig.

Gorodetskaya I V,Tremblay L-B,Liepert B,Cane M A,Cullather R I. 2008. The influence of cloud and surface properties on the Arctic Ocean shortwave radiation budget in coupled models. J. Climate,21:866-882.

Gorshkov S G. 1980. Military Sea Fleet Atlas of Oceans. Northern Ice Ocean,USSR:Ministry of Defense:184 pp(in Russian).

Hahn C J,Warren S G. 1999. Extended edited synoptic cloud report from ships and land stations over the globe,1952—1996 . Numerical Data Package NDP-026C,Carbon Dioxide Information Analysis Center (CDIAC).

Hahn C J,Warren S G,London J. 1995. The effect of moonlight on observation of cloud cover at night,and application to cloud climatology. J. Climate,8:1429-1446.

Hughes N A. 1984. Global cloud climatologies:a historical review. J. Clim. Appl. Met. ,23:724-751.

Huschke R E. 1969. Arctic Cloud Statistics from "Air Calibrated" Surface Weather Observations. RAND Corp. Mem. RM-6173-PR,RAND,Santa Monica,CA:79 pp.

Kanevskiy Z M,Davidovich N N. 1968. Climate. In:Glaciation of the Novaya Zemlya. Izd. "Nauka",Moskva:41-78(in Russian).

Key J R,Barry R G. 1989. Cloud cover analysis with Arctic AVHRR data. 1. Cloud detection. J. Geophys. Res. , 94:8521-8535.

Key J R,Haefliger M. 1992. Arctic ice surface temperature retrieval from AVHRR thermal channels. J. Geophys. Res. ,97:5885-5893.

Krenke A N,Markin V A. 1973a. Climate of the archipelago in accumulation season. In:Glaciers of Franz Joseph Land. Izd. "Nauka",Moskva:44-59(in Russian).

Krenke A N,Markin V A. 1973b. Climate of the archipelago in ablation season. In:Glaciers of Franz Joseph Land. Izd. "Nauka",Moskva:59-69(in Russian).

Kukla G,Robinson D A. 1988. Variability of summer cloudiness in the Arctic Basin. Meteorol. Atmos. Phys. , 39:42-50.

Liu Y,Key J R,Ackerman S A,Mace G G,Zhang Q. 2012a. Arctic cloud macrophysical characteristics from CloudsSat and CALIPSO. Remote Sensing of Environment,124:159-173.

Liu Y,Key J R,Liu Z,Wang X,Vavrus S J. 2012b. A cloudier Arctic expected with diminishing sea ice. Geophys. Res. Lett. ,39:L05705,doi:10. 1029/2012GL051251.

Loewe F. 1935. Das Klima des Grönlandischen Inlandeises. In:Köppen W,Geiger R. Handbuch der Klimatologie,Bd. II,Teil K,Klima des Kanadischen Archipels und Grönlands. Berlin:Verlag von Gebrüder Borntraeger:K67-K101. Matveev Y L, Titov V I. 1985. Data on the Climate Structure and Variability. Global Cloudiness Field. Obninsk:ASRIHMI-MDC:248 pp.

Maxwell J B. 1982. The climate of the Canadian Arctic islands and adjacent waters. vol. 2, Climatological studies. No. 30. Environment Canada, Atmospheric Environment Service: 589.

McGuffie K, Barry R G, Schweiger A, Robinson D A, Newell J. 1988. Intercomparison of satellite-derived cloud analyses for the Arctic Ocean in spring and summer. Int. J. Remote Sensing, 9: 447-467.

Mokhov I I, Schlesinger M E. 1993. Analysis of global cloudiness. 1. Comparison of Meteor, Nimbus-7, and International Satellite Cloud Climatology Project (ISCCP) satellite data. J. Geophys. Res. , 98 (D7): 12849-12868.

Mokhov I I, Schlesinger M E. 1994. Analysis of global cloudiness. 2. Comparison of groundbased and satellite-based cloud climatologies. J. Geophys. Res. , 99(D8): 17045-17065.

Palm S P, Strey S T, Spinhirne J, Markus T. 2010. Influence of Arctic sea ice extent on polar cloud fraction and vertical structure and implications for regional climate. J. Geophys. Res. , 115: D21209, doi: 10. 1029/ 2010 JD013900.

Petterssen S, Jacobs W C, Hayness B C. 1956. Meteorology of the Arctic. Washington, D. C. : 207 pp.

Pietroń Z. 1987. Frequency and conditions of fog occurrence in Hornsund, Spitsbergen. Pol. Polar Res. , 8: 277-291.

Polar Group. 1980. Polar atmosphere-ice-ocean processes: A review of polar problems in climate research. Rev. Geophys. Space Phys . , 18: 525-543.

Prik Z M. 1960. Basic results of the meteorological observations in the Arctic. Probl. Arkt. Antarkt. , 4: 76-90 (in Russian).

Probst P, Rizzi R, Tosi E, Lucarini V, Maestri T. 2012. Total cloud cover from satellite observations and climate models. Atmosperic Res. , 107: 161-170.

Putnins P. 1970. The climate of Greenland. In: Orvig S. Climates of the Polar Regions, World Survey of Climatology. vol. 14. Amsterdam-London-New York: Elsevier Publ. Comp. : 3-128.

Raatz W E. 1981. Trends in cloudiness in the Arctic since 1920. Atmos. Environ. , 15: 1503-1506.

Rae R W. 1951. Climate of the Canadian Arctic Archipelago. Toronto: Department of Transport, Met. Div. : 90 pp.

Robinson D A, Serreze M C, Barry R G, Scharfen G, Kukla G. 1992. Large-scale patterns and variability of snow melt and parameterized surface albedo in the Arctic Basin. J. Climate, 5: 1109-1119.

Rossow W B. 1992. Polar cloudiness: Some results from ISCCP and other cloud climatologies. In: Amer. Met. Soc. . Third Conference on Polar Meteorology and Oceanography. 29 Sept. -2 Oct. 1992, Portland, Oregon, Boston: 1-3.

Rossow W B. 1995. Another look at the seasonal variation of polar cloudiness with satellite and surface observations. In: Amer. Met. Soc. , Fourth Conference on Polar Meteorology and Oceanography. Jan. 15-20 1995, Dallas, Texas, Boston, (J10)1-(J10)4.

Rossow W B, Garder L C. 1992. Cloud detection using satellite measurements of infrared and visible radiances for ISCCP. J. Climate, 6: 2341-2369.

Rossow W B, Schiffer R A. 1991. ISCCP Cloud Data Products. Bull. Amer. Meteorol. Soc. , 72: 2-20.

Scherr P E, Glasser A M, Barnes J C, Willard J M. 1968. World-wide Cloud Distribution for Use in Computer Simulations. Final Report Contract NAS-8-21040, Allied Research Associates, Inc. , Baltimore, Maryland: 272 pp.

Schneider G, Paluzzi P, Oliver J P. 1989. Systematic error in synoptic sky cover record of the South Pole. J. Climate, 2: 295-302.

Schupe M D, Intrieri J M. 2004. Cloud Radiative Forcing of the Arctic Surface: The Influence of Cloud Properties. J. Climate, 17: 616-628.

Schweiger A J,Key J R. 1992. Arctic cloudiness:Comparison of ISCCP-C2 and Nimbus-7 satellite-derived cloud products with a surface-based cloud climatology. J. Climate,5:1514-1527.

Serreze M C,Kahl J D,Schnell R C. 1992. Low-level temperature inversions of the Eurasian Arctic and comparisons with Soviet drifting stations. J. Climate,5:615-630.

Serreze M C,Rehder M C. 1990. June cloud cover over the Arctic Ocean. Geophys. Res. Lett. ,17:2397-2400.

Stowe L L,Wellemeyer C G,Eck T F,Yeh H Y M,the NIMBUS-7 Cloud Data Processing Team. 1988. NIMBUS-7 global cloud climatology. Part I:Algorithms and validation. J. Climate,1:445-470.

Stowe L L,Yeh H Y M,Eck T F,Wellemeyer C G,Kyle H L,and the NIMBUS-7 Cloud Data Processing Team. 1989. NIMBUS-7 global cloud climatology. Part II:First year results. J. Climate,2:671-709.

Sverdrup H U. 1933. Meteorology. The Norwegian North Polar Expedition with the "Maud" 1918—1925. Scient. Res. ,vol. II,part 1,Discussion,Bergen:331 pp.

Ukhanova E V. 1971. Fogs and visibility. In: Dolgin I M. Meteorological Conditions of the non-Soviet Arctic. Leningrad:Gidrometeoizdat:142-151(in Russian).

Vavrus S. 2004. The impact of cloud feedbacks on Arctic climate under greenhouse forcing. J. Climate,17:603-615.

Vowinckel E. 1962. Cloud amount and type over the Arctic. Scient. Rep. ,No. 4,Publ. in Meteorol. ,51,McGill Univ. ,Montreal:27 pp.

Vowinckel E,Orvig S. 1970. The climate of the North Polar Basin. In: Orvig S. Climates of the Polar Regions. Amsterdam-London-New York:World Survey of Climatology,14,Elsevier Publ. Comp:129-252.

Walsh J E,Chapman W L,Portis DH. 2009. Arctic cloud fraction and radiative fluxes in atmospheric reanalyses. J. Climate,22:2316-2334.

Wang X,Key J R. 2003. Recent trends in Arctic surface,cloud,and radiation properties from space. Science,299:1725-1728.

Wang X,Key J R. 2005a. Arctic surface,cloud,and radiation properties based on the AVHRR Polar Pathfinder Dataset. Part I:Spatial and temporal characteristics. J. Climate,18:2558-2574.

Wang X,Key J R. 2005b. Arctic surface,cloud,and radiation properties based on the AVHRR Polar Pathfinder Dataset. Part II:Recent trends. J. Climate,18:2575-2593.

Warren S G,Hahn C J,London J,Chervin R M,Jenne R L. 1986. Global Distribution of Total Cloud Cover and Cloud Type Amounts over Land. NCAR/ TN-273 + STR,National Center for Atmospheric Research,Boulder,CO:29 pp. + 199 maps.

Warren S G,Hahn C J,London J,Chervin R M,Jenne R L. 1988. Global Distribution of Total Cloud Cover and Cloud Type Amounts over the Oceans. NCAR/TN-317 + STR,National Center for Atmospheric Research,Boulder,CO:42 pp. + 170 maps.

Zygmuntowska M,Mauritsen T,Quaas J,Kaleschke L. 2012. Arctic Clouds and Surface Radiation-a critical comparison of satellite retrievals and the ERA-Interim reanalysis. Atmos. Chem. Phys . ,12:6667-6677,doi:10. 5194/acp-12-6667-2012.

第6章 空气湿度

水汽是非常重要的气象要素,是全球水循环中必不可少的一环。在气象学中,空气湿度最常用以下特征量来描述:实际水汽压、相对湿度及饱和差。需注意的是,当用相对湿度描述北极的湿度状况时,应区分计算对冰或对水的饱和率。同时,使用干湿度计和毛发湿度计测量低温条件下(特别是低于-10℃)的空气湿度是非常不准确的。关于更多的细节读者可查阅Koch 和 Wegener(1930)、Loewe(1935)、Sverdrup(1935)、Gol'cman(1939;1948)、Ratzki(1962)及 Prik(1969)的研究工作。

北极地区的湿度测量较为困难,所获得的数据质量也较低,这可能是导致关于北极空气湿度的文章或专著数量少的重要原因。在一些地理专著中,甚至在气候学著作中,这一要素被完全忽略(Prik,1960;Steffensen,1969,1982;Barry and Hare,1974;Maxwell,1980,1982;Sugden,1982;Frolov et al.,2005;Serreze and Barry,2005,2014;Turner and Marshall,2011),或者只是被非常粗略地描述(Meteorology of the Canadian Arctic,1944;Rae,1951;Putnins,1970;Vowinckel and Orvig,1970;Sater et al.,1971)。仅有的关于北极空气湿度的综合性研究包括针对全北极的 Zavyalova(1971)、Burova(1983)和 Atlas Arktiki(1985),以及针对斯匹次卑尔根的 Pereyma(1983)和 Przybylak(1992a)。当然,近年来也发表了不少的文章,分析了北极对流层水汽的含量、分布和输送(Drozdov et al.,1976;Burova and Gavrilova,1974;Burova,1983;Calanca,1994;Serreze et al.,1994a,b,1995a,b;Burova and Lukyanchikova,1996;Treffeisen et al.,2007;Vihma et al,2008;Cimini et al.,2010;Serreze et al.,2012;Nygård et al.,2014)。

6.1 水汽压

一般来说,由于气温较低,整个北极地区的水汽含量很低。这既源于有限的蒸发,也源于冷空气所能容纳的水蒸气较少。水汽压的年变化过程与气温的年变化过程非常相似。在冬季,11—次年3月,尽管水汽压的逐日变化较大(Przybylak,1992a),但水汽压总体却是最低的;在某些特定的地区(如斯匹次卑尔根),甚至4月都是如此(图6.1)。北极地区的水汽压最低的地方在格陵兰冰盖上,为 $0.0 \sim 0.1$ hPa。同时,水汽压在加拿大和俄罗斯的北极大陆最冷的区域也非常低,为 $0.2 \sim 0.6$ hPa。在海洋性气候特征明显的北极区域(大西洋、巴芬湾和南太平洋区),水汽压为 $2 \sim 4$ hPa(Zavyalova,1971;Przybylak,1992a)。

4月(或5月)到6月间,北极区域的水汽压显著增加,至7月或8月达到全年最高。这段时间内,北极大陆最南端的平均水汽压能够超过9 hPa(例如,科珀曼的平均水汽压在7月和8月分别达到9.5 hPa 和 9.4 hPa);而最南端的海域由于气温较低,水汽压也稍低一些,其最高值在8月可达约8 hPa(如熊岛为7.9 hPa、扬马延为8.0 hPa)。在斯匹次卑尔根西南部的霍恩松,水汽压更低一些,最大值出现在7月,为7.1 hPa(Przybylak,1992a)。北极大陆和海洋最南端的日平均最高水汽压分别可达 12~13 hPa 和 10~11 hPa。在霍恩松,1979—1983 年的水汽压最大日平均值为 9.9 hPa,该情况的发生与来自南方的长达 2 周的持续暖湿气团流入有关。9 月和 10 月,水汽压显著下降且降幅最大。从图 6.1 可以看出,在所有月份(除 8 月外),最高水汽压都出现在阴天,这是由于除盛夏以外,阴天条件下的气温要比少云、晴天条件下的气温高。需要指出的是,阴天的出现常与来自南方海域的暖湿气团有关,而晴天则更容易发生在北极或极地大陆干冷气团从北部和东部流入之时,这也是云量和水汽压之间存在关联性的一个原因。图 6.2 给出了北极自地表至 700 hPa 之间的水汽通量之和的分布。从图上可以看到,大西洋区的向极水汽输送在所有月份都是最大的,这主要与北大西洋主要风暴路径沿线的气旋活动有关。相反,向南的水汽输送在加拿大北极地区占主导,这一现象在 7 月尤其明显。这种差异使得大气环流对空气湿度的影响在大西洋区和加拿大区是完全相反的,前者使水汽绝对含量增加,而后者相反。

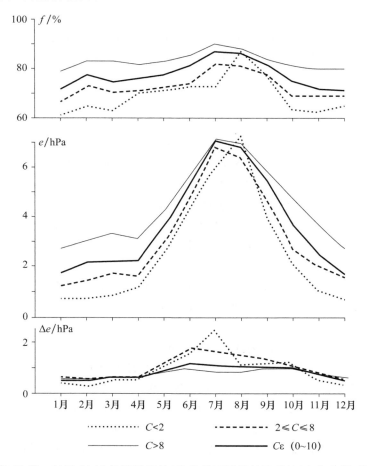

图 6.1　1978 年 11 月—1983 年 12 月不同云量(C)条件下霍恩松站(斯匹次卑尔根)的相对湿度(f)、
水汽压(e)和饱和差(Δe)的年变化(Przybylak,1992a)

在斯匹次卑尔根,水汽压的最高日平均值几乎不超过 6 hPa,最低值通常不低于 0.3 hPa。在较冷的半年中(特别是极夜期间),受非周期性的因素主导,(月平均的)水汽压的日变化不存在显著的趋势。同时,一天当中最高值和最低值发生在任一时次的概率几乎是相同的。在夏季,太阳辐射通量的日变化决定了下午水汽压达到最大而夜间最小,但其差异较小,不超过

0.3 hPa(Przybylak,1992a);晴天的日变化比阴天更加明显。

北极对流层水汽含量的月平均值随高度增加逐渐下降[见 Treffeisen 等(2007)的图 5],但该要素的年变化规律在所有海拔上都呈现清晰一致的变化规律,即夏季达到最高而冬季最低。

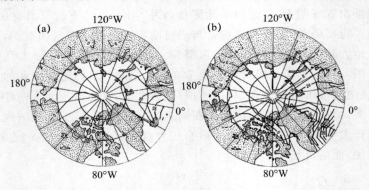

图 6.2　1 月(a)和 7 月(b)的北极海盆自地表至 700 hPa 之间的水汽通量之和[kg/(m·s)]的分布,格陵兰冰盖上方(>3000 m)的等值线未显示(Serreze et al.,1995a)

6.2　相对湿度

相对湿度用于描述空气中水汽的饱和程度,在描述北极地区的空气湿度时,相对湿度是最常用的表征量。如上述引用的部分论文中或完全使用该变量(Meteorology of the Canadian Arctic,1944;Rae,1951;Putnins,1970;Vowinckel and Orvig,1970;Sater et al.,1971;Pereyma,1983),或在很大程度上使用该变量表征了北极的空气湿度。在冬季,北极的相对湿度应根据冰上的饱和蒸汽压来计算,而冰上的饱和蒸汽压低于水上的饱和蒸汽压,这使得空气相对于冰呈轻微过饱和,而相对于水则不饱和;因此根据冰上饱和蒸汽压计算得到的相对湿度要比根据水上饱和蒸汽压计算得到的值高出不少,超过 30%(图 6.3)。同时,只要不发生冷凝,北极冬季地表附近通常都会发生过饱和现象。众所周知,相对湿度的年变化过程通常与气温变化相反;但在北极,这种变化规律只有当冷半年的相对湿度针对冰面饱和蒸汽压进行订正后才能真正显现,如图 6.3 所示。

根据 Malmgren(1926)提供的公式计算得到的北极冰面上的月平均相对湿度表明,11—4 月的相对湿度超过 100%,但在某些特殊情况下,在 10 月温度降至 −25℃ 以下时,也可以观测到过饱和现象(Radionov 等,1997)。Radionov 等(1997)还发现,在 12—3 月,75% 的时间会出现有利于空气中水汽过饱和的热力条件。过饱和出现频率最大发生在 2 月,达到 89%。1 月(图 6.4),除大西洋地区、巴芬湾南部和中部、太平洋区及格陵兰岛南部沿海以外,整个北极都出现了过饱和现象。格陵兰冰盖中部的相对湿度最高(>106%),而次最大值(>104%)出现在埃尔斯米尔岛和北冰洋靠近格陵兰岛和加拿大一侧。我们也注意到,如果根据水上饱和蒸汽压计算相对湿度,则得到的结果(图 6.5)与上述情况几乎相反,且整体相对湿度值要低 20%～30%。在实际测量时,由于低温下的相对湿度仍然是使用毛发湿度计进行测量的,依然是根据水上饱和蒸汽压计算得到的,因此读者要注意辨别相关论文中的分析结果(如 Kanevskiy and Davidovitch,1968;Krenke and Markin,1973a,b;Markin,1975;Wójcik,1976;Pereyma,1983;Przybylak,1992a,b)。

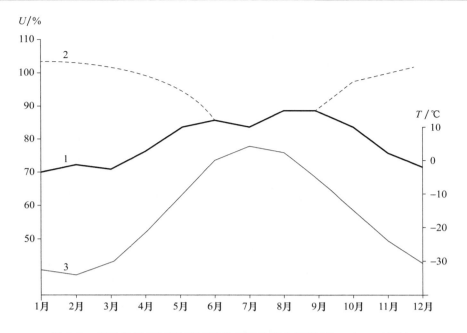

图 6.3　相对湿度(U)和气温(T)的年平均变化过程(Zavyalova,1971),
1. 使用湿度计测定的相对湿度,2. 根据 Malmgren 提出的公式校正后的相对湿度,3. 气温

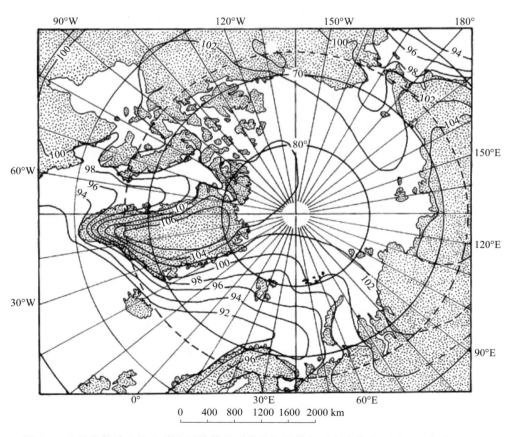

图 6.4　1 月根据冰上饱和蒸汽压计算得到的北极平均相对湿度分布(Atlas Arktiki,1985)

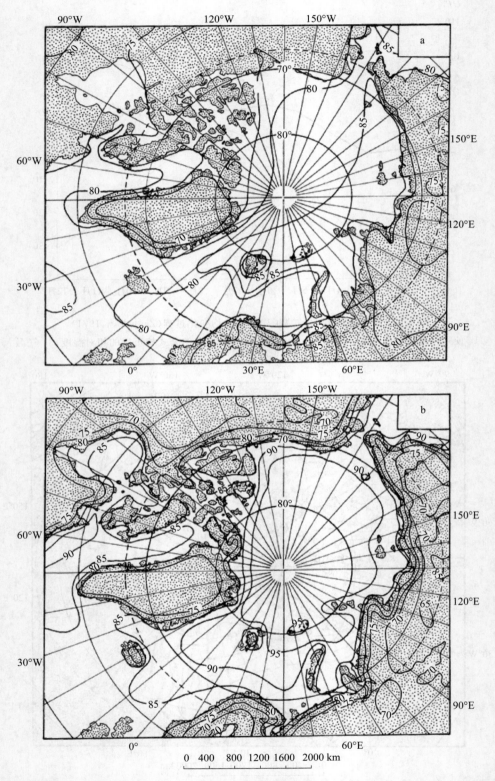

图 6.5 1月(a)和7月(b)根据水上饱和蒸汽压计算得到的北极平均相对湿度分布(Atlas Arktiki,1985)

夏季的空气湿度测量结果准确度最高,而且此时由于北极地区的气温大多为正值,利用水上饱和蒸汽压计算相对湿度的方法是正确的。相对湿度的最高值区(>95%)主要出现在不包括格陵兰岛、挪威海及巴芬湾在内的北冰洋和北极诸海的北部(图 6.5)。格陵兰岛和挪威海的大部分地区,以及其他北极诸海相对湿度也较高(90%以上)。在巴芬湾,高相对湿度只在其西南部出现。相对湿度最低值出现在北极大陆最南端(70%~85%),以及格陵兰岛和其他大型岛屿的内部。

霍恩松处的相对湿度和云量的关系与水汽压和云量的关系相近(图 6.1)。除 8 月以外,多云天气时的相对湿度值都明显高出晴天 15%~20%。要注意的是,8 月的相对湿度值是基于很少的天数计算出来的,因此它的代表性可能并不高。

北极冷半年(10—次年 3 月)期间,相对湿度的日变化(月平均)不存在明显的趋势;从 4 月开始,日变化才逐渐出现明显的变化规律,到了春夏两季的后期日变化更加明显。例如,在斯匹次卑尔根(霍恩松),相对湿度的日变化幅度最大出现在 8 月(6%)和 5 月(5%);相对湿度最低值通常出现在下午 2 时,最高值出现在夜间或清晨(Przybylak,1992a)。暖半年期间,相对湿度的日变化过程与气温的日变化过程相似,且随着云量的减少,相对湿度的日变化过程更加清晰。

1991—2006 年,新奥尔松(斯匹次卑尔根)上空对流层的相对湿度(利用水上饱和蒸汽压计算得到)观测结果表明,相对湿度随海拔升高而降低(与水汽压的情况相近)。但只有在较低的 4 km 高度以内才有明显的年变化规律(夏季大于冬季)[见 Treffeisen 等(2007)的图 4]。利用冰上饱和蒸汽压计算得到的相对湿度无论在垂直方向上还是年变化规律上都与利用水上饱和蒸汽压计算得到的结果有显著差异。主要表现为湿度自下而上至海拔 4~5 km 处显著下降,随后才略微增加。而在年变化规律上,与利用水上饱和蒸汽压计算得到的结果相比,规律更加不明显(振幅更小)。此外,在低于 1 km 的海拔区间内,夏季相对湿度值比冬季高;但随着海拔增加,1 km 以上则呈现出相反的趋势(见 Treffeisen 等(2007)的图 4)。

冰上的过饱和现象具有明显的季节性。在冬季(10—次年 2 月),19%的个例中观测到过饱和现象;而在春季(3—5 月)和夏季(6—9 月)发生率较低,分别为 12%和 9%(Treffeisen et al.,2007)。在较高海拔地区出现过饱和现象的频率比在低海拔地区,冷半年内差异更大;1 km 海拔以内,冷半年过饱和现象出现频率不到 10%;而到了 6~9 km 高度上,频率上升至 25%~35%[见 Treffeisen 等(2007)的图 6]。

近期,Nygård 等(2014)根据 2000—2009 年的 36 个北极站的全球无线电探空整合档案(Integrated Global Radiosonde Archive),研究了北极地区对流层低层逆湿现象。研究发现,在北极大气中,逆湿几乎长期存在于多个高度层上。北欧地区和格陵兰岛,尤其是北美的北极地区均出现了这种现象,发生频率超过 90%;俄罗斯北极地区也有这种现象发生,但发生频率通常低于 90%。研究还表明,北极地区逆湿的发生率大于逆温的发生率,而且几乎一半的情况下(48%)这两种现象同时发生;因此逆湿的发生也与逆温有很大的关联。Nygård 等(2014)的研究表明,除逆温发生导致的逆湿以外,其余逆湿的发生可能与水汽水平输送存在显著的垂直梯度有关。

参考文献

Atlas Arktiki. 1985. Glavnoye Upravlenye Geodeziy i Kartografiy. Moscow:204 pp.

Barry R G,Hare F K. 1974. Arctic climate. *In*:Ives J D,Barry R G. Arctic and Alpine Environments. London:

Methuen & Co. Ltd. 17-54.

Burova L P. 1983. The Moisture Cycle in the Atmosphere of the Arctic. Leningrad: Gidrometeoizdat: 128 pp(in Russian).

Burova L P, Gavrilova L A. 1974. General rules of humidity regime in the troposphere. *In*: Dolgin I M, Gavrilova L A. Climate of the Free Atmosphere of the non-Soviet Arctic. Leningrad: Gidrometeoizdat 145-173 (in Russian).

Burova L P, Lukyanchikova N I. 1996. Water vapor distribution in the Arctic atmosphere in clear and overcast sky conditions. Russian Met. and Hydrol. , 1: 25-31.

Calanca P. 1994. The atmospheric water vapour budget over Greenland. Zürcher Geographische Schriften, 55, Zürcher: 115 pp.

Cimini D, Westwater E R, Gasiewski A J. 2010. Temperature and humidity profiling in the Arctic using ground-based millimeter-wave radiometry and 1DVAR. IDEE Transactions on Geoscience and Remote Sensing, 48 (3), 1381-1388.

Drozdov O A, Sorochan O. G. Voskresenskii A I, Burova L P, Kryshko O V. 1976. Characteristics of the atmospheric water budget over Arctic Ocean drainage basins. Trudy AANII, 327: 15-34 (in Russian).

Frolov I E, Gudkovich Z M, Radionov V F, Shirochkov A V, Timokhov L A. 2005. The Arctic Basin. Results from the Russian Drifting Stations. Chichester: Praxis Publishing Ltd: 272 pp.

Gol'cman M I. 1939. About measurements of air humidity in low negative temperatures. Probl. Arkt. , 1: 39-53 (in Russian).

Gol'cman M I. 1948. Problem of air humidity measurement in the Arctic. Probl. Arkt. ; 3 (in Russian).

Kanevskiy Z M, Davidovich N N. 1968. Climate. *In*: Glaciation of the Novaya Zemlya. Izd. "Nauka", Moskva. 41-78 (in Russian).

Koch J P, Wegener A. 1930. Wissenschaftliche Ergebnisse der Danischen Expedition nach Drounting Louises Land und guer über das Inlandeis, von Nordgrönland 1912—1913. Medd. om Grönland, Bd. 75.

Krenke A N, Markin V A. 1973a. Climate of the archipelago in accumulation season. *In*: Glaciers of Franz Joseph Land. Izd. "Nauka", Moskva: 44-59 (in Russian).

Krenke A N, Markin V A. 1973b: Climate of the archipelago in ablation season. *In*: Glaciers of Franz Joseph Land. Izd. "Nauka", Moskva: 59-69 (in Russian).

Loewe F. 1935. Das Klima des Grönlandischen Inlandeises. *In*: Köppen W, Geiger R. Handbuch der Klimatologie, Bd. II, Teil K, Klima des Kanadischen Archipels und Grönlands. Berlin: Verlag von Gebrüder Borntraeger: K67-K101.

Malmgren F. 1926. Studies of humidity and hoar-frost over the Arctic Ocean. Geophys. Public. , IV, 6, Oslo.

Markin V A. 1975. The climate of the contemporary glaciation area. *In*: Glaciation of Spitsbergen (Svalbard). Izd. Nauka, Moskva: 42-105 (in Russian).

Maxwell J B. 1980. The climate of the Canadian Arctic islands and adjacent waters. vol. 1. Climatological studies, No. 30. Environment Canada, Atmospheric Environment Service. 531.

Maxwell J B. 1982. The climate of the Canadian Arctic islands and adjacent waters. vol. 2. Climatological studies, No. 30. Environment Canada, Atmospheric Environment Service: 589.

Meteorology of the Canadian Arctic. 1944. Department of Transport, Met. Div. , Canada: 85 pp.

Nygård T, Valkonen T, Vihma T. 2014. Characteristics of Arctic low-tropospheric humidity inversions based on radio soundings. Atmos. Chem. Phys . , 14: 1959—1971.

Pereyma J. 1983. Climatological problems of the Hornsund area-Spitsbergen. Acta Univ. Wratisl. , 714: 134 pp.

Petterssen S, Jacobs W C, Hayness B C. 1956. Meteorology of the Arctic. Washington, D. C. ; 207 pp.

Prik Z M. 1960. Basic results of the meteorological observations in the Arctic. Probl. Arkt. Antarkt. , 4: 76-90 (in Russian).

Prik Z M. 1969. To the problem of relative humidity in the Arctic in winter. Trudy AANII,287,Gidrometeoiz-dat,Leningrad:98-109 (in Russian).

Przybylak R. 1992a. Thermal-humidity relations against the background of the atmospheric circulation in Horn-sund (Spitsbergen) over the period 1978—1983. Dokumentacja Geogr. ,2:105 pp(in Polish).

Przybylak R. 1992b. Spatial differentiation of air temperature and relative humidity on western coast of Spits-bergen in 1979—1983. Pol. Polar Res. ,13:113-130.

Putnins P. 1970. The climate of Greenland. In:Orvig S. Climates of the Polar Regions,World Survey of Clima-tology,vol. 14. Amsterdam-London-New York:Elsevier Publ. Comp. ;3-128.

Radionov V F,Bryazgin N N,Alexandrov E I. 1997. The Snow Cover of the Arctic Basin. University of Wash-ington,Technical Report APL-UW TR 9701,variously paged.

Rae R W. 1951. Climate of the Canadian Arctic Archipelago. Department of Transport,Met. Div. ,Toronto: 90 pp.

Ratzki E. 1962. Contribution to the climatology of Greenland. Exped. Polaires Franc. ,Publ. No. 212,Paris.

Sater J E,Ronhovde A G,Van Allen L C. 1971. Arctic Environment and Resources. Washington:The Arctic Inst. of North America:310 pp.

Serreze M C,Barrett A P,Stroeve J. 2012. Recent changes in tropospheric water vapor over the Arctic as as-sessed from radiosondes and atmospheric reanalyses. J. Geophys. Res. , 117 (D10104):doi: 10. 1029/2011JD017421.

Serreze M C,Barry R G,Walsh J E. 1994a. Atmospheric water vapor characteristics at 70°N. J. Climate,8:719-731.

Serreze M C, Barry R G. 2005. The Arctic Climate System. Cambridge:Cambridge University Press:385 pp.

Serreze M C, Barry R G. 2014. The Arctic Climate System. second edition. Cambridge:Cambridge University Press:404 pp.

Serreze M C,Barry R G. Rehder M C,Walsh J E. 1995a. Variability in atmospheric circulation and moisture o-ver the Arctic. Phil. R. Soc. Lond . :215-225.

Serreze M C,Rehder M C,Barry R G,Kahl J D, Zaitseva N A. 1995b. The distribution and transport of atmos-pheric water vapour over the Arctic Basin. Int. J. Climatol. ,15:709-727.

Serreze M C,Rehder M C,Barry R G,Kahl J D. 1994b. A climatological data-base of Arctic water vapor charac-teristics. Polar Geogr. and Geol . ,18:63-75.

Steffensen E. 1969. The climate and its recent variations at the Norwegian arctic stations. Meteorol. Ann. ,5: 349 pp.

Steffensen E. 1982. The climate at Norwegian Arctic stations. KLIMA DNMI Report,5,Norwegian Met. Inst. : 44 pp.

Sugden D. 1982. Arctic and Antarctic. A Modern Geographical Synthesis. Oxford:Basil Blackwell:472 pp.

Sverdrup H U. 1935. Übersicht uber das Klima des Polarmeeres und des Kanadischen Archipels. In:Köppen W,Geiger R. Handbuch der Klimatologie,Bd. II,Teil K, Klima des Kanadischen Archipels und Grön-lands. Berlin:Verlag von Gebrüder Borntraeger:K3-K30.

Treffeisen R,Krejci R,Ström J,Engwall C,Herber A C,Thomason L. 2007. Humidity observations in the Arc-tic troposphere over Ny Alesund,Svalbard based on 15 years of radiosonde data. Atmos. Chem. Phys. ,7: 2721-2732 .

Turner J,Marshall G J. 2011. Climate Change in the Polar Regions. Cambridge:Cambridge University Press: 434 pp.

Vihma T,Jaagus J,Jakobson E,Palo T. 2008. Meteorological conditions in the Arctic Ocean in spring and summer 2007 as recorded on the drifting ice station Tara. Geophys. Res. Lett. , 35: L18706, doi: 10. 1029/2008GL034681.

Vowinckel E, Orvig S. 1970. The climate of the North Polar Basin. *In*: Orvig S. Climates of the Polar Regions. Amsterdam-London-New York: World Survey of Climatology, 14, Elsevier Publ. Comp. : 129-252.

Wójcik G. 1976. Problems of Climatology and Glaciology in Iceland. Rozprawy: Uniwersytet Mikołaja Kopernika: 226 pp(in Polish).

Zavyalova I N. 1971. Air humidity. *In*: Dolgin I M. Meteorological Conditions of the nonSoviet Arctic. Leningrad: Gidrometeoizdat: 104-113 (in Russian).

第7章　大气降水和积雪

北极降水对冰川和格陵兰岛冰盖的质量平衡有重要的作用,而冰川的增长与衰退又会直接引起全球海平面的变化,继而影响自然环境与人类工业活动。在目前全球变暖的背景下,北极各种类别冰的监测至关重要,仅靠温度测量很难对其进行准确的预报和预测。因此需要加强对北极降水及其变化的认知。

Petterssen 等(1956)认为,"大气降水的观测是所有北极气象记录中最糟糕的"。一方面,北极夏季的降雨强度非常低,降雨多以绵绵细雨的形式发生,增加了降雨测量的难度。特别是当风引起的湍流过程伴随降水发生在仪器测量口附近时,仪器测量到的降水量会出现严重的低估。另一方面,北极的降水多为固态降水(降雪),冬季降雪通常以细雪花的形式出现且多由风暴活动引起,因此这些雪花很容易被风夹卷并在局地地形和下垫面的共同作用下飘至其他区域,造成观测与事实的偏差。一般而言,当环境风速达到 $7\sim8$ m/s 时,降雪就会发生漂移,且在极夜情况下,更难将降雪和吹雪区别开来。还有一部分降水量测量的误差与测量读数前的内部蒸发及管壁和漏斗上的水分粘连有关;这部分损失能够达到总量的 40%(Legates and Willmott,1990)。但在某些天气条件下,也会出现测量值偏高的情况;Prik(1965)发现,迪克森(Ostrov Dikson)处的降水在强风天气下显著偏高,这是强风将雪吹入测量仪器中造成的。Bryazgin(1971)、Mekis 和 Hogg(1999)及 Førland 和 Hanssen-Bauer(2000)的研究也指出,不同类型的测量仪器对误差因素的敏感性各不相同。因此,单纯从降水观测时序数据中消除这些误差是相当困难的(Hulme,1992)。

20 世纪 80 年代,Bryazgin(1976a)尝试使用自创方法对整个北极的降水序列(Gorshkov,1980;Atlas Arktiki,1985)进行调整;近期也有类似的工作开展,如 Serreze 和 Barry(2005,2014),但这些结果的可靠性依然存疑。例如,针对加拿大北极地区 1 月、7 月和年降水总量,Atlas Arktiki 与 Maxwell(1980)的结果就存在着显著的差异。差异最大出现在 1 月,Atlas Arktiki 给出的降水量比 Maxwell 给出的大了 $2\sim5$ 倍。在笔者看来,如此大的差异已无法用测量误差来解释。7 月和全年总量的结果差异相对较小,Atlas Arktiki 大了 120%~200%。与 Mekis 和 Hogg(1999)通过消除观测不均匀性(包含仪器测量误差)后得到的加拿大北极地区降水结果进行比对发现,差异虽有所减小,但仍太高。关于降水观测质量问题的研究,读者可以查看以下文献:Prik(1965);Bogdanova(1966);Bryazgin(1969,1976b);Bradley 和 England(1978);Sevruk(1982,1986);Bradley 和 Jones(1985);Folland(1988);Legates 和 Willmott(1990);Hulme(1992);Metcalfe 和 Goodison(1993);Peck(1993);Marsz(1994);Hanssen-Bauer 等(1996);Groisman 等(1997);Mekis 和 Hogg(1999);Ohmura 等(1999);Førland 和 HanssenBauer(2000);Yang 等(2005)等。但笔者认为北极降水量的测量或多或少会有以上提到的这些问题,因此在使用这些数据时,特别是计算水平衡时一定要谨慎。

格陵兰冰盖上的降水测量最为困难。为了估计格陵兰的降水,Bromwich 和 Robasky(1993)及 Bromwich 等(1998)提出了两种方法,第一种方法来源于 Diamond(1958,1960),它考虑了格陵兰冰盖上的积雪在一年或多年内的累积变化情况,即固体降水(雪和冰晶)减去融化水的净径流量,水汽霜冻和凝结减去升华和蒸发,以及沉积减去漂移造成的侵蚀(Bromwich and Robasky,1993)等过程;该方法也常用在其他的一些冰川区域。第二种方法为间接计算法,由于降水可以被认为是大气内水汽通量收支的差值,通过计算大气内的水汽平衡能够估算降水量。但这种方法的缺点是只适用于季节或更长时间尺度上,在水平空间上也至少要有100万 km² 的范围,同时还需要有比较良好的无线电探空天气监测网络进行观测支撑(Rasmusson,1977;Bromwich,1988)。此外,还有一种估算方法是利用了天气尺度上的垂直运动来实现的(Bromwich et al.,1993)。

对以往文献的回顾表明,大多数北极地理和气候学类型的专著都没能给出关于降水的信息(如 Prik,1960;Sater,1969;Putnins,1970;Vowinckel and Orvig,1970;Sater et al.,1971;Barry and Hare,1974;Sugden,1982;Barry,1989;Bobylev et al.,2003)。只有以下文献中能够找到相关信息:针对非苏联地区的研究,如 Rae(1951),Petterssen 等(1956),Bryazgin(1971);针对加拿大北极地区的研究,如 Maxwell(1980);以及针对整个北极的研究,如 Przybylak(1996a,b,2002a),Frolov 等(2005),Serreze 和 Barry(2005,2014),Turner 和 Marshall(2011)。以标准制图形式给出北极降水情况的只有 Bryazgin,他同时采纳了如下资料进行绘制,包括 Gorshkov(1980)给出的 1916—1973 年的资料,Przybylak(1996a,b,2002a)给出的1930—1965 年的资料(Atlas Arktiki,1985),Bogdanova(1997)给出的 1951—1990 年的固态降水资料,Frolov 等(2005)的资料(时间不明),Serreze 和 Barry 给出的 1960—1989 年的资料,以及 Turner 和 Marshall(2011)的 40 年 ECMWF(欧洲中期天气预报中心)再分析资料。上述文献中的大多数只给出了某几个月或全年的北极降水量,而 Przybylak(1996a,b,2002a)还提供了各个季节的情况。对于北极局部区域而言,Bryazgin(1971)给出了非苏联区域的降水情况,Maxwell(1980)给出了加拿大北极地区的情况,Ohmura 和 Reeh(1991)、Ohmura 等(1999)及 Bromwich 等(2001)给出了格陵兰的情况。再往前追述,也有一些学者对格陵兰年降水量的分布情况进行了更早一些的研究,如 Diamond(1958,1960);Bader(1961);Benson(1962);Mock(1967);Barry 和 Kiladis(1982)。

早在 19 世纪末,雪在气候中的重要作用就已得到了广泛认可(如 Voeikov,1889;Brückner,1893;Süring,1895)。当气温≤0℃时,降雪就会产生积雪。但在过去的气候研究中,往往会忽略对积雪深度和密度的进一步分析;通常也只有水文学家会对积雪进行研究,因为它是水循环中的重要环节。目前,对积雪的观测主要有两种途径,一是气象站的原位测量,二是卫星遥感测量。原位测量能够提供关于积雪物理特性的最佳信息,但其主要缺点是由于站网分布的原因,观测资料空间分辨率低。而卫星遥感对积雪范围的反演具有很好的时空分辨率,但缺乏深度和密度的有效信息。这里补充一点,美国国家海洋和大气管理局(NOAA)从 1966 年11 月起开始绘制周分辨率的积雪覆盖卫星遥感图像(Matson,1991),这一工作在 1972 年前只利用了可见光卫星图像,因此极夜季节中没有任何信息,且可见光遥感很难将雪和云区分开来;但自 1972 年引入被动微波传感器之后,在云和黑夜情况下也能够得到相关影像(Barry,1985)。

关于积雪的研究在北极、北半球乃至全世界始终未曾停止。特别是自卫星时代开始以来,相关论文的发表数量显著增加。在针对全球、半球和大陆尺度上积雪覆盖的研究中,比较重要的成果列举如下:Kotlyakov(1968),Kopanev(1978),Dewey(1987),Dudley 和 Davy(1989),Cess 等(1991),Robinson(1991),Ropelewski(1991),Kotlyakov 等(1997)。Radionov 等(1997)给出了与北冰洋积雪相关的多方面要素的综合分析。对于其他一些近期发表的工作,读者也可以自行查看以下文献:Bryazgin(1971),Dolgin 等(1975),Maxwell(1980),Romanov(1991),*Ice Thickness Climatology* 1961—1990 *Normals*(1992),Brown 和 Braaten(1998),Colony 等(1998),Warren 等(1999),Bruland(2002),Bobylev 等(2003),Winther 等(2003),Alexandrov 等(2004),Frolov 等(2005),Serreze 和 Barry(2005,2014),Turner 和 Marshall(2011)。

7.1 大气降水

7.1.1 降水的年循环

某地区的降水量主要取决于空气中的含水量、影响该地区的天气尺度的天气系统形势、地形和下垫面特征等。空气内的含水量可以用可降水量(precipitable water)一词来描述,其定义为单位面积上从地表至大气层顶的垂直空气柱内含有的水汽的总量(Maxwell,1980)。Serreze 等(1994)研究了北极 1 月和 7 月地表至 300 hPa 高度区间内的可降水量分布(图 7.1a,b)。

1 月,可降水量在大西洋区域的最南端达到最大,为 4～6 mm,而北冰洋中部约为 2 mm;Serreze 等(1994)认为可降水量与对流层温度的空间分布有关。7 月的可降水量达到全年最大,巴芬湾北部约为 12 mm,北冰洋中部为 12～13 mm,北极最南端为 15～19 mm。同时,夏季可降水量的空间分布呈现显著的纬向分布,这也反映出夏季对流层温度的分布格局。其他影响北极降水的因素已在第 1、第 2、第 6 章分别进行了论述。

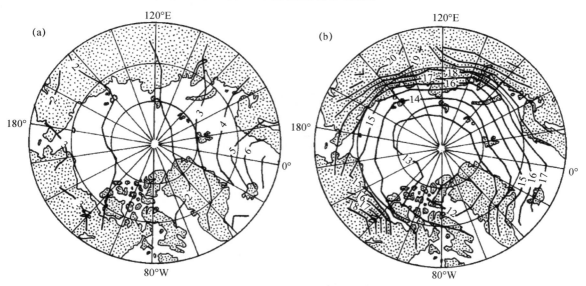

图 7.1 1 月(a)和 7 月(b)地表至 300 hPa 高度区间内的可降水量分布(Serreze et al. ,1994)

在大多数描述北极气候的书籍中,通常都认为降水量在夏季达到最大,而冬季最小;这一结论也与上述大气含水量的结论是一致的。但是在北极的某些区域,其他的一些因素能够显著改变这一现象,这其中最显著的就是天气尺度的大气环流。通过对代表北极不同气候特征的站点观测到的月降水量进行研究(图 7.2)发现,降水量存在两种不同的年循环类型。第一种类型的特征是降水在秋季达到最大,而此时温度仍相对温暖(特别是 9 月和 10 月),同时气旋活动仅比冬季略少;降水在春季特别是反气旋活动最强时达到最小(Serreze et al. ,1993)。这一类型主要出现在大气环流最强的区域,如大西洋、太平洋和巴芬湾地区;比较显著的站点有扬马延(图 7.2 中的曲线 b)、梅斯施密特(图 7.2 中的曲线 g)和克莱德 A(图 7.2 中的曲线 j)。在大陆性气候特征最明显的北极地区,如加拿大和西伯利亚地区,夏季降水量最大而冬季降水量最小。这些地区的降水主要取决于气温,因为气温决定了蒸发作用的强弱和空气中水蒸气含量的上限。这一类型比较显著地出现在科特尼岛(图 7.2 中的曲线 f)、雷索柳特 A(图 7.2 中的曲线 h)和科勒尔港 A(图 7.2 中的曲线 i)。在北冰洋中部,夏季降水最多,春季降水最低[见 Radionov 等(1997)的表 14]。对于整个北极的降水量而言,下半年占全年的 60%~70%,显著高于上半年。

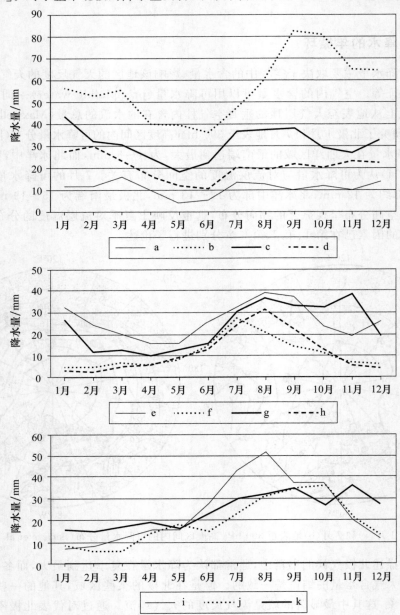

图 7.2　1961—1990 年北极不同站点的大气降水(月降水总量)的年变化(Przybylak,1996b)。
a. 丹玛克斯(Danmarkshavn);b. 扬马延岛;c. 小卡尔马库雷(Malye Karmakuly);d. Polar GMO E. T. Krenkelya;
e. 迪克森;f. 科特尼岛(Ostrov Kotelny);g. 梅斯施密特(Mys Shmidta);h. 雷索柳特 A(Resolute A);
i. 科勒尔港 A(Coral Harbour A);j. 克莱德 A(Clyde A);k. 埃格瑟斯明讷(Egedesminde)

7.1.2　空间型

整个北极的降水量(格陵兰岛内部区域除外)由分布在海拔 200 m 以下的海岸上的气象观测站测量得到。对斯匹次卑尔根岛降水量的测量显示(如 Kosiba,1960;Baranowski,1968;Markin,1975;Marciniak and Przybylak,1985),夏季冰川上(海拔 200~400 m)的降水量是冻土区域的 2~3 倍。夏季平均降水量随地形的垂直梯度达到 35~40 mm/100 m,年均垂直梯度达到 80 mm/100 m(Markin,1975),因此冰川或冰盖上的积雪量测量无法被用于对沿海台站降水测量进行修正。一些研究人员将冰川地区的积雪量与邻近的气象站进行比较,用于估计风对雨量测量的影响(如 Bromwich and Robasky,1993)。

北极较低的气温和水汽含量显著抑制了降水的发生。图 7.3 给出了 1951—1990 年的年平均降水量分布。从图上可以看到,除了大西洋和巴芬湾地区的最南端部分,几乎整个北极地区的降水量都不超过 400 mm。降水量最低值出现在北极最寒冷的地区,只有不到 100 mm,区域包括加拿大北极群岛北部(77°N 以北)及加拿大一侧的北冰洋。降水量在北冰洋的其他区域、西伯利亚地区中部和加拿大北极地区北部(70°~77°N)也维持在较低水平,只有不到 200 mm,主要与这些区域全年盛行反气旋活动有关(Serreze et al.,1993)。相反,年降水量在北极最温暖的的区域达到最大,可超过 500 mm;这些区域的气旋活动最为剧烈,包括了大西洋和巴芬湾的最南部及格陵兰的南部沿海区域。在格陵兰岛南部海角处的克里斯蒂安王子峡湾站(Prins Christian Sund)观测到年降水量的极大值为 2451.4 mm(1951—1980 年)(Przybylak,1996a)。这里读者要注意,在著名的俄罗斯图集中(Gorshkov,1980;Atlas Arktiki,1985),这一位置的降水量被低估,约为 1200 mm;此外,模拟数据通常也很难捕捉到这一区域极高的降水量(Bromwich et al.,2001)。只有 Ohmura 和 Reeh(1991)、Chen 等(1997)和 Ohmura 等(1999)在他们给出的图上详细标识了这个区域的高降水量(图 7.4)。该地区的降水量如此之大的原因主要有两方面,一是气旋活动的频率高;二是在距离克里斯蒂安王子峡湾站仅 170~180 km 的位置,海拔就可以达到 2000 m 以上,地形强迫作用使得气流在格陵兰冰盖上迅速抬升,从而促进降水的形成(Przybylak,1996a)。Ohmura 和 Reeh(1991)也指出,格陵兰岛东南部海岸通常会直接受到冰岛低压北部的向岸气流直接影响,这些气流水汽含量相对较高,可以达到 2.1 g/m³,对降水量也起到直接的贡献。

与格陵兰较早期的降水分布图相比(Diamond,1958,1960;Bader,1961;Benson,1962;Mock,1967;Barry and Kiladis,1982),近期的研究结果(Ohmura and Reeh,1991;Ohmura et al.,1999)不仅使用了冰川数据,同时还将气象数据加入了降水量的重构中,在很大程度上提高了对这一区域降水的认识。对于格陵兰沿海地区的降水量而言,Ohmura 和 Reeh 给出的结果与 Przybylak 给出的结果有很好的一致性(比较图 7.3 和图 7.4)。大致来说,较高的年降水总量(>500 mm)主要发生在受东南、南和西南气流正面影响的冰盖斜坡上,最高值位于格陵兰的南部海角处,超过 2000 mm(图 7.4)。最低的区域发生在其东北部,即冰盖的东北斜坡上,只有不到 100 mm;通过对格陵兰岛上空 1 月和 7 月 850 hPa 上的月均合成风场分析(图 7.5),Ohmura 和 Reeh(1991)发现夏季东北斜坡位置主要受到西风和西南风影响,环流与地形的共同作用导致了较小的降水量。

近期,还有一些研究工作绘制了北冰洋的年降水总量分布图(Frolov et al.,2005)和全北极年降水总量分布图(Serreze and Hurst,2000;Serreze and Barry,2005,2014)。后者的结果利用了偏差订正后的数据,得到了明显更高的降水量;在北极的大西洋一侧,包括极点周围的地区,降水量较以往的研究结论可以达到 2 倍甚至更大[Serreze 和 Barry(2005)的图 2.25]。

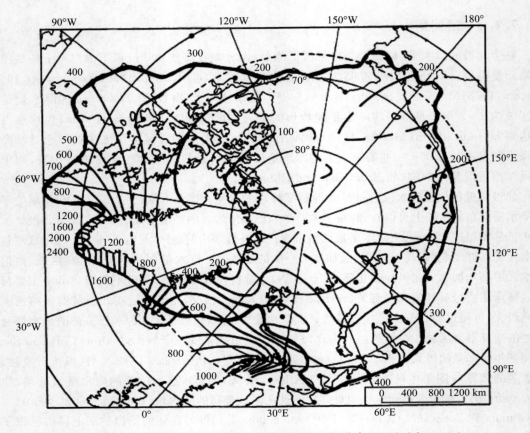

图 7.3　1951—1990 年北极年降水总量(mm)的空间分布(Przybylak,1996a)

　　图 7.6 给出了降水量的季节分布。降水量最低发生在春季,与该季节内反气旋出现频率最高有关;反气旋对降水的影响要比温度对降水的影响更加显著,后者在冬季达到最低值。此外,海冰覆盖范围在春季也接近全年最大,显著缩减了大气内的水汽含量。冬季降水量的空间分布与春季非常相似,降水量值略高于春季。大约 70% 的北极地区(北冰洋、西伯利亚地区、几乎整个太平洋地区和加拿大北极地区北部)的春季降水总量低于 50 mm。100 mm 以上的降水只出现在大西洋地区的西南部和巴芬湾区域的南部。除大西洋区域的西部和南部以外,季节性降水总量最高发生在夏季;这应与该季节内最高的温度、水汽含量和云量有关。夏季降水总量低于 50 mm 的情况仅发生在西伯利亚地区中部至加拿大北极地区东北部,以及格陵兰东北海岸和格陵兰岛周围的海域。超过 100 mm 的降水量只出现在大西洋区域和加拿大北极地区的最南部,最高值(>400 mm)发生在格陵兰岛南部的海角(图 7.6)。对于格陵兰岛内部,目前还没有季节性降水量的相关测量结果,仅有 1 月和 7 月的情况(Atlas Ark-tiki,1985)。在这 2 个月间,降水量的空间分布与年降水总量(图 7.4)十分接近,即最低值出现在格陵兰岛的东北部,而最高值出现在南部和西部。1 月,北部和中部的降水量普遍低于 7 月,但南部的降水量高于 7 月;因此 1 月格陵兰降水量的空间变化更大。具体到数值,1 月格陵兰东北部最低为 5 mm,南部最高为 100 mm;而 7 月东北部最低为 10 mm,南部最高为 75 mm。

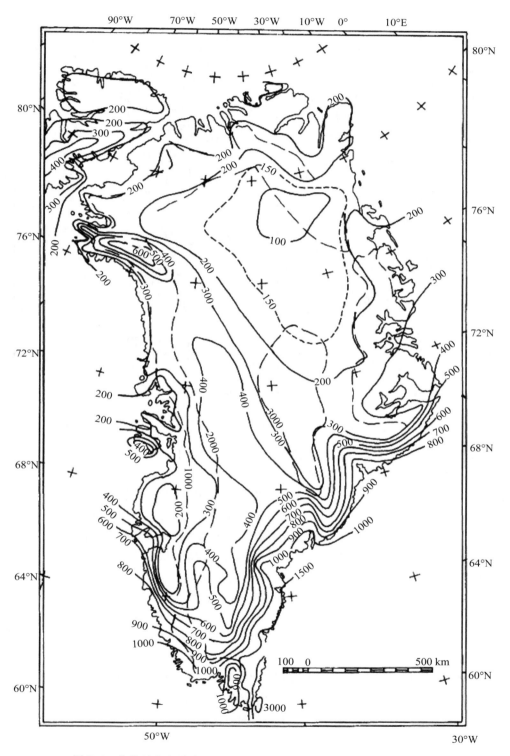

图 7.4　格陵兰岛年降水总量(mm)的空间分布(Ohmura et al.，1999)

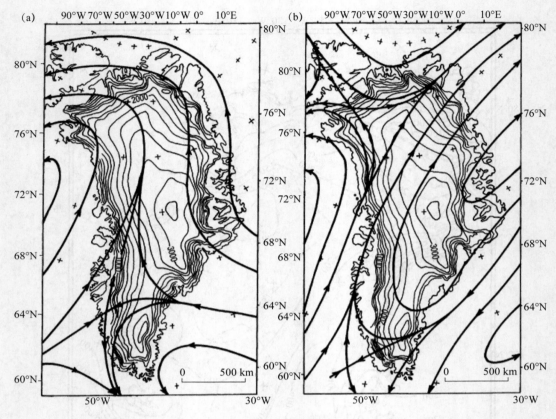

图 7.5　格陵兰岛 1 月(a)和 7 月(b)850 hPa 上的月平均合成流场(Ohmura and Reeh,1991)

　　总体来看,北极季节降水总量和年降水总量都呈现纬向分布,向极点方向逐渐降低。但在受到强烈大气环流影响的区域,这一规律并不成立。

　　Przybylak(1996a)通过分析 1951—1990 年的最高和最低的季节降水总量和年降水总量发现,大多数气象站(64%)的最高年降水总量出现在最冷的两个 10 年间(1961—1970 年和1971—1980 年);最低的季节降水总量亦是如此。除秋季以外,最高的季节降水总量在 1951—1990 年期间这 4 个十年当中出现的频率是相当的;但最高的秋季降水总量更容易发生在最暖的年份中。这个结果与气候模型预测的结果相比是相当令人吃惊的(见 11.2 节)。1951—1990 年,北极地区年降水总量最大发生在 1965 年的克里斯蒂安王子峡湾站(3299 mm),最小发生在 1988 年的切蒂雷赫斯托沃伊岛(Ostrov Chetyrekhstolbovoy,25 mm)和 1956 年的尤里卡(Eureka,31 mm)。最小的季节性降水量为 1 mm(雷索柳特 A,冬季)至 4 mm(丹玛克斯航,秋季)。

　　通过 Wrocław 树突法,可以将北极划分为 6 个具有同样降水量特性的区域,如图 7.7所示。从图中可以看到,区域 1、2 和 3 都由两份个相对分离的区域构成,这就意味着其内在存在遥相关的特性。Przybylak(1997)的研究就发现,降水量的遥相关要比气温更加显著。

　　北极地区的季节降水量和年降水量变化幅度很大。在最冷的区域(主要受反气旋控制的加拿大北极地区北部和西伯利亚),最大降水量与最小降水量之比达到最大。Przybylak

(1996a)利用公式 $v=\sigma/m$(σ 为标准差,m 为平均值,v 为变化系数)计算了北极所有站点 1951—1990 年的年降水量和季节降水量的变化系数(图 7.8 和图 7.9)。年降水总量的最大变化系数(>30%)发生在北冰洋太平洋一侧、太平洋区域、西伯利亚地区东部、巴芬湾北部和格陵兰东北海岸。法兰士约瑟夫地群岛和北地群岛之间的区域也呈现较大的变化特性(约 30%)。同时,降水量在以上这些区域也达到最低。相反,年降水量的变化在大西洋区域的最南部达到最低(<20%),但这里降水量最大,气旋活动也最频繁。季节降水总量的变化性明显大于年降水量,降水越少的季节其变化越大。在整个北极,冬天和春天降水量的变化系数几乎都超过了 50%(图 7.9)。春季,降水量空间分布的差异更显著,在阿拉斯加变化系数最大可以达到 100%,而最低为大西洋区域最南端,为 30%～35%。冬季最大不超过 70%,主要出现在具有大陆性气候的相对孤立的地区;最低值的区域与春季基本一致,但变化系数相对春季略高一些。夏季和秋季降水量的变化性明显低于春季和冬季(图 7.9),为 30%～50%。与年降水总量类似,在降水量最低的地区,季节降水量的变化性也最高。这也就说明,引发降水的各个因素的变化在降水量本身较少的区域带来的影响更加显著。

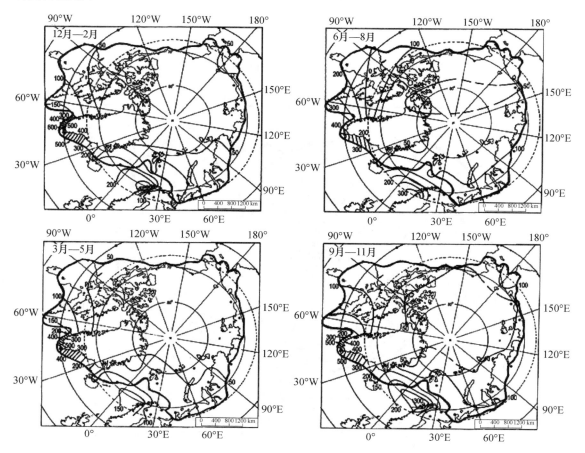

图 7.6　1951—1990 年北极各个季节内的大气降水量(mm)的空间分布(Przybylak,1996a)

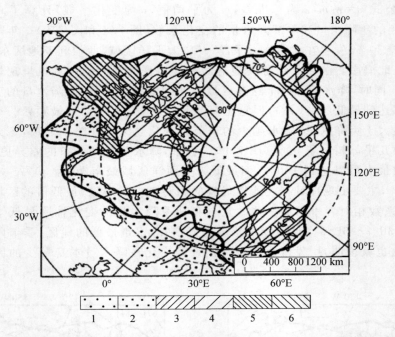

图 7.7 北极年降水总量存在一致性变化规律的区域分布(Przybylak,1996a)

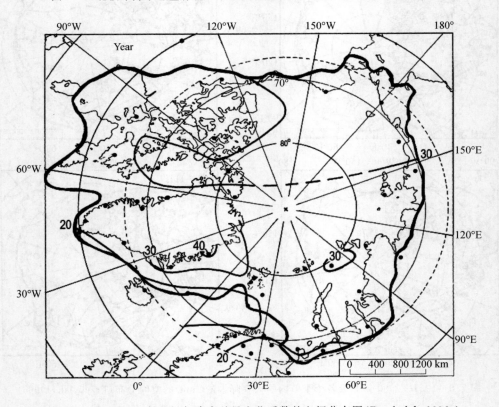

图 7.8 1951—1990 年北极年降水总量变化系数的空间分布图(Przybylak,1996a)

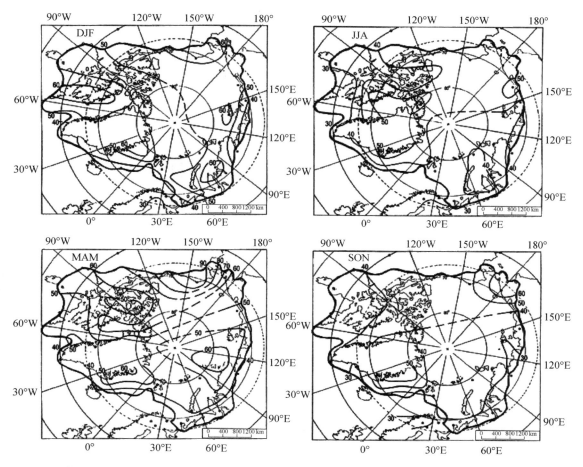

图 7.9　1951—1990 年北极季节性降水总量变化系数的空间分布图(Przybylak,1996a)

7.1.3　频率分布

在气候学研究中,关于某一要素在选定时间段内发生频率的认知能够有效补充从均值分析中获取的信息。图 7.10 给出了代表北极不同气候区域站点的冬季、夏季和年降水量的发生频率(图中频率的间隔对于季节和年降水量分别为 25 mm 和 50 mm)。

冬季,除位于大西洋最南端的站点[扬马延和米司卡缅内(Mys Kamenny)]外,大多数站点的降水总量位于 0～25 mm 或 25～50 mm;特别是加拿大北极地区的所有站点的降水量都在上述区间。扬马延站的冬季降水量变化幅度最大,为 50～300 mm;降水量在 200～225 mm的频率最高,达到 20%。

与冬季降水的频率分布相比,夏季降水的频率分布相对平缓,更偏向于正态分布;每个间隔上的频率很少能超过 40%。年降水量最大变化范围(500～1000 mm)发生在最温暖的区域(扬马延站),而最冷的区域(雷索柳特 A)降水量变化最小,为 20～200 mm。在气旋活动最频繁的区域(扬马延、克莱德 A),频率分布呈现双峰特征。对于年降水总量而言,单个间隔区域上频率超过 50%的情况发生在加拿大北极地区北部(雷索柳特 A)。

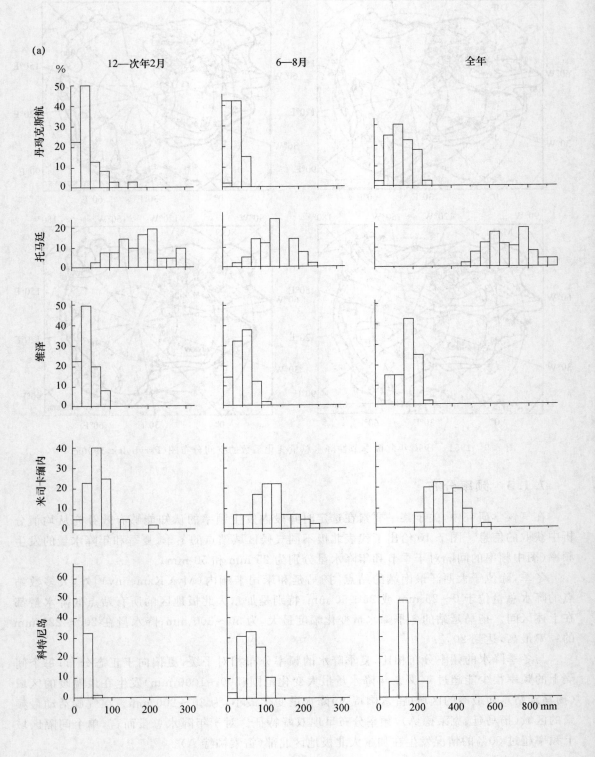

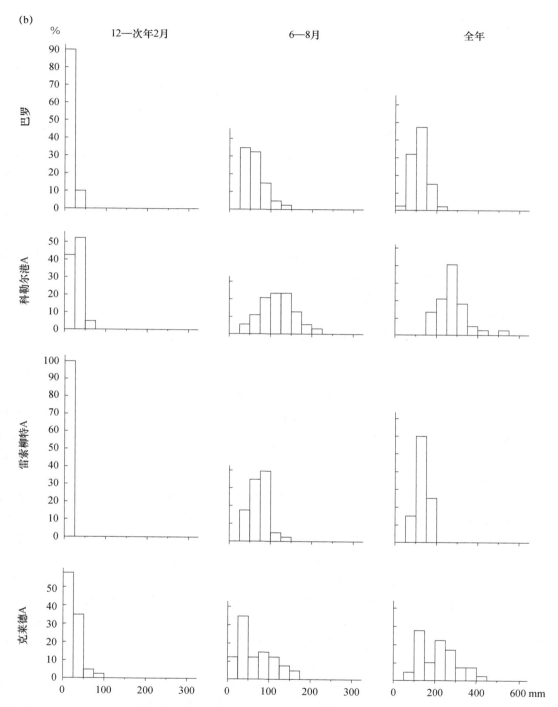

图 7.10 1951—1990 年代表北极不同气候类型的站点上的冬季(DJF)、夏季(JJA)和全年(Year)降水量频率分布(Przybylak,1996a)。(a)丹玛克斯航,扬马延,维泽(Ostrov Vize),米司卡缅内,科特尼岛;(b)巴罗,科勒尔港 A,雷索柳特 A,克莱德 A

7.2 降水日数

Førland 和 Hanssen-Bauer(2000)将发生在北极地区的降水分为 3 类，即液态(雨和毛毛雨)、混合(雨夹雪)及固态(雪)，但对这几类降水的统计研究却十分有限，第二种类型尤其如此。Serreze 和 Barry(2005，文中图 6.7)给出了整个北冰洋的固态和液态降水的发生频率，并对 Serreze 等(1997)的早期成果进行了再版。根据他们的研究，在北冰洋中部，固态降水在 1 月占明显的主导地位，在太平洋一侧的发生比例在 95%～99%；在北大西洋北部，包括斯瓦尔巴群岛，比例下降至 90%；而在北大西洋南部降至 80% 以下。总体来看，上述区域在该月份很少会出现液态降水。7 月，液态降水在除极点附近以外的几乎整个北冰洋均占主导地位。液态降水在北极的大西洋部分(北冰洋最温暖的地区)非常常见，其发生概率可超过 80%，在偏南的纬度地区甚至可以达到 90% 以上。

Serreze 等(1997)给出的结果并未包含加拿大北极地区，Przybylak(2002b)的研究正好给出了补充。他们分别在各个季节和全年计算了固态降水占总降水的比例，发现冬季的固态降水比例几乎达到 100%，这与北冰洋太平洋一侧观测到的结果保持一致；而夏季只有 15%～20%，相比挪威北极地区的 2%～10% 要高一些，但比北冰洋中心的 45%～55% 显著偏低。春季加拿大北极地区的固态降水更加频繁，达到 80%～85%，秋季降低至 60%～65%。就全年而言，固态降水在加拿大北极地区占较大比例，约为 60%。

降水天数统计是研究降水特征的重要环节。通常我们在研究降水天数时根据降水量分 3 类讨论，即≥0.1 mm，≥1.0 mm 和≥10.0 mm。如前一节提到的，北极的降水量普遍较小(<1.0 mm)，较强的降水发生频率显著偏低，降水量大于 10.0 mm 的现象更是非常罕见。因此目前大部分关于北极降水天数的研究都是针对≥0.1 mm 的降水天数来开展的，这些文献包括 Bryazgin(1971)；Maxwell(1980)；Atlas Arktiki(1985)等。全年来看，月降水天数最多主要出现在下半年，而最少通常出现在春季。

1 月(图 7.11)，降水天数最多(>18 d)发生在气旋活动最频繁的区域(大西洋区域的西南部和巴芬湾南部)。在北冰洋中部、喀拉海、巴伦支海东部、邻近这些海的大陆地区及巴芬湾中部，降水天数也可以达到 12～18 d。而在大陆性气候显著的地区(西伯利亚地区和加拿大北极地区)，降水天数不到 9 d。降水天数最少(<6 d)出现在格陵兰岛的中部。

7 月(图 7.11)，大致而言除了大西洋和巴芬湾地区，整个北极的降水都在增加。但降水在大西洋和巴芬湾地区可能会减少，特别是在巴芬湾南部穿越冰岛至斯匹次卑尔根半岛的区域，降水减少更加明显。降水最多的天数(>15 d)发生在极点附近，加拿大北极地区的东南部，以及俄罗斯北极地区的西部和东部的局部地区。在格陵兰岛的中部，降水天数与 1 月一样也达到了最低(<6 d)，且降水天数较少的区域比 1 月有所扩大。

Atlas Arktiki(1985)并未给出年降水天数的分布结果。只有 Bryazgin(1971)给出了除苏联以外的北极降水天数，Maxwell(1980)给出了加拿大北极地区的年降水天数。根据 Bryazgin 的结论，降水天数最多发生在大西洋地区的最南端(>240 d)；从斯匹次卑尔根岛向南的大西洋地区及巴芬湾南部也有较高的降水频率(>200 d)；85°N 以北的区域降水天数仍然显著(180～200 d)。然而，Radionov 等(1997)的研究结果显示，北极海盆的降水天数要少得多，只有 152 d。

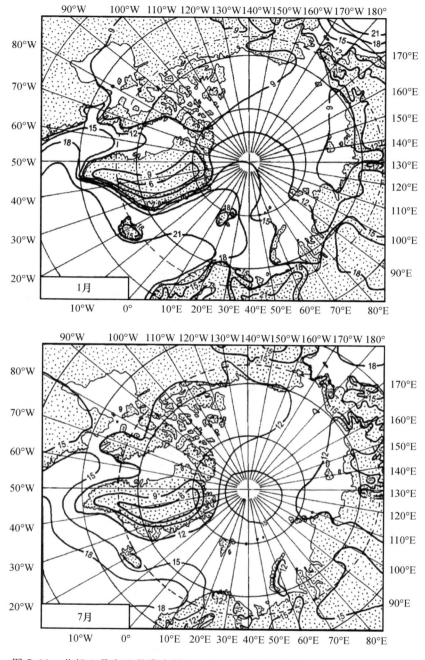

图 7.11 北极 1 月和 7 月降水量 ≥ 0.1 mm 的天数分布(Atlas Arktiki,1985)

此外,根据 Bryazgin 的数据,加拿大北极地区降水天数在其北部约为 120 d,南部为 140 多天。但 Maxwell(1980)得出的降水天数却明显偏低,整个加拿大北极的沿海地区只有 75~100 d 的降水,只有在毗邻巴芬湾和戴维斯海峡的一些山区才有更高的降水频率,达到 150 d。

7.3 积雪

从 8 月底开始,积雪在北极中部逐渐形成(图 7.12)。根据 Radionov 等(1997)的研究,地理极点处于 8 月 20 日起能够形成稳定的积雪层;北极岛屿(法兰士约瑟夫地群岛、北地群岛、新西伯利亚群岛)在 9 月 11 日左右形成积雪覆盖;再往后推 10 d,积雪在斯瓦尔巴群岛北部、泰梅尔半岛、拉普捷夫和新西伯利亚海域形成。10 月 1 日,除巴芬湾南部,大西洋西部和南部以外的北极地区都有积雪。对于加拿大北极地区而言,Maxwell(1980)的研究结果显示积雪在其北部形成于 9 月 1 日,在中部形成于 9 月 15 日,在南部形成于 10 月 1 日。积雪消亡始于南部地区。在欧亚北极地区,海岸处的积雪融化开始于 6 月的前 10 d(图 7.12)。在加拿大北极地区,积雪于约半个月后(6 月 15 日)开始消融。7 月,积雪仅存在于 80°N 以北。在北极中部,积雪的消亡推迟至 7 月中旬。平均而言,极点处的积雪在 7 月 18 日左右开始消亡(Radionov et al. ,1997)。

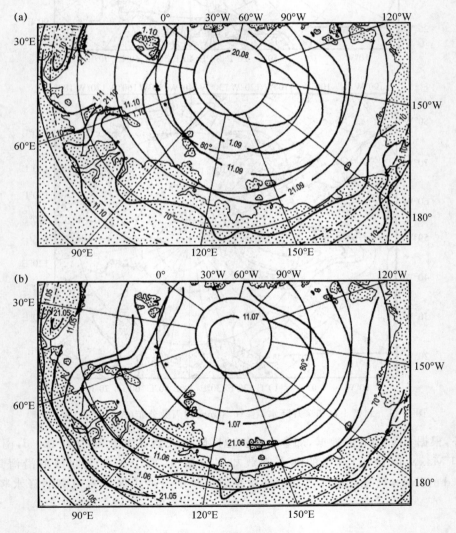

图 7.12　1954—1991 年北极地区稳定积雪形成(a)或衰退(b)的平均日期分布(Radionov et al. ,1997)

　　根据以上这些信息不难得出结论,极点附近有积雪的天数最多,超过 350 d(图 7.13)。从北极岛屿向北的区域内(俄罗斯和加拿大北极地区 77°N 以北,大西洋地区 83°N 以北),积雪天数超过 300 d。俄罗斯北极沿海地区的积雪天数为 260～280 d,而在加拿大北极地区的东北部为 280～300 d。在大西洋地区,积雪覆盖的天数最少,为 200～240 d 不等。当然,积雪天数也与积雪附着的下垫面情况(如沿海岸线的陆地或海冰)有关。此外,山区的积雪覆盖时间较长,如在加拿大北极的部分地区,积雪覆盖的时间可达到 320 天(Maxwell,1980)。

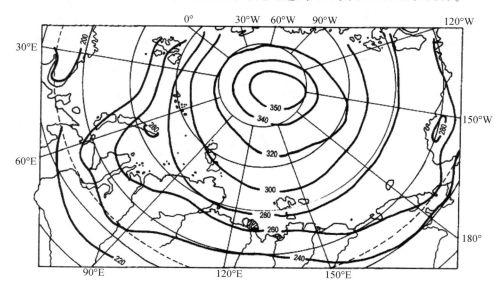

图 7.13　1954—1991 年北极地区积雪年平均天数的分布(Radionov et al.,1997)

　　除了积雪的持续时间外,还有一个非常重要的因素是其厚度。最大的积雪厚度通常出现在 4—5 月,但是在加拿大北极地区,积雪厚度最大值通常会提前 1 个月(Maxwell,1980)。在西伯利亚地区,秋季积雪累积速率最快(Radionov et al.,1997),9—11 月的积雪厚度平均增加量为 14～16 cm。相对而言,在北冰洋中部及其太平洋一侧,积雪厚度每月的增加量偏小一些,约 5 cm。在接下来的几个月里,整个北极的积雪积累速率普遍下降。从 1954—1991 年的长期平均来看,5 月北冰洋平均积雪厚度达到最大,在北冰洋中部约为 40 cm(图 7.14)。根据近期的计算结果[Warren 等(1999)的图 9 和 Frolov 等(2005)的图 2.18],北冰洋积雪厚度最大值位于极点与格陵兰北部之间,以及极点和加拿大北极群岛之间,且出现于 6 月,平均积雪厚度达到 40～46 cm。在北极岛屿上,5 月的平均积雪厚度约为 30 cm;而在俄罗斯北极的沿海地区、加拿大北极地区北部和西部及阿拉斯加,积雪厚度在 20～35 cm 不等。在加拿大北极地区东部(巴芬岛的东海岸和埃尔斯米尔岛),积雪厚度比极点附近还要大;根据 Maxwell(1980,图 3.136)的研究结果显示,4 月 30 日(1955—1972 年)的平均厚度为 50～70 cm。近似的厚度也出现在斯匹次卑尔根岛上(Pereyma,1983;Leszkiewicz and Pulina,1996)。因此,北极积雪厚度最大的区域很可能就出现在巴芬岛东南部、斯匹次卑尔根岛南部或者格陵兰岛南部(没有相关观测资料)。非常频繁的气旋活动从冰岛低压获取温暖潮湿的气团,在迎风坡有利的地形条件下使得上述地区积雪厚度显著较大。当然,读者还要注意,以上提到的这些积雪厚度仅涉及海冰和冻土区域,在山地区域积雪厚度还要显著高出 2～3 倍甚至以上(Pereyma,1983;Grześ and Sobota,1999)。

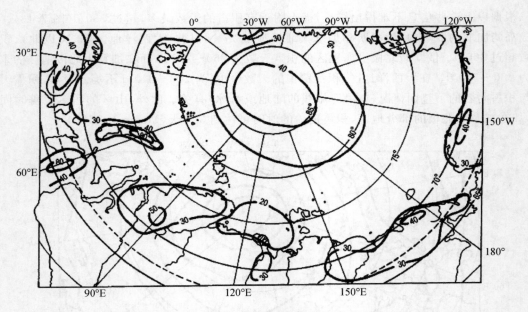

图 7.14 1954—1991 年北极地区 5 月平均积雪厚度(cm)的分布(Radionov et al. ,1997)

积雪特征量中研究最少的是其密度,而密度在水平衡中是极其重要的一个指标。9—12月,积雪密度显著增加(从约 0.2 g/cm³ 增加到 0.3 g/cm³),此后从 12—4 月,密度增长率显著降低。第二次的密度增长发生在 5 月至 6 月底(从 0.3 g/cm³ 增加到 0.4 g/cm³),这主要与积雪融化有关(Loshchilov,1964;Radionov et al. ,1997;以及图 7.15)。从长期结果来看,北极海盆内的积雪密度在整个积雪累积时间段内变化很小,只有 0.31～0.33 g/cm³;这也与 Warren等(1999)给出的 5 月北极平均积雪密度分布图上对应区域的数值完全吻合(图 7.16)。此外,不同种类的积雪其密度范围也非常大;对于新雪而言,其密度只有 0.05～0.09 g/cm³;但是对于融化中的积雪而言,其密度能够达到 0.50～0.55 g/cm³。

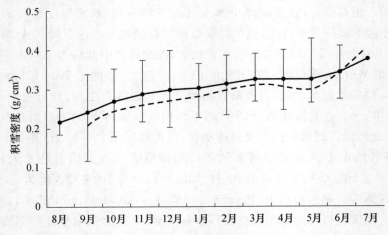

图 7.15 1954—1991 年北极的月平均积雪密度变化情况(黑点和实线)(Warren et al. ,1999)。
在绘制此图时使用了所有可用的密度测量数据(包括了不同的年份和地理位置),
竖状线段对应标准差。虚线为 Loshchilov(1964)给出的 NP-2 和 NP-9 两站的月
平均积雪密度变化情况,作为比对和参考使用

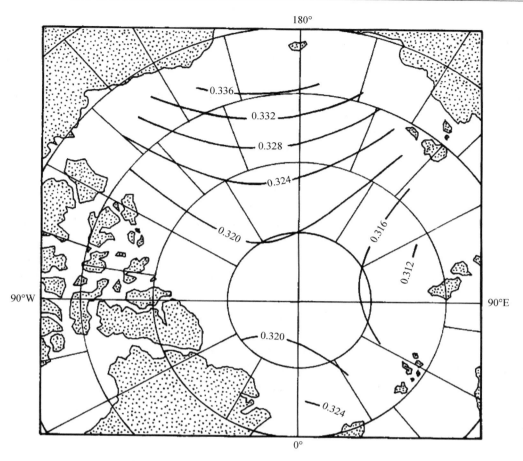

图 7.16 北极 5 月平均积雪密度分布图（Warren et al. ,1999 ）。
图上的数据是通过对 1954—1991 年所有可用数据进行二维二次插值得到的

参考文献

Alexandrov Ye I,Bryazgin N N,Dementyev A A,Radionov V F. 2004,Meteorological Regime of the Arctic Basin:Results from the Drift Station,vol. II:Climate of the Near-ice layer of the Atmosphere. Gidrometeoizdat,St. Petersburg (in Russian):144 pp.

Atlas Arktiki. 1985. Glavnoye Upravlenye Geodeziy i Kartografiy. Moscow:204 pp.

Bader H. 1961. The Greenland Ice Sheet. U. S. Army,Corp. Engr. Cold. Regions Res. Eng. Lab. ,Res. Rept. ,I-B2:17 pp.

Baranowski S. 1968. Thermic conditions of the periglacial tundra in SW Spitsbergen. Acta Univ. Wratisl. ,68:74 pp.

Barry R G,Hare F K. 1974. Arctic climate. In:Ives J D,Barry R G. Arctic and Alpine Environments. London:Methuen & Co. Ltd. :17-54.

Barry R G,Kiladis G N. 1982. Climatic characteristic of Greenland. In:Climatic and Physical Characteristics of the Greenland Ice Sheet. Boulder:CIRES,Univ. of Colorado:7-33.

Barry R G. 1985. Snow and ice data. In:Hecht A D. Paleoclimate Analysis and Modeling. New York:John Wiley & Sons Inc. :pp. 259-290.

Barry R G. 1989. The present climate of the Arctic Ocean and possible past and future states. *In*: Herman Y. The Arctic Seas: Climatology. , Geology, and Biology. New York: Van Nostrand Reinhold Company: 1-46.

Benson C S. 1962. Stratigraphic studies in the snow and firn of the Greenland ice sheet. SIPRE Res. Rep. :70.

Bobylev L P, Kondratyev K. Ya, Johannessen O M. 2003. Arctic Environment Variability in the Context of Global Change. Chichester: Springer and Praxis:471 pp.

Bogdanova E G. 1966. Investigation of precipitation measurement losses due to the wind. Leningrad: Trans. of Main Geophys. Observ. ,195:40-62 (in Russian).

Bogdanova E G. 1997. Solid precipitation section. *In*: Kotlyakov V M, Kravtsova V I, Dreyer N N. World Atlas of Snow and Ice Resources: Moscow: Russian Academy of Sciences:57.

Bradley R S, England J. 1978. Recent climatic fluctuations of the Canadian High Arctic and their signifi cance for glaciology. Arctic and Alpine Res. ,10:715-731.

Bradley R S, Jones P D. 1985. Data bases for isolating the effects of the increasing carbon dioxide concentration. *In*: MacCracken M C, Luther F M. Detecting the Climatic Effects of Increasing Carbon Dioxide. DOE/ER-0235:31-53.

Bromwich D H, Chen Q, Bai L, Cassano E N, Li Y. 2001. Modeled precipitation variability over the Greenland ice sheet. J. Geophys. Res. ,106(D24):33891-33908.

Bromwich D H, Cullather R I, Chen Q-s, Csatho B M. 1998. Evaluation of recent precipitation studies for Greenland Ice Sheet. J. Geophys. Res. ,103 (D20):26007-26024.

Bromwich D H, Robasky F M, Kee R A, Bolzan J F. 1993. Modeled variations of precipitation over the Greenland Ice Sheet. J. Climate,6:1253-1268.

Bromwich D H, Robasky F M. 1993. Recent precipitation trends over the Polar Ice Sheets. Meteorol. Atmos. Phys. ,51:259-274.

Bromwich D H. 1988. Snowfall in high southern latitudes. Rev. Geophys. ,26:149-168.

Brown R D, Braaten R O. 1998. Spatial and temporal variability of Canadian monthly snow depth, 1946—1995. Atmos. -Ocean,36:37-54.

Bruland O. 2002. Dynamics of the seasonal snowcover in the Arctic. PhD thesis, Norwegian University of Science and Technology, Trondheim.

Bryazgin N N. 1969. Account of winter precipitation in the Polar regions. Trudy AANII,287:110-122 (in Russian).

Bryazgin N N. 1971. Precipitation and snow cover. *In*: Dolgin I M. Meteorological Conditions of the non-Soviet Arctic, Leningrad: Gidrometeoizdat:124-142 (in Russian).

Bryazgin N N. 1976a. Mean annual precipitation in the Arctic computed taking into account errors of precipitation measurements. Trudy AANII,323:40-74 (in Russian).

Bryazgin N N. 1976b. Comparison of precipitation measurements using two types of gauges and correction of monthly precipitation totals in the Arctic. Trudy AANII,328:44-52 (in Russian).

Brückner E. 1893. Über den Einfl uss der Schneedecke auf das klima der Alpen. Zeitschr. Deutsch. Öst. Alpenver, Bd. 24.

Cess R D, and 32 co-authors. 1991. Interpretation of snow-climate feedback as produced by 17 General Circulation Models. Science,253:888-892.

Chen Q S, Bromwich D H, Bai L. 1997. Precipitation over Greenland retrieved by a dynamic method and its relation to cyclonic activity. J. Climate,10:839-870.

Colony R, Radionov V, Tanis F J. 1998. Measurements of precipitation and snow pack at Russian North Pole drifting stations. Polar Record,34:3-14.

Dewey K F. 1987. Satellite-derived maps of snow cover frequency for the Northern Hemisphere. J. Clim. Appl. Meteorol. ,26:1210-1229.

Diamond M. 1958. Air Temperature and Precipitation on the Greenland Ice Cap. U. S. Army Corps. Engrs. , Snow,Ice,Permafrost Res. Estab. ,Res. Rept. ,43:9 pp.

Diamond M. 1960. Air temperature and precipitation on the Greenland ice sheet. J. Glaciol. ,3:558-567.

Dolgin I M,Bryazgin N N,Petrov L S. 1975. Snow cover in the Arctic. Trudy AANII,326:165-170 (in Russian).

Dudley J F Jr. ,Davy R D. 1989. Global snow depth climatology. In:Amer. Met. Soc. ,Sixth Conference on Applied Clim. March 7-10 1989,Charleston,S. Carolina,Boston,MA,Amer. Met. Soc. ;145-148.

Folland C K. 1988. Numerical models of the raingauge exposure problem field experiments and an improved collector design. Q. J. R. Meteorol. Soc. ,114:1485-1516.

Frolov I E,Gudkovich Z M,Radionov V F,Shirochkov A V,Timokhov L A. 2005. The Arctic Basin. Results from the Russian Drifting Stations. Chichester:Praxis Publishing Ltd. ;272 pp.

Førland E J,Hanssen-Bauer I. 2000. Increased precipitation in the Norwegian Arctic:True or false? . Climatic Change,46:485-509.

Gorshkov S G. 1980. Military Sea Fleet Atlas of Oceans:Northern Ice Ocean. USSR:Ministry of Defense. 184 pp(in Russian).

Groisman P Ya,Easterling D R,Quayle R G,Golubev V S,Peck E L. 1997. Adjustment methodology for the U. S. precipitation data. In:Barry R G,Fuchs T,Rudolf B. Proceedings of the Workshop on the Implementation of the Arctic Precipitation Data Archive (APDA) at the Global Precipitation Climatology Centre (GPCC). Offenbach,Germany 10-12 July,1996,WCRP-98,WMO/TD No. 804:80-83.

Grześ M,Sobota I. 1999. Winter balance of Waldemar Glacier in 1996—1998. In:Polish Polar Studies,XXVI Polar Symposium,Lublin:87-98.

Hanssen-Bauer I,Førland E J,Nordli Ø. 1996. Measured and true precipitation at Svalbard. KLIMA DNMI Report,31/96,Norwegian Met. Inst. ;49 pp.

Hulme M. 1992. A 1951—1980 global land precipitation climatology for the evaluation of general circulation models. Clim. Dyn. ,7:57-72.

Ice Thickness Climatology 1961—1990 Normals. 1992. Environment Canada, Atmospheric Environment Service. Publ. by Minister of Supply and Services,variously paged.

Kopanev I D. 1978. Snow Cover in the USSR. Leningrad:Gidrometeoizdat:182 pp(in Russian).

Kosiba A. 1960. Some results of glaciological investigations in SW Spitsbergen. Zesz. Nauk. Uniw. Wrocł. , Ser. B,Nauki Przyr. ,4:30 pp.

Kotlyakov V M,Kravtsova V I,Dreyer N N. 1997. World Atlas of Snow and Ice Resources,Palaegeography, Palaeoclimatology,Palaeoecology (Global and Planetary Change Section). Moscow:90,Russian Academy of Sciences:392 pp.

Kotlyakov V M. 1968. Snow Cover of Earth and Glaciers. Leningrad:Gidrometeoizdat:479 pp(in Russian).

Legates D R,Willmott C J. 1990. Mean seasonal and spatial variability in gauge-corrected global precipitation. Int. J. Climatol. ,10:111-127.

Leszkiewicz J,Pulina M. 1996. Analysis of winter snow cover from the point of view of snow falling phases (Hans Glacier,Hornsund region,Spitsbergen). Probl. Klimatol. Polar. ,5,Toruń:43-65 (in Polish).

Loshchilov V S. 1964. Snow cover on the ice of the central Arctic. Probl. Arkt. Antarkt. ,17:36-45 (in Russian).

Marciniak K,Przybylak R. 1985. Atmospheric precipitation of the summer season in the Kaffi öyra region

(North-West Spitsbergen). Pol. Polar Res. ,6:543-559.

Markin V A. 1975. The climate of the contemporary glaciation area. In: Glaciation of Spitsbergen (Svalbard). Izd. Nauka,Moskva, ;42-105 (in Russian).

Marsz A. 1994. Precipitation in the Arctowski Station. Probl. Klimatol. Polar. ,4,Gdynia:65-76 (in Polish).

Matson M. 1991. NOAA satellite snow cover data. Palaeogeogr. ,Palaeoclim. ,Palaeoecol. ,90:213-218.

Maxwell J B. 1980. The climate of the Canadian Arctic islands and adjacent waters. vol. 1. Climatological studies,No. 30. Environment Canada,Atmospheric Environment Service. 531.

Mekis E,Hogg W D. 1999. Rehabilitation and analysis of Canadian daily precipitation time series. Atmosphere-Ocean,37:53-85.

Metcalfe J R,Goodison B E. 1993. Correction of Canadian winter precipitation data. In: Eighth Symposium on Meteorological Observations and Instrumentations …, Jan. 17-23 1993, Anaheim, California, Amer. Met. Soc. ,Boston,MA:338-343.

Mock S J. 1967. Accumulation Patterns on the Greenland Ice Sheet. U. S. Army, Corp. Engr. Cold. Regions Res. Eng. Lab. ,Res. Rept. :233 pp.

Ohmura A,Calanca P,Wild M,Anklin M. 1999. Precipitation,accumulation and mass balance of the Greenland Ice Sheet. Zeit. für Gletscherkunde und Glazialgeologie,35:1-20.

Ohmura A,Reeh N. 1991. New precipitation and accumulation maps for Greenland. J. Glaciol. ,37:140-148.

Peck E L. 1993. Biases in precipitation measurements:An American experience. In: Eighth Symposium on Meteorological Observations and Instrumentation …. Jan. 17-23 1993, Anaheim, California, Amer. Met. Soc. , Boston,MA:329-334.

Pereyma J. 1983. Climatological problems of the Hornsund area-Spitsbergen. Acta Univ. Wratisl. ,714:134 pp.

Petterssen S,Jacobs W C,Hayness B C. 1956. Meteorology of the Arctic. Washington,D. C. :207 pp.

Prik Z M. 1960. Basic results of the meteorological observations in the Arctic. Probl. Arkt. Antarkt. ,4:76-90 (in Russian).

Prik Z M. 1965. Precipitation in the Arctic. Trudy AANII,273:5-25 (in Russian).

Przybylak R. 1996a. Variability of Air Temperature and Precipitation over the Period of Instrumental Observations in the Arctic. Rozprawy:Uniwersytet Mikołaja Kopernika:280 pp(in Polish).

Przybylak R. 1996b. Thermic and precipitation relations in the Arctic over the period 1961-1990. Probl. Klimatol. Polar . ,5:89-131 (in Polish).

Przybylak R. 1997. Spatial relations of atmospheric precipitation changes in the Arctic in 1951-1990. Probl. Klimatol. Polar. ,7:41-54 (in Polish).

Przybylak R. 2002a. Variability of Air Temperature and Atmospheric Precipitation During a Period of Instrumental Observation in the Arctic. Boston/ Dordrecht/London:Kluwer Academic Publishers:330 pp.

Przybylak R. 2002b. Variability of total and solid precipitation in the Canadian Arctic from 1950 to 1995. Int. J. Climatol. ,22:395-420.

Putnins P. 1970. The climate of Greenland. In:Orvig S. Climates of the Polar Regions,World Survey of Climatology,vol. 14. Amsterdam/London/New York:Elsevier Publ. Comp. ;3-128.

Radionov V F,Bryazgin N N,Alexandrov E I. 1997. The Snow Cover of the Arctic Basin. University of Washington,Technical Report APL-UW TR 9701,variously paged.

Rae R W. 1951. Climate of the Canadian Arctic Archipelago. Toronto:Department of Transport, Met. Div. : 90 pp.

Rasmusson E M. 1977. Hydrological Application of Atmospheric Vapour-flux Analyses. Geneva:Operational Hydrology Report 11,WMO:50 pp.

Robinson D A. 1991. Merging operational satellite and historical station snow cover data to monitor climate change. Palaeogeogr. ,Palaeoclim. ,Palaeoecol. (Global and Planetary Change Section),90:235-240.

Romanov I P. 1991. Ice Cover of the Arctic Basin. Leningrad:Arkt. i Antarkt. Nauchno-Issled. Inst. 212 pp. (in Russian).

Ropelewski Ch F. 1991. Real-time monitoring of global snow cover. Palaeogeogr. , Palaeoclim. , Palaeoecol. (Global and Planetary Change Section),90:225-229.

Sater J E,Ronhovde A G, Van Allen L C. 1971. Arctic Environment and Resources. Washington:The Arctic Inst. of North America:310 pp.

Sater J E. 1969. The Arctic Basin. Washington:The Arctic Inst. of North America:337 pp.

Serreze M C,Barry R G. 2005. The Arctic Climate System. Cambridge:Cambridge University Press:385 pp.

Serreze M C, Barry R G. 2014. The Arctic Climate System. second edition. Cambridge:Cambridge University Press:404 pp.

Serreze M C, Box J E, Barry R G, Walsh J E. 1993. Characteristics of Arctic synoptic activity,1952—1989. Meteorol. Atmos. Phys. ,51:147-164.

Serreze M C,Hurst C M. 2000. Representation of mean Arctic precipitation from NCEPNCAR and ERA reanalyses. J. Climate,13:182-201.

Serreze M C,Maslanik J A,Key J R. 1997. Atmospheric and Sea Ice Characteristics of the Arctic Ocean and the SHEBA Field Region in the Beaufort Sea . Special Report-4,National Snow and Ice Data Center,Boulder, Colorado.

Serreze M C,Rehder M C,Barry R G,Kahl J D. 1994. A climatological data-base of Arctic water vapor characteristics. Polar Geogr. and Geol . ,18:63-75.

Sevruk B. 1982. Methods of Correction for Systematic Error in Point Precipitation Measurement for Operational Use. Operational Hydrology Report No. 21,Publ. 589,WMO,Geneva:91 pp.

Sevruk B. 1986. Correction of precipitation measurements:Swiss experience. In:Sevruk B. Correction of Precipitation Measurements. Zürscher Geographische Schriften,23:187—196.

Sugden D. 1982. Arctic and Antarctic. A Modern Geographical Synthesis. Oxford:Basil Blackwell:472 pp.

Süring R. 1895. Temperatur und Feuchtigkeitsbeobachtungen über und auf der Schneedecke des Brockengipfels. Met. Zeitschr. ,Bd. 12.

Turner J,Marshall G J. 2011. Climate Change in the Polar Regions. Cambridge:Cambridge University Press: 434 pp.

Voieikov A I. 1889. Snow cover:its influence on soil,climate and weather,and methods of its investigation. Zap. Russk. Geogr. Ob. -va po Obshchey Geogr. : 18 (in Russian). Also published in Izbr. Soch. , 2, Izd. Akad. Nauk SSSR,Moskva,1948 (in Russian).

Vowinckel E, Orvig S. 1970. The climate of the North Polar Basin. In: Orvig S. Climates of the Polar Regions. World Survey of Climatology, vol 14. Amsterdam/London/New York: Elsevier Publ. Comp. : 129-252.

Warren S G,Rigor I G,Untersteiner N,Radionov V F,Bryazgin N N,Aleksandrov Y I,Colony R. 1999. Snow Depth on Arctic sea ice. J. Climate,12:1814-1829.

Winther J-G,Bruland O,Sand K,Gerland S,Marechal D,Ivanov B,Głowacki P,König M. 2003. Snow research in Svalbard-an overview. Polar Res. :22,125-144.

Yang D,Kane D,Zhang Z,Legates D,Goodison B. 2005. Bias corrections of long-term (1973—2004) daily precipitation data over the northern regions. Geophys. Res. Lett. ,32:L19501,doi:10. 1029/2005GL024057.

第8章 空气污染

  很长时间以来,北极的环境一直是被视为未受到人类的破坏。在我们翻阅 19 世纪和 20 世纪早期的极地探险家的日记或日志时,会发现大量如洁净、水晶天和闪闪发光的冰等相关的描述。至 20 世纪 70 年代初,关于北极污染的研究一直都很匮乏。期间 Mitchell(1956)发表了关于北极大气污染的第一份有文件记载的报告,报告中使用了"北极霾(Arctic haze)"一词。此后,人们对"北极霾"的性质和来源产生兴趣,因为越来越多的证据表明空气污染不仅是局限于城市及工业区的局地现象,它还可以经历长途输送后再沉降至其他区域。通过这一发现我们可以得出,尽管不存在本地污染源,但北极大气仍可能受到污染。一些科学家追述研究了20 世纪 50 年代初 Mitchell 和 20 世纪 40 年代末 Greenaway(一名加拿大中尉飞行员)给出的"冰晶霾(ice crystal haze)"观测,并指出它们不仅是冰晶或风吹起的尘那么简单,而是来自中纬度的空气污染现象。从那时起,关于北极环境是完全没有受到人类活动影响的原始状态,能够为衡量人类活动对地球的影响作出准确参考这一观点已经被撼动。

  人类活动能够破坏世界上最偏远地区的环境这一观点的兴起促使科学家们开始对这个问题进行更详细的研究。在过去的 40 年里,通过不同学科的科学家们(主要包括冰川学、气象学、大气化学等)所做的努力,我们对北极大气污染的认知显著增加。在这一时期,大量的研究成果被发表,其中最热点的问题就是"北极霾",但仍存在大量问题需要进一步研究。读者可参阅以下文献进一步了解:Karlqvist 和 Heintzenberg(1992);Law 和 Stohl(2007);Quinn 等(2007);Hole 等(2009);Hoffmann 等(2012);Stock 等(2014)。还有一些综述也给出了更加详细的论述,如 AGASP(1984);Barrie(1986a);Stonehouse(1986);Heintzenberg(1989);Jaworowski(1989);Sturges(1991);Barrie(1992);Shaw(1995);Law 和 Stohl(2007);Hole 等(2009);Jacob 等(2010)。

  Jaworowski(1989)将影响北极环境的污染源划分为 4 类,分别是本地自然污染源、本地人为污染源、外来自然污染源和外来人为污染源。大多数科学家认为目前观察到的污染物水平明显高于工业时代之前(见 Hole 等(2009)的图 16),主要来源于外来人为污染源,有不少证据可以支撑这一观点。然而,并不是所有的科学家都同意这个观点(Jaworowski,1989)。从气候学的角度来看,北极最重要的污染物既包含了长期存在的温室气体(如二氧化碳、甲烷和氟利昂),又包含了形成"北极霾"的短生命周期气体。温室气体的地理分布十分均匀,它们在北极的浓度及其变化(包括每日、季节性或更长时间尺度上)与其他地区的水平相当。这里需要提到的是,对北极近地面的二氧化碳浓度的系统测量始于 1961 年的阿拉斯加巴罗附近。对其他影响辐射效应的气体的测量开始得普遍更晚,直到 20 世纪 70 年代或 80 年代才开始出现。另外一个重要的事实是,温室气体浓度的增加将使北极地区的变暖程度大大高于低纬度地区;大多数气候模型都给出了 CO_2 加倍的预测(见第 11 章)。

  本章将对"北极霾"问题重点讨论。"北极霾"是一种典型的北极空气污染现象,它通过改变大气辐射平衡对气候产生影响。Rahn 等(1977)根据 1976 年 4 月 12 日—5 月 5 日在巴罗开展的观测率先对"北极霾"的化学成分进行了分析。其平均组成情况如图 8.1 所示,主要成分为硫酸盐(31%)、硝酸盐(6%)和元素碳(2%)。但其他约 60% 的颗粒成分并不明确,但它们应来自于有机源;其中很大一部分可能是水。"北极霾"粒子的大小为 $0.05 \sim 1\ \mu m$,大小与其来源、转化和沉降过程的组合效应紧密相关(Heintzenberg,1989)。在长途运输过程中($5 \sim 10\ d$),大多数最小($< 0.05\ \mu m$)和最大($> 1\ \mu m$)的颗粒分别通过凝聚作用和沉积作用被清除出大气。

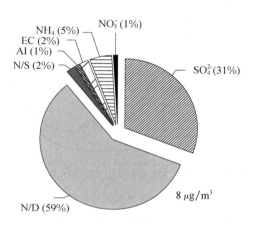

图 8.1　颗粒半径 $< 1\ \mu m$ 的"北极霾"粒子的主要化学成分,其平均总质量为 $8\ \mu g/m^3$,30% 的化学成分无法辨别,29% 的化学成分在图中没有明确(Heintzenberg,1989)

巴罗观测到的结果还显示,"北极霾"存在着显著的季节性变化;类似的现象也在北极其他地区被发现;例如,斯匹次卑尔根的新奥尔松处观测到的空气污染长时间序列(1978—1984 年)就证实了这一事实(Ottar et al.,1986)。图 8.2 给出新奥尔松测量得到的"北极霾"主要成分之一——硫酸盐的浓度季节变化。可以看到,3 月硫酸盐浓度最高,6—9 月浓度最低;冬季的浓度是夏季的 $10 \sim 20$ 倍。此外,黑碳是"北极霾"另一个重要的污染物,它也存在着清晰的季节周期[Law 和 Stohl(2007)的图 1]。在加拿大阿勒特(Alert)地区的测量显示,12—4 月,该污染物的浓度明显较高,约为 $100\ ng/m^3$;6—10 月则只有约 1/10。此外,冬季的"北极霾"颗粒大多来自于人为来源,而在夏季它们主要来自于自然来源。在解释这种季节性差异时,必须对污染源及其运输途径进行分析,同时在分析时也应采用一致的气象标准。根据 Raatz(1991)的说法,中纬度大面积的工业地区似乎是北极空气污染的主要贡献源,包括美国东北部/加拿大东南部、西欧和东欧、俄罗斯西部、乌克兰、乌拉尔南部、西伯利亚西部、韩国和日本;此外,中国东部可能也是潜在的贡献源之一(Rahn and Shaw,1982;Barrie,1992;Hole et al.,2009)。这些地区的 SO_2("北极霾"的主要组成部分)的年排放量最高[图 8.3 及 Hole 等(2009)的图 2,Hole 等的文中也给出 2000 年 SO_x 和 NO_x 的排放量]。此外,近期的研究结果(Law and Stohl,2007;Warneke et al.,2010)认为,俄罗斯和加拿大森林燃烧引发的大量含黑碳的烟尘也是北极空气污染的重要来源。森林火灾可以使排放物进入对流层上层甚至是平流层(Fromm and Servranckx,2003),因此其寿命可高达数月之久,这大大延长了它们的辐射效应(Law and Stohl,2007)。Raatz(1991)通过研究还发现,"北极霾"的自然来源还包括中国北部和西部的沙漠、俄罗斯南部的沙漠及非洲的撒哈拉沙漠。

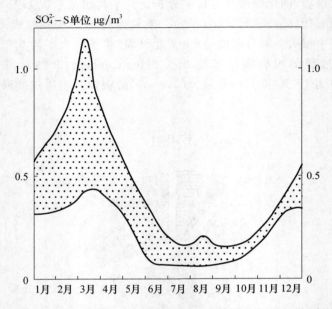

图 8.2　1978—1984 年在斯匹次卑尔根新奥尔松处测量得到的"北极霾"中的硫酸盐浓度
(SO_4^{2-}—S,$\mu g/m^3$),测量值以阴影展示,数据来源于 Ottar 等(1986);Heintzenberg(1989)

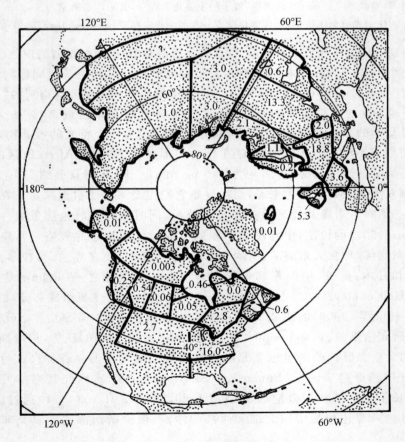

图 8.3　北半球的 SO_2(10^6 t)年总排放量的分布(Barrie,1986b)

上述每一种污染源对北极的影响程度取决于其强度、与北极地区或北极气团的距离及有利于向极运动的天气形势的发生频率。中纬度和北极之间污染气溶胶的主要传输途径如图 8.4 所示,这些输送又在很大程度上与极锋的季节变化相关联(Rahn and McCaffrey,1980;Law and Stohl,2007;Hoffmann et al.,2012)。冬季,极锋南压至 40°~50°N,而密集的工业区位于其北部,因此污染气团很容易到达北极。

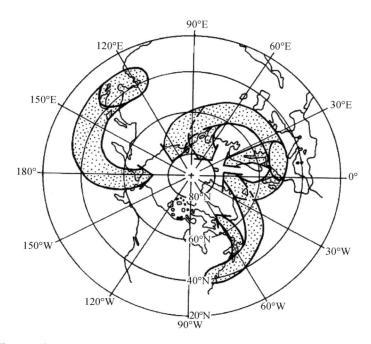

图 8.4   中纬度主要污染源及其向北极输送的路径(Rahn and Shaw,1982)

同时,冬季北极又有频繁且较强的地表逆温发生(见第 4 章),稳定的条件继而抑制了大气各层之间的湍流运动;又由于冬季北极的降水很弱,大气自身移除污染气体和气溶胶的能力被大大削弱。反过来在夏季,极锋位于密集工业中心的北部,污染物的输送量显著减小。同时夏季北极的降水或降雪比冬季更多,能够帮助有效地清洁空气中的污染物。因此以上这些因素使得冬季的北极污染比夏季更加显著。在"北极霾"的来源究竟是一个区域还是多个区域的组合这一问题上,大气科学家曾在 20 世纪 80 年代初就构想了以下的情景[以下引用自 Barrie(1992)]:"北美东部和东南亚的污染源具有类似的特征,即与欧亚大陆的污染源地相比(40°~65°N),它们位于较低纬度的大陆东部(25°~50°N),大西洋或太平洋海洋风的上风方向,污染物主要随海洋上的降水沉降,因此不太可能对北部地区造成大量的霾污染。与此形成对比的是,欧亚大陆的污染主要向其东北地区输送;冬季,欧亚大陆东北部为寒冷、白雪覆盖的极地雪原,较少的雨雪导致污染物难以沉降;而夏季,由于欧亚大陆上偏南风发生的频率下降,向北的污染物的输送显著偏弱,且更易被雨水带落至地面。"Barrie 等(1989)也通过化学输送模型研究发现一年内 96% 的入极污染来自欧亚大陆;剩余的 4% 来自北美(图 8.5)。而那些来自欧亚大陆的霾污染中,西欧、东欧和前苏联的贡献大致相当。读者可以进一步阅览如下文献,获取有关北极空气污染在气候学和气象学上的有用信息,如 Raatz(1991);Rinke 等(2004);Lubin 和 Vogelman(2006);Law 和 Stohl(2007);Jacob 等(2010)。

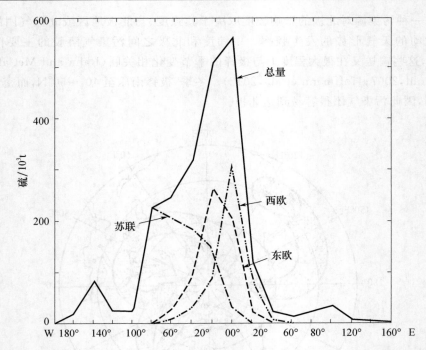

图 8.5　1979 年 7 月—1980 年 6 月,不同经度上通过风携带进入北极的硫含量年均值,
图中分别给出总量和主要污染源各自的贡献,它们合计贡献了 96% 的入极硫含量(Barrie,1992)

　　这里应该提到的是,并不是所有的科学家都赞同上述观点(Jaworowski,1989;Khalil and Rasmussen,1993)。Jaworowski(1989)写道,"目前的研究中没有任何证据能够确切证明人为和自然排放污染物通过长距离输送至北极大气"。关于人为排放对"北极霾"产生贡献的最重要的论据之一是钒含量偏高。Rahn 和 Shaw(1982)指出,钒的富集因子在"北极霾"中超过正常的 1.5 倍,因此证明了其中有人为排放的因素。但 Jaworowski(1989)批评了这一结论,因为对于很多其他的重金属(包括钒),不论是在工业化地区还是在如南极、格陵兰中部和大洋中部等较为偏远地区的空气尘埃中,其富集程度也可以达到正常的几个数量级,而后者是自然排放的结果(Duce et al.,1975;Jaworowski et al.,1981)。Jaworowski(1989)进一步提到,"气溶胶样本中特定元素的浓度占比及其在不同大小颗粒中的分布对研究北极污染物的排放源是有不确定性的,只能用于推论"。北极地区大气污染的季节变化也不能被认定为人类影响造成,因为同样的变化会发生在低纬度地区。此外,Jaworowski(1989)补充说,北极的降水分布也可能有助于空气中污染物在春季达到最大。春季的地表逆温和反气旋发生频率较高,也都会对大气污染产生影响。笔者认为,读者们应当能够接受 Jaworowski(1989)提出的这些置疑,因为我们对"北极霾"的认知仍然存在诸多的盲区(如它的水平或垂直分布、成分构成等)。关于这些未被解决的问题,Heintzenberg(1989)也在其文中进行了列举。综上所述,只有对北极大气中的污染物进行长期的观测,使用重金属、矿物、酸等多种指标对北极污染中的人类和自然来源的相对贡献进行定量估计,得到的结论才能是可信的。

　　通过 1983 年、1986 年和 1989 年在北极春季进行的北极气体和气溶胶采样计划(Arctic Gas and Aerosol Sampling Program,AGASP),研究人员分别获取和分析了 30 组纯净的和包含"北极霾"的空气,证实了 Jaworowski 的观点(Khalil 和 Rasmussen,1993)。为了寻找霾的可能起源,Khalil 和 Rasmussen(1993)利用聚类分析获取了中纬度和高纬度地基站点上的痕量气体的区域特征,发现"北极霾"中的痕量气体并非来自北美、中国和西欧,而是来自东欧和俄罗斯的工业地区;更重要的是,这些霾也并非来自俄罗斯相对遥远的地区,而只是来自北极圈内。Khalil 和 Rasmussen(1993)认为,科拉半岛(摩尔曼斯克城坐落其上)的工业活动涉及发电厂、采矿作业和军事工业生产,可向北极大气中排放大量产生霾的污染物,从而可能造成"北极霾"。Harris 和 Kahl(1994)还发现,Norilsk(诺里尔斯克,西伯利亚西北部城市)的镍铜冶炼厂可能是造成霾的主要因素之一。基于上述论述,Raatz(1991)也表达了自己的观点,他认为北极区域内的污染来源通常是点源,它们只在局部造成影响,对大范围分布的"北极霾"的贡献并不显著。

近期的一些研究结果也证实了 Barrie 等(1989)提出的观点(图 8.5),认为北极最重要的污染源很可能是欧亚大陆,这些研究包括:Law 和 Stohl(2007);Hole 等(2009);Jacob 等(2010);Warneke 等(2010)。也有研究认为污染源只在亚洲,如 Stock 等(2011);还有研究认为污染源在欧洲和西亚,如 Hoffmann 等(2012)。Jacob 等(2010)提到,近年来中纬度地区的污染源一直在迅速变化,如亚洲工业化水平增加,北美和欧洲由于空气质量法规的强化使得污染源减少,因此给研究带来了更多的不确定性。Stock 等(2014)指出,对于欧洲北极地区而言,直接从欧洲输送的污染物并不占主要部分,反而是西伯利亚或北极中部的污染物占主要部分。此外,在斯堪的纳维亚半岛(Scandinavia)陆地上测量得到的气溶胶光学厚度比在新奥尔松(斯瓦尔巴特群岛)上测量到的更显著。Stock 等(2014)认为这可能是因为气溶胶的污染途径更复杂,或者气溶胶明显受到云过程的影响。

"北极霾"的气候学重要性在于它对大气短波和长波造成影响,从而影响辐射平衡。在太阳辐射范围内($0.3\sim3.0~\mu m$),霾粒子(特别是黑碳)能够吸收或将部分入射辐射反射回空间。对于地面发射的红外光谱($>3~\mu m$),霾粒子能够提高大气在高相对湿度条件下的辐射冷却效率(Blanchet and List,1987;Blanchet,1991)。在潮湿的空气中,"北极霾"形成小液滴或冰晶,体积比干气溶胶颗粒大 2 个数量级,因此气溶胶光学厚度大幅度增加(特别是在 $8\sim12~\mu m$ 的窗区)。由于存在地表逆温,霾层顶能够比地表温度高 $10\sim20$℃;同时由于霾层作为热辐射的灰体,它们可以将对外长波辐射增加 $1\sim2$ W/m² (Blanchet and List,1987)。大多数研究者(如 Blanchet,1991;Shaw,1995)评估认为"北极霾"对大气层辐射平衡产生正的影响。然而,Karlqvist 和 Heintzenberg(1992)认为目前还无法确定"北极霾"产生的作用是正是负。换句话说,这种影响到底是增加了温室效应还是导致了大气冷却还尚不清晰。近期,Rinke 等(2004)的研究证实了这一说法,即"北极霾"的气候效应是不可忽略的,且通过气溶胶的直接效应对局部区域造成的影响可以达到 ±1 K。近期,Lubin 和 Vogelmann(2006)评估认为,气溶胶对长波辐射的间接效应是显著的正影响,达到与温室气体相当的 3.4 W/m²。这很好地支撑了"北极霾"能产生正的净辐射效应这一观点。Stone 等(2013)的计算结果却显示,气溶胶在年循环中会导致地表的冷却。因此,从这些简短的研究回顾中不难看出,我们对气溶胶与北极气候之间关系的认知仍然有限,进一步的研究仍然需要持续开展。读者可以详细参考如下文献,进一步了解"北极霾"与气候的相互关系。如 Blanchet 和 List(1987);Valero 等(1988);Blanchet(1991);Rinke 等(2004),Lubin 和 Vogelmann(2006);Jacob 等(2010)等。

污染物也可能通过河流径流和海洋环流进入北极。Gobeil 等(2001)的研究表明,这些途径(特别是海洋环流)的输送要比大气途径更加重要。详细内容读者可具体查阅该文献。

参考文献

AGASP (Arctic Gas and Aerosol Sampling Program). 1984. Geophys. Res. Lett. ,11 (5).

Barrie L A. 1986a. Arctic air pollution:an overview of current knowledge. Atmos. Environ. ,20:643-663.

Barrie L A. 1986b. Arctic air chemistry:an overview. *In*:Stonehouse B. Arctic Air Pollution. Cambridge University Press:5-23.

Barrie L A. 1992. Arctic air pollution. WMO Bull. ,41:154-159.

Barrie L A. Olson M P,Oikawa K K. 1989. The flux of anthropogenic sulphur into the Arctic from mid-latitudes in 1979/80. Atmos. Environ. ,23,2505-2512.

Blanchet J-P, List R. 1987. On radiative effects of anthropogenic aerosol components in Arctic haze and snow. Tellus,39B:293-317.

Blanchet J-P. 1991. Potential climate change from Arctic aerosol pollution. *In*: Sturges W. T. Pollution of the Arctic Atmosphere. London and New York:Elsevier Science Publ. ;289-322.

Duce R P, Hoffman G L, Zoller W H. 1975. Atmospheric trace elements at remote Northern and Southern Hemispheric sites:pollution or natural? Science,187:59-61.

Fromm M D, Servranckx R. 2003. Transport of forest fire smoke above the tropopause by supercell convection. Geophys. Res. Lett. ,30:1542,doi:10. 1029/2002GL016820.

Gobeil Ch,Macdonald R W,Smith J N,Beaudin L. 2001. Atlantic water flow pathways revealed by lead contamination in Arctic Basin sediments. Science,293:1301-1304.

Harris J M,Kahl J. 1994. An analysis of ten day isentropic flow patterns for Barrow,Alaska. J. Geophys. Res. ：25,845-25,856.

Heintzenberg J. 1989. Arctic haze:air pollution in Polar regions. Ambio,18:51-55.

Hoffmann A,Osterloh L,Stone R,Lampert A,Ritter Ch,Stock M,Tunved P,Hennig T,Böckmann Ch,Li S-M,Eleftheriadis K,Maturilli M,Orgis T,Herber A,Neuber R,Dethloff K. 2012. Remote sensing and in-situ measurements of tropospheric aerosols,a PAMARCMiP case study. Atmos. Environ. ,52:56-66,doi: 10. 1016/j. atmosenv. 2011. 11. 027.

Hole L R,Christensen J H,Ruoho-Airola T,Tørseth K,Ginzburg V,Glowacki P. 2009.

Jacob D J,Crawford J H,Maring H,Clarke A D,Dibb J E,Emmons L K,Ferrare R A,Hostetler C A,Russell P B,Singh H B,Thompson A M,Shaw G E,McCauley E,Pederson J R,Fisher J A. 2010. The Arctic Research of the Composition of the Troposphere from Aircraft and Satellites (ARCTAS) mission:design,execution,and first results. Atmos. Chem. Phys. ,10:5191-5212,doi:10. 5194/acp-10-5191-2010.

Jaworowski Z,Kownacka L,Bysiek M. 1981. Flow of metals into the global atmosphere. Geochim. Cosmochim. Acta,45:2185-2199.

Jaworowski Z. 1989. Pollution of the Norwegian Arctic：A review. Rapportserie, Nr. 55, NorskPolarinstitutt, Oslo:93 pp.

Karlqvist A,Heintzenberg J. 1992. Arctic pollution and the greenhouse effect. *In*:Griffiths F. Arctic Alternatives:Civility or Militarism in the Circumpolar North. Toronto:Science for Peace / Samuel Stevens (Canadian Papers in Peace Studies 3):156-169.

Khalil M A K,Rasmussen R A. 1993. Arctic haze:Patterns and relationships to regional signatures of trace gases. Global Biogeoch. Cycles,7:27-36.

Law K S,Stohl A. 2007. Arctic air pollution:Origins and impacts. Science,315:1537-1540.

Lubin D, Vogelmann A M. 2006. A climatologically significant aerosol longwave indirect effect in the Arctic. Nature,439:453-456,doi:10. 1038/nature04449.

Mitchell J M. 1956. Visual range in the polar regions with particular reference to the Alaskan Arctic. Atmos. Terr. Phys. ,Special Supplement:195-211.

Ottar B,Gotaas Y,Hov O,Iversen T,Joranger E,Oehme M,Pacyna J,Semb A,Thomas W,Vitols V. 1986. Air Pollutants in the Arctic,Norwegian Institute for Air Research, NILU OR 30/86, Lilleström, Norway: 81 pp.

Past and future trends in concentrations of sulphur and nitrogen compounds in the Arctic. Atmos. Environ. ,43: 928-939,doi:10. 1016/j. atmosenv. 2008. 10. 043.

Quinn P K,Shaw G,Andrews E,Dutton E G,Ruoho-Airola T,Gong S L. 2007. Arctic haze:current trends and knowledge gaps. Tellus,59B:99-114.

Raatz W E. 1991. The climatology and meteorology of Arctic air pollution. In:Sturges W T. Pollution of the Arctic Atmosphere. London and New York:Elsevier Science Publ. ;13-42.

Rahn K A,Borys R D,Shaw G E. 1977. The Asian source of arctic haze bands. Nature,268:713-715.

Rahn K A, McCaffrey R J. 1980. On the origin and transport of the winter arctic aerosol. Ann. New York Acad. Sci. ,338:486-503.

Rahn K A,Shaw G E. 1982. Sources and transport of arctic pollution aerosols:a chronicle of six years of ONR research. Naval Research Rev. ,March:S2-26.

Rinke A,Dethloff K,Fortmann M. 2004. Regional effects of Arctic haze. Geophys. Res. Let . ,31:L16602,doi: 10. 1029/2004GL020318.

Shaw G E. 1995. The Arctic haze phenomenon. Bull. Amer. Met. Soc. ,76:2403-2413.

Stock M,Ritter C,Aaltonen V,Aas W,Handorff D,Herber A,Treffeisen R,Dethloff K. 2014. Where does the optically detectable aerosol in the European Arctic come from? . Tellus B, doi:10. 3402/tellusb. v66. 21450.

Stock M,Ritter C,Herber A,von Hoyningen-Huened W,Baibakov K,Gräser J,Orgis T,Treffeisen R,Zinoviev N,Makshtas A,Dethloff K. 2011. Springtime Arctic aerosol:Smoke versus Haze,a case study for March 2008. Atm. Env. ,52:48-55,doi:10. 1016/j. atmosenv. 2011. 06. 051.

Stone R S,Anderson G P,Sharma S, Herber A, Dutton E G, Eleftheriadis K, Li S-M,Jefferson A, Nelson D. 2013. A characterization of Arctic aerosols and their radiative impact on the surface radiation budget. Int. J. Climatol. ,submitted.

Stonehouse B. 1986,Arctic Air Pollution. Cambridge:Cambridge University Press:328 pp.

Sturges W T. 1991. Pollution of the Arctic Atmosphere. London and New York:Elsevier Science Publ. : 334 pp.

Valero F P J,Ackerman T P,Gore W J Y,Weil M L. 1988. Radiation studies in the Arctic. In:Hobbs P V,Mc-Cormick M P. Aerosols and Climate. Hampton,Virginia:A. Deepak Publishing:271-275.

Warneke C,Froyd K D,Brioude J,Bahreini R,Brock C A,Cozic J,de Gouw J A,Fahey D W,Ferrare R,Hollo-way J S, Middlebrook A M, Miller L, Montzka S, Schwarz J P, Sodemann H, Spackman J R, Stohl A. 2010. An important contribution to springtime Arctic aerosol from biomass burning in Russia. Geophys. Res. Lett . ,37:L01801,doi:10. 1029/2009GL041816.

第 9 章　气候区划

　　从前面章节的介绍中我们不难看出,不同要素的空间变化在北极是极其不一致的。特别是在冬季,太阳辐射的影响极其微弱或消失(极夜);此时受大气环流的影响,气旋活动更加活跃和强烈,使得北极本地的气温与从较低纬度平流而来的空气气温之间的梯度也达到了最大。同样的温度差异也体现在海洋环流上,因此海洋环流也会对冬季各要素在北极较大的水平梯度上起到一定的作用。但由于积雪和海冰在冬季覆盖了几乎整个北极,所以该季节内下垫面的作用并不显著。

　　在温暖的半年,太阳辐射是北极气候中最重要的环节,它是造就气象要素在微观、局地及宏观尺度上空间不均匀性的最大因素。下垫面的显著差异(雪、冰、冻土、水等)是进一步影响太阳辐射的重要原因。然而,由于大气和海洋环流的影响减弱,且北冰洋和北极各海域中开放水域面积较大,导致北极各区域之间的气候差异在夏季小于冬季。但也要注意到,在宏观气候尺度上的沿海地区,以及在局地气候尺度上的冰川和非冰川过渡地区,该季节内的气象要素的水平梯度达到最大(Baranowski,1968;Przybylak,1992)。

　　关于北极气候区划的文献很少。只有 Prik(1960,1971)针对整个北极范围的气候区划问题进行了研究,相关成果在 Atlas Arktiki(1985)上发表;Prik(1960)根据大气环流的特点和主要气象要素的分布,将北极划分为 5 个主要气候区域:大西洋区、西伯利亚区、太平洋区、加拿大-格陵兰区和内北极区。此后,Prik(1971)进行了进一步的细化,将加拿大-格陵兰区细分为加拿大、巴芬湾和格陵兰 3 种类型,因此共 7 个气候区域。该气候区划方法考虑了几乎所有气候要素的长期平均分布、季节变化及其变率特征等。

　　Maxwell(1982)根据气旋和反气旋活动、海冰-海水状态、大尺度地形特征及净辐射等控制因素,将加拿大北极地区划分为 5 个主要气候区域。在每个主要区域内(除第Ⅲ区域外),又根据局地地形、航空气象、海洋影响、温度、降水、积雪、风等信息,至少又划分出两个子区。但是,Maxwell 的气候区划与 Prik 的气候区划(Atlas Arktiki,1985)没有任何相似之处,其原因可能是他们用于划分气候区域的标准各不相同,同时 Maxwell 的方法细节更多且更主观一些。

　　本章将具体对上述 7 个北极主要气候区域(图 1.2)进行详细描述。

9.1　大西洋区

　　在寒冷的半年里,大西洋区最突出的特点是其气温相对于北极其他地区显著较高,这与强烈的气旋活动及墨西哥暖流分支输送密切相关(图 4.4)。例如,斯匹次卑尔根的月平均气温比同一纬度的加拿大北极地区高出约 20℃。由于气旋活动和暖洋流的影响在该区北部、东北部和东部相对较弱,所以这些区域的温度相对偏低。同时,寒冷的东格陵兰流和东斯匹次卑尔根流也显著降低了流经区域的温度。强烈的气旋活动还给大西洋区带来了异常高的云量和降水,该区的风速也是整个北极地区最高的,部分气象要素(特别是气温)的变化也是最大的(图 4.7)。

大西洋区的气候大陆度也是全北极最低的(图 4.2)。扬马延和熊岛之间的海洋呈现"纯海洋"气候型。例如,扬马延 1951—1980 年的 2 月和 8 月平均气温分别为 -6.1℃ 和 4.9℃;1922—1980 年的绝对最高和最低温度仅达到 18.1℃ 和 -28.4℃(Steffensen,1982)。考虑到该区气候因素的空间差异,Prik(Atlas Arktiki,1985)将其进一步划分为 4 个子区,即南部、西部、北部和东部子区。南部子区面积最大(图 1.2),其整体特征为整个北极中最温暖、最多云和最多雨水的区域。在该子区的南部,冬季的平均气温在 -1~0℃,北部在 -8~-10℃。风暴和强降水频繁发生,且降水多为湿雪,也有少量为降雨。在南部和北部子区的交界位置附近,气温的变化是整个北极区域内最高的(图 4.7),因为这里同时受来自南北部温度差异较大的气团影响。西部子区面积明显小于南部子区,但与北部和东部子区相当;Prik(1971)划分这个子区的原因有三个,一是最大的水平温度梯度,二是显著的月平均和每日气温的变率,三是强烈的北风在此区域占主导地位。与南部子区相比,西部子区的温度、云量和降水都更低,但降水量的变率达到最大(图 7.8 和图 7.9)。北部子区包括斯匹次卑尔根群岛的东半部分、斯瓦尔巴特群岛的部分岛屿、法兰士约瑟夫地群岛、巴伦支海和喀拉海的北部,以及毗邻它们的北冰洋部分。大气和海洋环流的影响在该子区明显较弱,海洋环流的影响甚至可能消失不见,因此这里的气候条件比南部子区更加恶劣。同时,到达该子区的气旋通常会发生阻塞,从而造成相当强烈的温度波动、云量增加和风力增强(Prik,1971)。该子区的气温比其他子区低,从西南部的 -10~-12℃ 迅速下降到东北部的 -25℃。风主要来自东南和东方向,风速低于其他子区。云的分布相当广泛,达到 60%~65%。该子区还有一点有趣的特征是温度的变化在冬季达到最大,但在夏季却是整个北极中最低的。

东部(或喀拉海)子区包括新地群岛的东半部、喀拉海至泰梅尔半岛及其毗邻的大陆部分。气候条件在该子区最为恶劣,这是因为新地群岛是一个气候屏障,它能够大大减少巴伦支海的暖水流入,也在一定程度上减少了沿冰岛-喀拉海槽移动的气旋入境。气旋能够从新地群岛的北部和南部进入该子区,并在该子区的东南部发展,显著增强该子区的温度日变化,并带来强风(主要是西南风或南风)、多云天气(很少发生)、频繁的降水(降水量通常不大)。通过相关分析表明,该子区与西伯利亚区域的温度存在明显的相关性,甚至超越了其与大西洋区本身之间的差异(Przybylak,1997)。因此,也有建议将该子区纳入西伯利亚区。

上述对大西洋区及其子区气候特征的描述主要针对的是冬季,这是因为该季节内的气候要素的空间差异最大。对于夏季,这里针对整个大西洋区给出统一描述。夏季,由于中纬度和高纬度之间温度的经向梯度降低,气旋活跃度也随之下降。但由于北极地区气压下降,气旋的活动频率在夏季只比冬季略低一些。暖流的影响在夏季也十分有限,其量级和空间延伸均较弱。区分不同气候类型的最重要因素是入射太阳辐射(极昼),因此,气象要素在此季节呈现纬向分布(图 4.4)。例如,气温从南部的 8~10℃ 下降至北部的 -1~0℃。寒冷的东格陵兰流和东斯匹次卑尔根流对气温的下降起到了显著的作用。夏天盛行风与冬季主导的北风和东风正好相反;海洋上的云量也非常高,达到 75%~85%,而陆地上的云量相对低一些,为 60%~65%。

9.2　西伯利亚区

西伯利亚区远离大西洋和太平洋,是全球大陆性气候最强的区域之一。冬季该区最显著的气候特点是受西伯利亚高压的控制。气旋在该季节较为罕见;当有气旋发生时,主要沿莱纳河(Lena)和科利马河(Kolyma)行进。西伯利亚高压的影响也体现在该区的风向上,主要为南风,风速也较为缓和(海上约为 5 m/s,陆上低于 3 m/s)。与大西洋相比,该区的风速年变化规律正好相反,即冬季风速较低,而夏季风速较高。该区的气温为北极最低,能够达到低于−30℃。陆地区域的气温向着西伯利亚高压中心迅速下降,靠近奥伊米亚康和维尔霍扬斯克(Verkhoyansk)的地方是北半球最低气温发生地,但该位置位于北极之外。该区的气温和气压的变率要低于邻近的气候区,同时由于反气旋环流占据主导,总体云量(35%～45%)和降水量(<10 mm/月)都相对较低。

到了夏季,反气旋仍然盛行,但气旋也经常发生在该区南部[图 2.3(b),(d)]。最大发生频率出现在拉普捷夫和东西伯利亚海,但它们很少能够进入大陆区域,这种天气背景也造成了北风和东风的盛行。从风向上看,大陆区域冬夏之间会呈现出类似季风一般的变化特征。与冬季相比,夏季的天气条件更加不稳定,使得风速略高,为 5～6 m/s。海洋上的气温明显较低(0～2℃),但陆地上的气温迅速上升,在北极南部边界附近可以达到 10～12℃。夏季降水量比冬季高出许多,海上可以达到 20～25 mm/月,陆地上可以达到 30～40 mm/月。雾在有水域的地方出现频繁,在偏北部的水域能达到 30%;但在大陆上十分少见(5%)。

9.3　太平洋区

冬季,太平洋区的气旋活跃程度明显低于大西洋区和巴芬湾区,根据 Serreze 等(1993)的计算,其发生频率低于 3%。造成这种现象是由于地形的屏障作用[纬向延伸的山脉如科里亚克(Koryak)、楚科奇和布鲁克斯(Brooks)],使得气旋只能通过狭窄的白令海峡进入太平洋区。狭窄的白令海峡也限制了洋流的热量输送。尽管受到地形的阻挡,但气旋对该地区气候的影响依然是很明显的;进入太平洋区的气旋输送了大量温暖和潮湿的空气,造成气温和降水的显著增加。由于地处发展强盛的阿留申低压和西伯利亚高压之间,较大的气压梯度造就了较强的北风主导。当气压系统发生移动时,过渡区域的风速和大气的物理特性也会随之发生快速变化。当受西伯利亚高压控制时,通常空气寒冷和干燥,风速也较弱;而当受阿留申低压控制时,空气温暖湿润,但风速也会较强。因此,该区气压、温度和风速的变率相当高。Prik(1971)认为这种较强的变率主要受气旋活动影响,但根据 Serreze 等(1993)的研究结论,这一观点显然是错误的。与邻近的西伯利亚区和加拿大区相比,太平洋区的特点是较高的气温、较大的风速及较显著的云量和降水。该区海洋上的温度水平梯度并不大,但温度明显低于大西洋区。平均温度在白令海以北为−16～−18℃,在楚科奇海以北为−24～−26℃(Prik,1971);在大陆部分特别是亚洲,气温迅速下降。云量在其南部为 55%～60%,在北部为40%～45%;降水量 25～35 mm/月。冬季较强北风盛行,风速为 6～8 m/s;风暴发生也较为频繁,平均每月受其影响的天数为 6～8 d。

根据 Prik(1971)的研究,夏季的气旋频率低于冬季;但 Serreze 等(1993)提出了不同的观点(比较他们文章中的图 2 和图 6)。夏季,南风在太平洋区内的大多数区域盛行,但在其北部地区东风更为常见。海洋水域的气温变化幅度不大,在北部为 1℃,在白令海峡为 6～8℃。只有在较温暖的大陆沿海地区才会出现较高的气温。夏季该区云量非常高,在海洋上能达到80%～85%,在陆地上也能达到 70%～75%。雾也是常见的现象,平均而言其发生频率能达到 25%～35%。

9.4 加拿大区

　　加拿大区是北极最大的气候区之一,气候特征的不一致性现象在该区尤为明显。但是对该区不同气候类型之间的差异程度,评估结果却有较大的分歧。例如,Barry 和 Hare(1974)写道,"加拿大北极群岛跨越了 15 个纬度,但其气候特征相对一致"。但是 Maxwell(1982)指出,"对于加拿大北极群岛而言,除了偏北的部分,剩余部分的气候特征极不相同"。造成这种分歧的主要原因是大多数气候区划都是基于单个测站的数据,而这些测站往往位于沿海地区;同时在进行区划时通常只考虑温度和降水数据,因此导致结果的不一致(Maxwell,1982)。这种差异也可能是研究的目标区域尺度上具有差别造成的,Maxwell(1982)的研究针对的是局部区域,因此更加突出细节描述;而其他的一些研究如果描述的是整个北极的气候特征(Barry and Hare,1974)或对整个北极进行气候区划(Prik,1960,1971;Atlas Arktiki,1985),则对部分要素的描述更粗略。

　　从 Serreze 等(1993)的研究结果可以看到,冬季气旋和反气旋的发生频率相当且均比较低,气旋在加拿大北极地区北部占主导地位,而反气旋在西部更多见;到了夏季,气旋和反气旋系统的出现频率都显著增加(图 2.3)。但无论是夏季还是冬季,它们的强度都相对较弱(Serreze et al.,1993),这也意味着加拿大北极地区的气候要素的变率相对较低。Prik 将加拿大北极地区又细化为 2 个子区,即北部子区和南部子区(Prik,1971;Atlas Arktiki,1985)。在冬季,北部子区的温度非常低。整个北极地区最低温度(格陵兰岛除外)出现在其东北部。月平均气温可以下降到−34℃以下,局地甚至低于−38℃。北风盛行但较为缓和,风速在偏北的地方还要更弱;整个子区约有 30% 的观测结果给出了静风。云量也较低,晴朗和多云天气的出现频率分别为 40%～50% 和 30%～40%。降水量同样也很低,小于 10 mm/月,年降水总量亦是北极最低(图 7.3)。由于受纬度和活跃气旋的影响,南部子区的气温(−20～−30℃)要高于北部子区;气温和其他气候要素的变率也更大。与气温类似,风速、云量和降水量也相对较高。总体而言,如 Barry 和 Hare(1974)所指出的,加拿大北极地区的低温是持续性的气候特征,并非属于极端情况。

　　夏季,受太阳辐射(极昼)及中高纬度之间减弱的温度梯度的显著影响,南北子区之间的差异也在缩小。平均气温在北部为 2～4℃,在南部为 6～8℃。局地的气温差异可能会显著增加,这种现象常见于较冷的浮冰区和沿海较暖的非冰川区(受大量太阳辐射影响)之间。最高气温出现在加拿大北极的最南端,超过 10℃。较为缓和的北风在夏季占主导。云量也比冬天要高,群岛上多云天气的出现频率为 60%～70%,而在大陆上下降至 50% 左右。夏季云量的增加不但与气旋的频繁发生有关,也与开放水域和积雪融化提供的充足水汽有关。Barry 和 Hare(1974)注意到,即使在没有气旋辐合作用的条件下,局部雾和层云也能够出现;这是因为只需要稍许的抬升作用,空气即可出现饱和。除山区外,降水主要以降雨形式出现。大多数降水与气旋经过有关,但地形效应也非常重要。月降水总量和季节降水总量的年变化非常大,主要取决于经过的低压系统的频率。

9.5 巴芬湾区

　　巴芬湾区的气候特征与大西洋区(特别是南部和西部子区)非常相似。冬季的天气主要受到北大西洋上空形成的气旋的影响。气旋形成后，通过戴维斯海峡和巴芬湾进入巴芬湾区。气旋能够带来大量温暖和潮湿的空气，使得巴芬湾区的气温明显高于邻近地区。该区东部和北部的气温尤其高，这也与西格陵兰暖流和长期存在的"北水"冰间湖向大气注入了额外的热量有关。气旋的频繁活动造就了显著的高云量（>60%）、高降水（50~60 mm）和强风等特征，也使得气象要素的日变率显著较大。但巴芬湾和戴维斯海峡周围的地形（巴芬湾和格陵兰岛的冰川地势）也限制了气旋的发展空间，因此陆地上的气温显著降低。气象要素的水平梯度在沿海地区更加强烈，这一点在格陵兰岛上尤其明显。气旋的环流形式也使得巴芬湾区西部以北风和西北风为主，东部则以东南风为主。这种风场形式导致巴芬岛海岸的气温和降水低于格陵兰沿岸。

夏季，上述温度的分布形式仍然存在，但这主要与海洋环流有关（西部为寒流，东部为暖流）。虽然依然有气旋活动，但气旋频率和强度均低于冬季。开放水域增加了低云和雾的发生频率。风力达到中等强度但在海上时弱时强。东风和西风在巴芬岛和格陵兰岛的海岸区域占主导，但该区域雾很少发生。

9.6　格陵兰区

冰盖和周边冰川覆盖了格陵兰岛80%以上的地区。冰盖高原基本都超过了海拔1200 m，最高的部分超过3000 m，沿海的山脉（见第1章）也能够达到这个高度。除了这些重要的气候因素外，大气环流也对格陵兰区的气候起着非常重要的作用，特别是在低海拔地区。准永久的格陵兰反气旋主要影响着其北部的天气形势，而来自冰岛低压的气旋则影响着格陵兰岛的南部区域。气旋从西南方向进入格陵兰岛；一些垂直发展特别深厚的气旋能够穿过格陵兰岛南部，造成天气状况的急剧改变。但通常气旋仍是沿着西或东海岸行进。格陵兰区中除了没有被冰覆盖的沿海地区以外，其他区域是北极最冷的。冬季的平均气温为-40℃，最低气温低于-60℃。冰盖上由平均厚度达400 m的逆温层占据。在气旋影响期间，由于它们携带的热量传输和对逆温层的影响，气温可以上升20~30℃。海洋上方的气团向陆地的平流作用也可以通过气温的日变化反映出来。在格陵兰岛北部，由于反气旋活动的主导及地形因素（冰盖的背风坡），云量和降水都很少；而南部的云量和降水都较高，在南部海拔较高且受主要气流直接影响的区域（格陵兰冰盖的西部、南部和东部斜坡）尤其明显。冰盖斜坡边缘部分较强的下降风也是格陵兰区气候的一个重要特征。

夏季，气旋往往无法穿越格陵兰（Serreze et al.，1993），因此气候要素的空间差异及其变率都低于冬季。但气温仍然很低，北部地区的月平均值为-10~-12℃，极端气温甚至将达到-30℃。夏季的下降风依然稳定，但较冬季相对较弱，无法到达沿海地区。

9.7　内北极区

内北极区的气象要素水平梯度在整个北极中是最低的。但这些要素的空间分布存在一些差异，大致可以区分为两个独立的子区，即大西洋子区和太平洋子区（Prik，1971；Atlas Arktiki，1985）。大西洋子区经常受到北大西洋气旋的影响，因此气温高于反气旋主导的太平洋子区。冬季，气温在大西洋子区南部为-24~-26℃，在极点附近约为-32℃，绝对最低温度甚至可降至-50℃以下。根据年平均海平面气压分布（Serreze et al.，1993），该子区主要受南风影响；风速均值为 5.5～6.5 m/s,明显低于大西洋区,但风速的分布从极弱到极强有很大的变化范围。冬季的云量显著低于夏季,南部约为 60%,极地附近约为 50%。降水非常频繁但强度较小,月总量不超过 10～15 mm,年总量为 200～250 mm。

由于反气旋环流占主导,太平洋子区冬季气候比大西洋子区更为恶劣；平均气温低 6～10℃且空间变化很小。最低气温一般不会降至−53℃以下,而最高气温一般不会超过−3℃～−5℃。反气旋的主导也使得风力与大西洋子区相比偏弱且不稳定,平均风速为4.5～5.5 m/s。此外,云量和降水也较少。

夏季,两个子区的气象条件十分相近。受冰雪融化过程的影响,平均温度均接近 0℃,范围为−6℃至 4−6℃。由于入射太阳辐射日变化很小(极昼),高云量(80%～90%)及冰雪消融使得温度的日变化极低,平均只有 0.4～0.5℃。风向变化非常显著但风速本身并不是非常高(4.5～5.5 m/s)。夏季很少出现强风(>15 m/s),每 10 年出现 2～5 次个例(Prik,1971)。另外,云量非常高,90%为多云天且主要为低云,晴朗天气只占 4%～8%。降水非常频繁但强度较小,因此总量也较小。海雾的频繁发生(25%～40%)也是夏季内北极区的一个重要气候特征。

参考文献

Atlas Arktiki. 1985. Glavnoye Upravlenye Geodeziy i Kartografiy,Moscow:204 pp. Baranowski S. 1968. Thermic conditions of the periglacial tundra in SW Spitsbergen. Acta Univ. Wratisl. ,68:74 pp.

Barry R G,Hare F K. 1974. Arctic climate. In:Ives J D,Barry R G. Arctic and Alpine Environments. London: Methuen & Co. Ltd. :pp. 17-54.

Maxwell J B. 1982. The climate of the Canadian Arctic islands and adjacent waters. vol. 2,Climatological studies,No. 30. Environment Canada,Atmospheric Environment Service. 589.

Prik Z M. 1960. Basic results of the meteorological observations in the Arctic. Probl. Arkt. Antarkt. ,4:76-90 (in Russian).

Prik Z M. 1971. Climatic zoning of the Arctic. In:Govorukha L S,KruchininYu A. Problems of Physiographic Zoning of Polar Lands,Trudy AANII,304:72-84 (in Russian). Translated and published also by Amerind Publishing Co. ,Pot. Ltd,New Delhi,1981:76-88.

Przybylak R. 1992. Thermal-humidity relations against the background of the atmospheric circulation in Hornsund (Spitsbergen) over the period 1978—1983. DokumentacjaGeogr. ,2:105 pp(in Polish).

Przybylak R. 1997. Spatial variations of air temperature in the Arctic in 1951—1990. Pol. Polar Res. ,18:41-63.

Serreze M C,Box J E,Barry R G,Walsh J E. 1993. Characteristics of Arctic synoptic activity,1952—1989. Meteorol. Atmos. Phys. ,51:147-164.

Steffensen E. 1982. The climate at Norwegian Arctic stations. KLIMA DNMI Report,5,Norwegian Met. Inst. : 44 pp.

第 10 章　全新世的气候变化和变率

极地在塑造全球气候方面发挥着非常重要的作用。实证研究和模拟研究都表明,极地区域对气候变化最为敏感,暖期和冷期的区分度都要比中低纬度地区更加明显;且气候模拟的结果显示极地冷暖期的发生也要更早。当然,事实情况并不总是如此,具体还要看导致气候变化的因素是什么(Przybylak,1996,2000)。

北极的气候系统与中低纬度气候系统最大的不同点之一在于它具有分布广泛的冰冻圈。由于冰冻圈在塑造气候中的作用仍未被完全了解,所以世界气候研究方案计划(the World Climate Research Programme)自 2000 年 3 月起新设了一个研究项目,名为气候和冰冻圈(climate and cryosphere,CLIC,http://www. climate-cryosphere. org)。

人类活动的影响已叠加在自然变化的背景之上,使得北极的气候变化(特别是速度和程度)变得更加难以预测(见第 11 章)。因此,为了弄清未来的气候变化走向,就有必要了解过去的气候是如何发生变化的,以及产生变化的原因是什么(Bradley and Jones,1993)。在本书中,我们将对过去 1 万~1.1 万年(全新世)的气候变化给予着重关注。全新世可分为三个时间跨度,即 10~11 ka 至 1 ka BP(距今),1.0~0.1 ka BP 和 0.1 ka BP 至 Present(Present 指的是公元 1950 年)。在第一个时间段和第二个时间段的绝大部分时间内是没有气象仪器观测的,因此相关信息主要重构自气候代用数据(proxy data),它们的获取渠道主要包括地质、地貌、地球物理、冰川及植物等。有关基于代用数据进行气候重建可能性的研究细节,读者可参阅 Bradley(1985,1999,2014)的文章。近年来,诸多学者发表了大量的综述性论文,对北极或其大部分区域在全新世(及其亚期)的气候历史进行了概述。如 Kaufman 等(2004);Wanner 等(2008);Miller 等(2010);Sundqvist 等(2010);Zhang 等(2010);Turner 和 Marshall,2011。本书将根据这些研究结果及近几十年来的其他一些研究成果给出北极(特别是格陵兰岛、加拿大北极高纬地区和欧亚北极地区)在全新世时的气候特征。

10.1　10~11 ka 至 1 ka BP 时期

全新世初始期通常被认定在 10 ka 和 11 ka BP 之间。但冰川代用数据表明,应以 11.6 ka BP 为准(Johnsen et al. ,1992;O'Brien et al. ,1995;Wanner et al. ,2008)。从图 10.1 中可以看到,显著的气候变化正是发生在这一时间内。在 Summit 和 Dye 3 的两个冰芯样本上,该时间段的同位素变化幅度在 3‰~4‰,增温幅度为 5~7℃。根据格陵兰冰盖计划(Greenland Ice Sheet Project,GISP2)测得的氧同位素(δ^{18}O)结果发现,变化主要发生在新仙女木事件(Younger Dryas)和全新世之间的几十年内(Taylor et al. ,1997)。随后增暖显著变缓,在 10.2 ka BP 达到全新世典型程度。

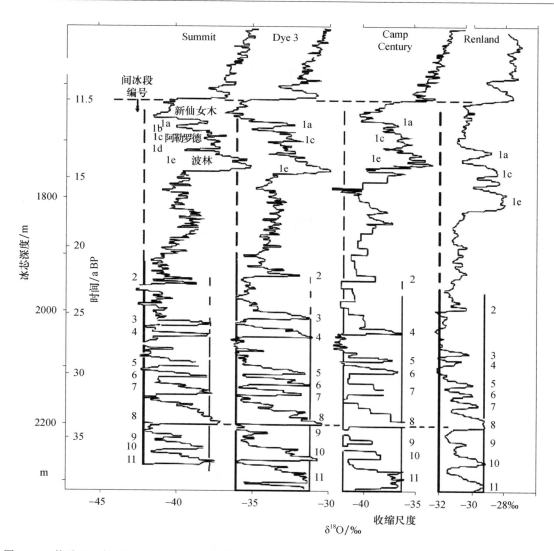

图 10.1　格陵兰上钻取的 4 根冰芯记录到的氧同位素 $\delta^{18}O$ 的连续廓线(Johnsen et al.，1992)。4 根冰芯分别取自 Summit(中部)、Dye 3(东南)、Camp Century(西北)和 Renland(东部)，它们覆盖的时间段基本一致。图上的记录是根据冰芯的深度线性绘制而成，纵坐标给出的是 Summit 冰芯的深度；粗/细的垂直线分别代表了根据同位素 δ 评估得到的后冰期的寒冷/温和的时间段；垂直线旁边标注的数字代表了显著的间冰段中后期的建议编号

　　通过 GISP2 深冰芯数据显示(图 10.2)，逐年的冰累积量在全新世初始期也呈现大幅增加的趋势。同时，化学通量值(陆地性和海洋性的 Na、Cl、Mg、K 和 Ca)也呈现明显的变化，说明格陵兰岛 Summit 上的大气成分在发生明显变化(图 10.3 和 O'Brien et al.，1995；Taylor et al.，1997)。而进入全新世后，气候变得相对稳定，$\delta^{18}O$ 的平均值在 GISP2 和 GRIP(Greenland Ice-core Project，格陵兰冰芯计划)分别为 $-34.7‰$ 和 $-34.9‰$(Grootes et al.，1993)。同时我们还能看到在此阶段 $\delta^{18}O$ 频繁的波动且振幅在 $1‰\sim2‰$，说明该要素能够很好地侦测到温度的变化。

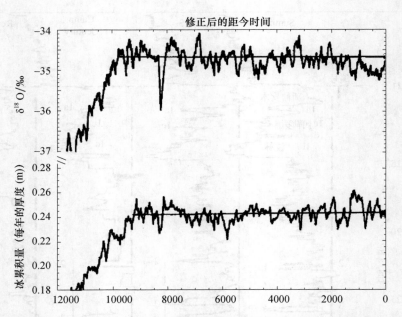

图 10.2　12000 BP 至 present 期间,从 GISP2 冰芯获取的冰累积量和氧同位素廓线记录(100 年平滑)。
该图再版自下文,并获得了作者的同意:Meese D A,Gow A J,Grootes P,Mayewski P A,Ram M,
Stuiver M,Taylor K C,Waddington E D,Zielinski G A. The accumulation record from the GISP2 core
as an indicator of climate change throughout the Holocene. *Science*,266:1680-1682(Copyright 1994
American Association for the Advancement of Science)

　　Sundqvist 等(2010)分析了来自北极 71 个不同地点的 129 条重构气温记录,发现"与前工业时期[公元(1500±500 年)]相比,全新世中期[(6000±500)年 BP]在夏季气温、冬季气温和年平均气温上都要更高;简单的算术平均计算显示全新世中期(6000 年 BP)的高纬地区夏季偏暖 0.9℃,冬季偏暖 0.5℃,年平均气温偏高 1.7℃"。近期发表的大多数模拟结果(如 Kaplan 等(2003)的图 6;Berger 等(2013)的图 12 和图 13)都证实了全新世中期北极显著增暖这一现象。只有日本的模型(MIROC-ESM)对这一时期冬季、春季和秋季的气温给出了偏冷的模拟(Berger et al.,2013)。

　　越来越多的证据表明,全新世早期比全新世中期更温暖。早在 1990 年,Bradley 就提出了这一观点,他在文中写道:"虽然无法确定全新世早期是否一定比中期更暖,但有相当多的证据表明这一现象是有可能存在的。"近期,Kaufman 等(2004)收集了来自北极西部的 120 个地点的数据并进行了气候重构,证明了 Bradley 的观点是正确的。平均而言,全新世大暖期(holocene thermal maximum,HTM)开始于(8.9±2.1)ka,结束于(5.9±2.6)ka。但 HTM 在时空上也存在着显著的差异;东白令海(包括阿拉斯加)处的 HTM 开始于约 11ka 之前,而在加拿大北极群岛和格陵兰岛-冰岛地区,HTM 则发生在(8.6±1.6)ka,在加拿大大陆北部则推迟到(7.3±1.6)ka,在斯瓦尔巴为 10.8 ka(Svendsen and Mangerud,1997),而在欧亚北极地区,HTM 的发生时间非常宽泛(Miller et al. 2010)。就 HTM 的持续时间而言,白令海区域的中部和东部最短,为 1~3 ka;而在其他地区为 2~5 ka(Kaufman et al.,2004;Miller et al.,2010)。对 16 个陆地站数据的定量评估表明,HTM 温度平均比当前(20 世纪的近似平均值)高(1.6±0.8)℃(Kaufman et al.,2004)。

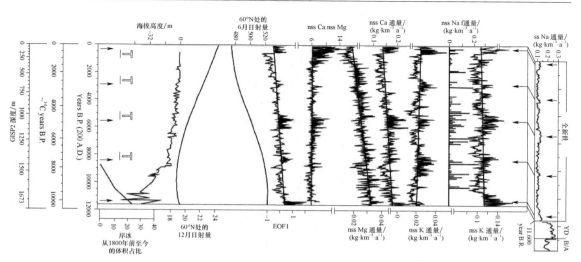

图 10.3　GISP 冰芯中获取到的全新世期间的海盐(ss)和非海盐(nss)种类廓线及潜在的气候强迫因素(May-
ewski et al.，1994)。为了与前面给出的 GISP2 数据保持一致,对所有的廓线都进行了(等效于 100 年平滑的)样
条平滑。ssNa 廓线代表了所有的 ss 种类的表现,其冰川化学浓度在全新世期间与在新仙女木事件(YD)和部
分波林-阿勒罗德(B/A)事件期间相比显著偏低。箭头标记的是浓度增加的时间点;T 字形符号标注的是浓度
发生 3 倍波动且 δ^{14}C 测定中存在蒙德(Maunder)和斯波勒(Spörer)型,最近一次的三倍事件与蒙德、斯波勒和
沃尔夫(Wolf)太阳活动极小期对应。该图再版自下文,并获得了作者的同意:O'Brien S R,Mayewski P A,Mee-
ker L D,Meese D A,Twickler M S,Whitlow S I. Complexity of Holocene climate as reconstructed from a Greenland
ice core. *Science*,270:1962—1964(Copyright 1995 American Association for the Advancement of Science)

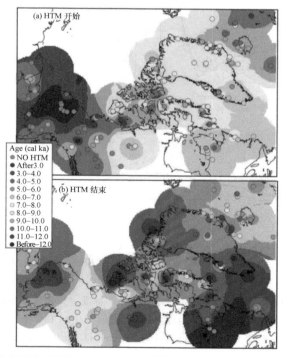

图 10.4　北极西部全新世大暖期(HTM)的时空分布形势。(a)HTM 的开始,(b)HTM 的结束。圆点/
等值线颜色代表时间(灰色代表 HTM 的发生存疑)。关于该图片上每个站点的数据和其他的信息可参
阅 Paleoenvironmental Arctic Sciences(PARCS)的网站(Kaufman et al.,2004)(见彩图)

10.1.1 格陵兰

格陵兰岛保存了良好的古气候信息，在过去的 30～40 年中大量的冰芯被钻取。最早的冰芯取自 Camp Century；1993—1995 年夏天又横穿北格陵兰获取了 13 条冰芯。冰芯的常规分析包括同位素组成（$\delta^{18}O$，δD）、温室气体含量（CO_2 和 CH_4）、含尘量、化学成分、电导率、逐年冰累积量等。这类代用数据的优点是时间分辨率高，能够提供精细到季节变化尺度上的信息，可以很好地服务于气候和环境变化的研究。然而，一些科学家对冰芯研究的可靠性提出怀疑，他们认为钻冰的过程会引入人为干扰或污染（Jaworowski et al.，1990，1992）。近期，关于格陵兰的历史气温研究又有了新的资料来源，它是基于冰盖深钻孔中的温度剖面测量得到的。由于气温通过冰介质向下传递主要取决于地热流密度（geothermal heat flow density）、冰流形态（ice-flow pattern）及历史地表气温和累积率（Dahl-Jensen et al.，1998），因此基于温度剖面测量获取的信息可以重建地表气温历史。自 20 世纪 70 年代初以来，这种方法常被用于非冰川区域的井内温度测量中（Cermak，1971；Lachenbruch and Marshall，1986；Pollack and Chapman，1993；Majorowicz et al.，1999；Bodri and Cermak，2007；以及他们引用的文献）。这种方法的主要缺点是时间分辨率低，高频的信号无法被解析；比如对于年代久远的非常突出的气候变化事件，如波林/阿勒罗德（Bölling/Alleröd）和新仙女木事件，都没能反映出来（图 10.5）。

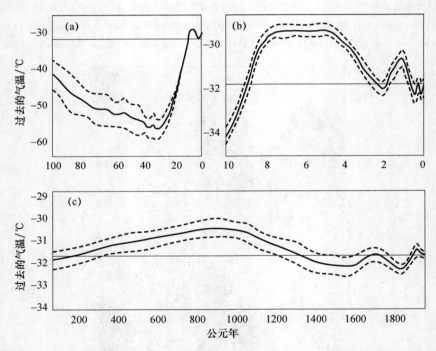

图 10.5　GRIP 的温度重构历史（实线）及其不确定性（虚线，标准差），该数据在格陵兰冰盖 Summit 处当前海拔下（3240 m）获取，图中水平线为当前的温度。(a) 过去的 100 ka BP，(b) 过去的 10 ka BP，(c) 过去的 2000a。该图再版自下文，并获得了作者的同意：Dahl-Jensen D，Mosegaard K，Gundestrup N，Clow C D，Johnsen S J，Hansen A W，Balling N. Past temperatures directly from the Greenland Ice Sheet. *Science*，282：268-271（Copyright 1998 American Association for the Advancement of Science）

格陵兰中部的全新世气候历史见表 10.1 和图 10.2～图 10.4。其他一些最近发表的研究（如 Willemse and Törnqvist,1999；Kaplan et al.,2002；Kaufman et al.,2004；Rasmussen et al.,2007；Steffensen et al.,2008；Vinther et al.,2009）也给出了格陵兰岛不同区域的情况（部分研究也用到了湖泊记录）。大致而言,各类来源的资料给出的格陵兰中部暖期和冷期的发生时间在千年尺度上有很好的对应关系。有些差异的出现与资料的时间分辨率、资料对环境和气候形成因素的敏感性及误差有关。第一个暖期（钻孔温度测量无法反映该暖期）发生在全新世早期,时间为 10.0～8.56 ka BP。此后,最显著和时间持续最长的增暖在 GRIP 钻孔温度测量中得以体现,发生在 8 至 5～4 ka BP,并被称为气候适宜期（climatic optimum,dahl-Jensen et al.,1998）。但更高分辨率的数据也显示,在这段时间内至少也发生了 1～3 个冷期（见表 10.1、图 10.2 和图 10.3）。Dahl-Jensen 等（1998）计算给出的这一期间的地表温度比目前的温度高约 2.5℃［图 10.4（b）］。从 Camp Century 冰芯中也能够看到,冰河期之后的最大增暖期发生在 8～4 ka BP（Dansgaard et al.,1971）。下一个暖期的持续时间很短,开始于约 2.5 ka BP,结束于 2～1.5 ka BP。但钻孔测温数据显示气温在约 2 ka BP 时比当前要低 0.5℃（表 10.1 和图 10.2～图 10.4）；Dye 3 冰芯的温度重构也给出了相近的结果（Dahl-Jensen et al.,1998）。另外,所有古气候代用数据都揭示了中世纪暖期（Medieval Warm Period）的存在。从表 10.1、图 10.2、图 10.3 和图 10.5 中可以看出,格陵兰岛的中世纪增暖开始于 1.4～1.5 ka BP,比欧洲明显偏早。根据 Dahl-Jensen 等（1998）的重构气温结果来看,最大变暖发生在 900 年 A. D.（图 10.5c）,格陵兰处的气温比当前要高 1℃。

表 10.1　根据 GRIP 冰芯中氧同位素 $\delta^{18}O$、冰累积率、化学通量测量得到的全新世的暖期和冷期（kaBP）分布情况。作者根据以下论文中的图完成了此表的编制:a. Meese 等（1994）；b. O'Brien 等（1995）；c. Dahl-Jensen 等（1998）。

阶段	测量要素			
	$(\delta^{18}O)$[a]	冰累积率[a]	化学通量[b]	GRIP 冰芯的钻孔测温[c]
暖期	9.5～8.5	9.2～8.5	10.6～9.3	
	8.0～7.6	8.1～7.3	7.9～6.3	8.0～4.2
	7.0～6.6			
	5.3～4.7	5.0～4.2		
	3.6～3.1			
	2.5～2.0	2.5～1.9	2.7～1.5	
	1.0～0.8	1.3～0.8	0.96～0.61	1.5～0.8
				0.05～0.0
冷期			>11.3	11.6～9.5
	8.5～8.0	8.5～8.0	8.8～7.8	
	7.5～7.0			
	6.5～6.0	6.0～5.2	6.1～5.0	
	4.7～4.3			
	3.0～2.5		3.1～2.4	3.0～1.5
	1.9～1.1	1.9～1.3		
	0.8～0.0	0.8～0.0	0.61～0.0	0.7～0.1

从全新世开始到 1 ka BP,共可以区分出 4～6 个冷期。第一次发生在新仙女木到全新世的过渡时期,气温总体比全新世的平均气温低;第二次发生在 8.5～8.0 ka BP,即在气候适宜期之前。在气候适宜期之间发生了 1～3 次短的变冷事件,冰的累积速率和化学通量变化都表明变冷时间开始于 6～5 ka BP(表 10.1,图 10.2 和图 10.3);此外,根据氧同位素显示,期间还存在另外 3 个变冷的时期(7.5～7.0 ka,6.5～6.0 ka,4.7～4.3 ka BP)。此后,气候的显著变冷通过氧同位素和钻孔测温数据清晰地显示出来,该变冷过程从 3 ka BP 开始,至 1.5～1.1 ka BP 结束,期间有一次幅度很小的增暖发生在 2.5～2.0 ka BP;但其他的一些资料显示该变冷过程并没有持续这么长时间(表 10.1,图 10.2,图 10.3 和图 10.5)。这次变冷过程中温度最低值出现在 2 ka BP,比当前状态低了约 0.5℃[图 10.5(b)]。

O'Brien 等(1995)发现,通过冰川化学序列确定的结果能够与世界范围内全新世冰川发展(Denton and Karlén,1973)及欧洲、北美、南半球的古气候记录中的冷事件(Harvey,1980)时间一致;该序列结合了冰川发展、氧同位素(δ^{18}O)、花粉量、树木年轮宽度和冰芯数据获得(图 10.6)。该序列的结果还揭示了冷期的发生与较低的太阳辐射周期(由残留树木年轮的放射性同位素 δ^{14}C 测量得到)之间有相当好的对应关系(Stuiver and Braziunas,1989)(图 10.3)。此外,他们也发现 δ^{14}C 和冷期(GISP2 数据)几乎有着相同的准周期,分别为 2500a 和 2600a。

全新世的降水变化也可以通过代用数据中的冰累积率得到反映。Meese 等(1994)发现,GISP2 数据中的冰积累和氧同位素存在显著关联。从图 10.2 中可以看出这两个要素显著正相关,暖期降水较多,冷期降水较少;但也存在一些例外的情况发生,如 6.8ka 或 1.2～1.0 ka BP。

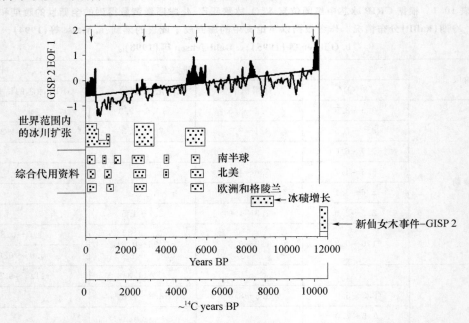

图 10.6 古气候冷事件:GISP2 Holocene EOF1;世界范围内的冰川扩张及相对程度(Denton and Karlén,1973);来自欧洲、格陵兰岛、北美和南半球的各种气候代用记录显示的寒冷时期(Harvey,1980);Cockburn Stade 事件(Andrews and Ives,1972);以及新仙女木事件(Mayewski et al.,1993)。该图再版自下文,并获得了作者的同意:O'Brien S R,Mayewski P A,Meeker L D,Meese D A,Twickler M S,Whitlow S I. Complexity of Holocene climate as reconstructed from aGreenland ice core. *Science*,270,1962—1964. Copyright 1995 American Association for the Advancement of Science

Dahl-Jensen 等(1998)将 GRIP 的结果与 Dye 3 钻孔测量(GRIP 以南 865 km 处)的结果进行了对比,发现这两处气温的变化历史非常接近,但 Dye3 的气温振幅达到了 GRIP 的 1.5倍。他们认为该振幅差异与它们的地理位置及大气环流的变率有关,这种变率在千年时间尺度上依然可以体现。O'Brien 等(1995)也揭示了区域位置对环境变化的影响,这种影响特别是在全新世的后半段十分显著。他们的结论是全新世气候自身的复杂性使得想要从受人类影响的气候背景下区分出自然因素成为一项艰巨的任务。最近的一些研究通过低纬大陆湖泊记录给出了格陵兰的气候重构,如 Willemse 和 Törnqvist(1999);Kaplan 等(2002);Kaufman 等(2004)。这些研究大致上证实了以上利用冰川记录给出的研究结论,但 Willemse 和Törnqvist(1999)也发现,"……利用湖泊记录推断的温度波动在百年尺度上与格陵兰冰芯计划(Greenland Ice Core Project)中的 $\delta^{18}O$ 记录非常一致,但是与格陵兰冰盖计划(Greenland Ice Sheet Project 2)的结果相关性较小"。

10.1.2　加拿大北极高纬地区

近几十年来,利用代用数据对加拿大北极高纬地区全新世气候变化开展的研究显著增加(如 Williams and Bradley,1985;Bradley,1990;Evans and England,1992;Kaufman et al.,2004;Sundqvist et al.,2010)。这些数据主要包括了冰芯、冰川和海冰/冰架构成,以及地貌和年代学证据等。特别是在基于湖泊和海洋沉积物(包括花粉、硅藻、摇蚊和其他微化石)等代用数据进行古气候重构方面取得了重大的进展。来自 Agassis、Meighen 和 Devon 冰盖的冰芯分析提供了高纬度气候变化的重要记录(Koerner 和 Paterson,1974;Koerner,1977a,b,1979,1992;Paterson et al.,1977;Fisher and Koerner,1980,1983;Koerner and Fisher,1985;Koerner et al.,1990)。Fisher 和 Koerner(1980)发现德文岛(Devon)曾出现了一段后冰期增暖,时间为 10～8.3 ka BP;此后,直至 4.3 ka BP 后冰期最大增暖发生之前,温度都处在小幅振荡状态。自 4.3 ka BP 之后,温度逐渐下降;后冰期适宜期结束在 4.5～3 ka BP。德文岛上观测到的这种气候变化的格局与通过 GRIP 钻孔测温重构的气温历史不谋而合[图 10.5(b)]。搁浅浮木(stranded driftwood)丰度的变化也被用作北极高纬度区域全新世气候变化的指标,该要素主要原理是夏季温度越高,冰情越轻,木材漂流的可能性就越大,从而丰度越高。大致来说该指标与上述给出的数据一致性较好(图 10.7)。Bradley(1990)使用了该代用资料对伊丽莎白女王群岛(the Queen Elizabeth Islands)全新世的古气候进行了总结,辨别出期间两个基本的气候时期:一是全新世初-中期,主要特征是夏季的温度大于等于当前温度;二是过去的(3500±500)年,特征是夏季温度出现明显下降。Evans 和 England(1992)分析了来自北部Ellesmere 岛的代用数据,也给出了类似的结果。

近期大部分关于加拿大北极高纬地区的全新世温度重构研究主要采用了能够代表夏季气温的生物代用资料,结果显示气温在 10～8.5 ka BP 达到最高(如 Dyke et al.,1996;Savelle et al.,2000;Kaufman et al.,2004;Briner et al.,2006;Peros and Gajewski,2008;Vare et al.,2009)。这明显早于上一节中基于冰芯和漂流浮木放射性碳得出的结论。在加拿大北极地区西部[维多利亚岛(Victoria Island)],Peros 和 Gajewski(2008)根据 KR02 湖的花粉记录第一次给出了该区域的全新世中 7 月的气温历史重构,结果表明最高温度约为 6℃,时间出现在8.7～9.7 ka BP;并在小冰期(Little Ice Age)内逐渐下降至 4.5℃。另外,在加拿大北极高纬地区东部(巴芬岛东北部),通过摇蚊代用数据推断出 7 月温度在这一时期能达到约 10℃(见Briner 等(2006)的图 8)。Kaufman 等(2004)综合分析了 10.1 小节中提到的各类代用数据发现,加拿大北极高纬地区冰河期之后的增暖主要集中在10~8 kaBP。也正如10.1节中所提到的,许多论文分析了自全新世中期(6 ka BP)至当前的温度变化情况(Kaplan et al.,2003；Sundqvist et al.,2010；Zhang et al.,2010；Berger et al.,2013)。根据 Sundqvist 等(2010)主要利用花粉记录给出的重构数据来看(文中表1),这一时期内加拿大北极群岛的平均温度出现了小幅的下降,达到0.3~0.4℃。同时,不同研究人员通过模型计算给出的该时期内的夏季温度存在差异,Kaplan 等(2003)的结果为0~2℃,而 Zhang 等(2010)和 Berger 等(2013)的结果为1~2℃。冬季的情况更加复杂,日本的模型 MRI-OA 和 MIROC-ESM 对全新世中期的模拟分别比当前气温偏高(0.5℃以内)和偏低(1~3℃)；其他的一些隶属于古气候模拟相互验证计划[the Paleoclimate Modelling Intercomparison Project,详见 Zhang 等(2010)或 Berger 等(2013)]的模型如 FOAM-OA 和 HadGEM2-ES 分别偏高0.5~2℃和1~3℃[详见 Zhang 等(2010)的图6和 Berger 等(2013)的图12]。

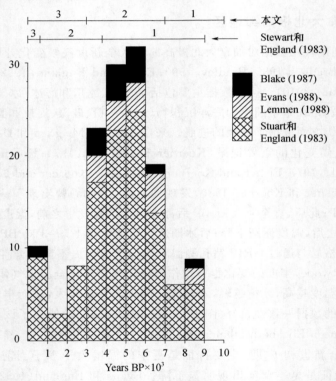

图10.7　来自加拿大和格陵兰岛的北极高纬地区浮木放射性碳的分布图(Evans 和 England,1992)。数据来自于 Stewart 和 England(1983),Evans(1988),Lemmen(1988),以及 Blake(1987)。图片上方的数字1、2和3对应着浮木丰度存在显著差异的三个阶段

10.1.3　欧亚北极地区

10.1.3.1　海洋区域(包括岛屿)

格陵兰冰盖和加拿大北极高纬地区代表了典型的大陆性气候,而欧亚北极地区的岛屿是北极地区海洋性气候最强的部分；这些岛屿包括了从斯瓦尔巴到北地群岛,且海洋性气候特征在斯瓦尔巴岛上尤其明显。目前,研究人员在斯瓦尔巴、法兰士约瑟夫地群岛和北地群岛上已经采样了一些冰芯并进行了分析,但其中大多数冰芯并不能覆盖最近的千年情况(Tarussov,

1988，1992；Vaikmäe，1990）。只有来自瓦维洛夫（Vavilov）冰穹顶（北地群岛）的冰芯提供了几乎整个全新世的代用数据（图 10.8）。但是由于基于冰芯的年代测定存在一些不确定性，冰龄会出现显著的高估，这种现象甚至出现在冰芯剖面的靠上部分（Tarussov，1992）。Tarussov进一步指出，同一冰芯中的氯化物和 $\delta^{18}O$ 之间没有相关性，这一奇怪的现象也说明利用冰芯进行测定是存在问题的。对过去利用地貌和冰川信息研究得到的全新世内的斯瓦尔巴、新地群岛、法兰士约瑟夫地群岛和北地群岛的冰川增长和衰退历史（如 Bazhev and Bazheva，1968；Szupryczyński，1968；Grossvald，1973；Baranowski，1977b；Werner，1993；Lubinski et al.，1999），以及利用冰芯分析研究得到的这些区域近千年的历史（Vaikmäe and Punning，1982；Tarussov，1988，1992；Vaikmäe，1990）进行总结，我们可以得到结论即该区域内气候变化的情况具有较好的一致性；其他的代用数据也证实了这一观点（Andreev and Klimanov，2000；Sarnthein et al.，2003；Miller et al.，2010；Melles et al.，2012）。因此，下文中对该区域全新世气候变化历史的描述主要采用了来自斯瓦尔巴群岛的数据，这些研究结论也得到学术界的广泛认可。

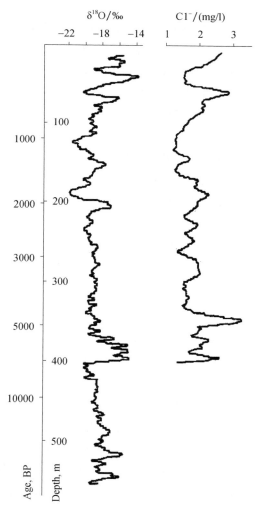

图 10.8　北地群岛冰芯中的 $\delta^{18}O$ 和 Cl^- 浓度的变化（Vaikmäe，1990）

Werner(1993)回顾了目前对全新世斯瓦尔巴气候变化的认识,并率先给出了斯匹次卑尔根中部和北部的全新世冰碛年表,发现该区域存在多个新冰期发展的证据。零碎的冰碛记录证明了两段小冰河期的发展和两段较长的新冰川期的发展;其中最早的冰碛固化在约1.5 ka BP,另外一组冰碛则在约1.0 ka BP。根据 Werner(1993)的说法,第一组冰碛可能对应于3.5～2.0 ka BP的冰川发展,这个观点也得到诸多学者认同(如 Szupryczyński,1968;Baranowski,1975,1977a,b;Baranowski and Karlén,1976;Punning et al.,1976;Lindner et al.,1982;Niewiarowski,1982;Marks,1983)。但是冰碛研究给出的位于1.0 ka BP的冰川发展证据并没能在南斯匹次卑尔根岛的地层学研究中被识别出来。Werner(1993)提出的冰碛年表与斯匹次卑尔根群岛的其他气候代用记录一致性很好,其文中图10也进行了总结;气候适宜期发生在7～4 ka BP,与格陵兰和加拿大北极地区的代用数据给出的结果一致。在此期间,减少的海冰(Haggblom,1982)使得局地花粉量(Hyvarinen,1972)及适应较暖温度的海洋软体动物的数量增多(Feyling-Hanssen and Olsson,1960);也没有任何迹象表明存在冰川的发展。代用气候记录进一步给出了全新世晚期(4～2 ka BP)气候恶化的证据。再往后的1000a里,海冰和冰川的记录证明了气候的部分回暖,这一迹象与 GRIP 钻孔测温重构的结果[图10.4(b)]非常接近。Svendsen 和 Mangerud(1997)对西斯匹次卑尔根的冰川前缘湖泊 Linnévatnet 的沉积岩芯进行了测量,获得了与其他数据近似的全新世气候变化历史。但是该资料也显示全新世早期的增暖幅度与全新世中期接近,这一发现与 Salvingsen 等(1992)和 Salvingsen(2002)提供的证据一致。根据 Svendsen 和 Mangerud(1997)的研究,全新世早期和中期的夏季气温都比当前高出1.5～2.5℃,比 Birks(1991)的研究结果(1～2℃)略高;后者主要通过分析 Skardtjønn 湖(Linnévatnet 湖以南8 km处)钻芯采样到的植物大化石分析得到。通过对熊岛上的湖泊(Wohlfarth et al.,1995)和海洋(Sarnthein et al.,2003)沉积物进行钻芯采样,研究人员也给出了斯匹次卑尔根岛在全新世早期(10～8 ka BP)的大增温重构历史。Wohlfarth 等(1995)分析了昆虫数据(鞘翅目化石),认为该地全新世早期的气候与当前相比更具大陆性,夏季(7月)气温高出4～5℃,冬季(1月)气温低5～6℃。Sarnthein 等(2003)也给出证据认为,熊岛附近的西斯匹次卑尔根流温度比当前高4～5℃。

10.1.3.2 大陆部分

近年来,根据对不同代用数据的分析,很多研究给出了俄罗斯北极地区大陆部分的全新世气候变化历史(如 Koshkarova,1995;Andreev and Klimanov,2000;MacDonald et al.,2000;Andreev et al.,2002,2003;de Vernal et al.,2005;Miller et al.,2010;Sundqvist et al.,2010;Melles et al.,2012),也有一些研究利用了模拟的方法给出结论(如 Kaplan et al.,2003;Zhang et al.,2010;Berger et al.,2013)。对沿海和内陆地区而言,HTM 期间夏季温度异常(相对于当前的温度)的定量评估结果为1～3℃,增暖最强出现在全新世的早期(10～9 ka BP)(Andreev and Klimanov,2000;Miller et al.,2010)。另外,非沿海地区最暖的时期发生在大西洋期(Atlantic period)的后半段(6～4.5 ka BP);冬季(1月)、夏季(7月)和年平均气温较当前高出2～4℃(Andreev and Klimanov,2000)。楚科奇海的海表气温在全新世6～2.5 ka BP 是最温暖的,温度为2～5℃(见 de Vernal 等(2005)的图7)。通过模式计算,

在加拿大北极地区,全新世中期与当前的夏季气温差异并不大,为 0～2℃(Kaplan et al.,
2003)或 1～2℃(Zhang et al.,2010;Berger et al.,2013)。而冬季模型计算之间的差异更小,
只有 0.0±2℃(Kaplan et al.,2003;Zhang et al.,2010;Berger et al.,2013),且大多数模式给
出的皆为正异常。

总结欧亚北极地区代用资料给出的信息,我们能够得到以下几点结论:一是除了在全新世
早期和大约 2 ka BP 的时期,至 1 ka BP 之前的全新世气温普遍高于当前。二是气候适宜期在
欧亚北极地区的海洋上发生在 10～8 ka BP 阶段,气温比当前高出 1～3℃;在陆地上发生在约
6～4.5 ka BP 阶段,气温比当前高出 2～4℃。三是 4～2 ka BP 出现了温度的下降,最低出现
在 2 ka BP。随后又开始回暖,温度最大值出现在公元 900—1000 年。四是整个北极,包括挪
威和格陵兰海的边界区域[冰岛、扬马延和斯堪的纳维亚半岛(Scandinavia)]都呈现出非常相
近的气候变化趋势(Werner,1993)。

10.2　1～0.1 ka BP 时期

在过去 1000a 的气候历史上,大致可以划分三个时期,即中世纪暖期(the Medieval Warm
Perio,MWP)、小冰期(the Little Ice Age,LIA)和当代全球变暖(the Contemporary Global
Warming,CGW)。关于 CGW,下一章中将给出具体描述。对于前两个时期,代用数据到底能
告诉我们什么? 冰芯可能是最好的信息来源,但其他代用数据,特别是湖纹层(laminated la-
custrine)或海洋沉积物正变得愈发重要。

10.2.1　Greenland 格陵兰岛

格陵兰岛冰盖提供了整个北极最好的冰芯分析条件。20 世纪 90 年代上半叶,两根最
长的冰芯(GRIP 和 GISP2)在格陵兰中部的 Summit 被钻取;同期还在横穿北格陵兰的路线
上钻取了 13 条较浅的冰芯,能够覆盖过去 500～1000a 的历史。此外,正如上一节所提到
的,钻孔温度测量也帮助重构了 GRIP 和 Dye 3 区域的地表温度历史。这里我们先从代用
数据的分析开始,给出平均的气候历史。钻孔测温证实了格陵兰岛上曾发生了 MWP 和
LIA 事件。上一节也提到,MWP 发生在格陵兰的时间要早于世界上的其他地区(这也是维
京人在格陵兰南部建立定居点的客观因素)。最暖的时期集中在 900—1000aA.D.,但增暖
实际开始于公元 500—600 年,结束于约公元 1200 年[图 10.5(c)]。从图 10.5 中可以看
到,该时期格陵兰岛的温度比当前高出 1℃,温度高于当前情况的时间段从公元 200 年一直
持续到公元 1300 年。从冰累积率上也能清晰反映 MWP 的发生(图 10.2),其反映的暖期
持续时间与钻孔测温的结果相同,但最大冰累积量发生在公元 800 年附近。此外,冰累积
率的次大值与公元 900—1000 年的最暖时期对应关系良好。公元 620—1150 年的平均冰
累积计率为每年 0.26 m,较全新世平均值高出 8%,也是过去的 12 ka BP 中最高的速率。在
格陵兰岛沿海地区,根据 Lamb(1977)提供的代用数据显示,MWP 于公元 800 年开始;但该
代用数据精度相对欠缺。同时由于格陵兰岛各个区域对目前决定气候变化的因素有较为
一致的响应(Przybylak,1996,2000),所以沿海地区 MWP 的开始时间理应也在公元 600 年
左右。根据主要来自欧洲西北部的历史记录显示,MWP 的发生在公元 800—1300 年

(Lamb,1977;Houghton et al. ,1990,1996),这比格陵兰上 GISP2 记录到的时间要晚 200a 左右。

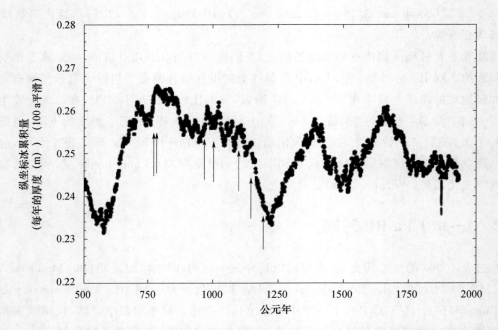

图 10.9　公元 500 年至今 GISP2 冰芯中的冰累积量(100a 平滑)的变化,箭头指示的是冰芯中肉眼可以识别的融化层的位置。该图再版自下文,并获得了作者的同意:Meese D A,Gow A J,Grootes P,Mayewski P A,Ram M,Stuiver M,Taylor K C,Waddington E D,Zielinski G A. The accumulation record from the GISP2 core as an indicator of climate change throughout the Holocene. *Science*,266:1680-1682. Copyright 1994 A-merican Association for the Advancement of Science

　　关于 LIA,目前各类文献中都没有对其作出较好的定义。早期的观点主要基于低分辨率的代用数据,其认为 LIA 是一个长期持续的冷期,范围为公元 1200—1800 年或 1350—1900 年(Lamb,1977,1984;Starkel,1984;Grove,1988)。但新出现的高分辨率数据表明这种观点是错误的,尽管这一时期的气候在大部分时间中都较为寒冷,但经历了从寒冷转至温暖和从温暖转至寒冷的显著波动;从图 10.5、图 10.9、图 10.10 和图 10.11 可以看到格陵兰 LIA 时期的气候变化。格陵兰北部 GRIP 的重构温度和平均同位素记录(图 10.5 和图 10.10)清楚地表明格陵兰存在着一个 LIA;LIA 从公元 1400 年持续至 1900 年,除了公元 1700 年前后的几十年以外,其余时间的格陵兰气温都要低于当前。Dahl-Jensen 等(1998)区分出了两段冷期,分别处于公元 1550 年和 1850 年前后,气温分别比当前低 0.5℃和 0.7℃。根据格陵兰北部的平均同位素记录(图 10.10)显示,LIA 在该地区的结束时间相对较早,约在公元 1850 年。而同一地区的 Camp Century 处覆盖历史更长的氧同位素记录表明[Johnsen 等(1970)的图 1],LIA 开始时间与格陵兰中部接近,为公元 1400 年左右;期间也出现了两个显著的温度最低值,但时间与上述有所不同,分别位于公元 1680 年和公元 1820—1830 年前后,温度比当前低了约 1℃(图 10.10)。最终,这段从公元 1600 年持续至 1850 年的冷期在 18 世纪的下半叶终止。此外,来自 GISP2 的冰累积记录(图 10.9 和图 10.11)未能清晰地给出格陵兰上曾出现过 LIA;但该类型数据的可靠性相对较低,因为在较短时间尺度上(LIA),降水(冰累积)和温度(δ^{18}O)之间的相关性不如在较长时间尺度上(全新世)的结果那么好(Meese et al.,1994)。Przybylak (1996)在仪器观测的基础上发现,无论是较暖还是较冷的时期,北极降水都会出现偏高或偏低的现象。因此我们可以看到,尽管过去 800a 的平均降水量要比正常情况略高 3%,但降水量在十年或百年尺度上仍存在显著的变率(图 10.10)。然而令人惊讶的是,冰累积的变化与 GRIP 钻孔测温的结果非常吻合;存在的最大差异主要在于一是首次冰累积最小值的发生比最低温度早 100a 左右,二是冰累积在公元 1850 年之后没有显示出任何上升的趋势。

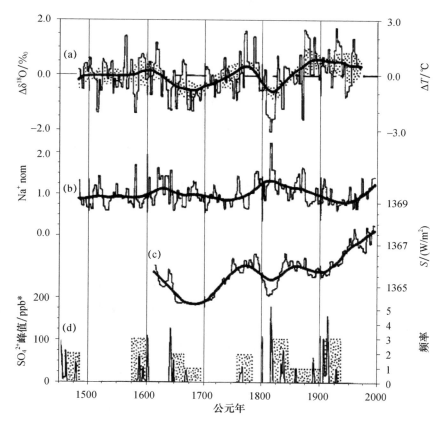

图 10.10　(a)B18、B21 和 B29 冰芯中的同位素堆叠记录,时间覆盖 1480～1969 年。细线代表 3a 平均值,粗线和点状阴影分别代表减去冰芯平均值并经过样条插值后的均值和标准差;(b)B16、B18 和 B21 中的 Na$^+$ 浓度堆叠记录。考虑到每个冰芯中由于钻取地点海拔不同导致的绝对海盐水平的差异,对每个单独冰芯中的 Na$^+$ 浓度进行了标准化;(c)1612—1913 年的太阳辐照度重构资料(Lean et al.,1995);(d)叠加在背景场(细线)之上的 SO$_4^{2+}$ 浓度(细线)和每 30a 间隔内的频率分布(下方的点状柱体),该数据由 B21 冰芯中逐年的同温层中的火山层分析获得。图片来自于 Fischer 等(1998)

---

* 1 ppb＝10^{-9}

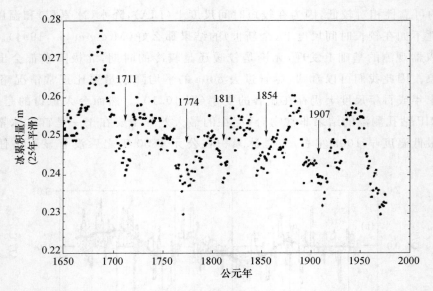

图 10.11　(a)公元 1650 年至今 GISP2 冰芯中的冰累积量(25 年平滑)的变化,箭头上标记的时间是格陵兰或其他地方记录到的与冰川增长或冷期发生相关的冰累积量减少的年份(Grove,1988)。该图再版自下文,并获得了作者的同意:Meese D A,Gow A J,Grootes P,Mayewski PA,Ram M,Stuiver M,Taylor K C,Waddington E D,Zielinski G A. The accumulation record from the GISP2 core as an indicator of climate change throughout the Holocene. *Science*,266:1680-1682. (Copyright 1994 American Association for the Advance ment of Science)

10.2.2　加拿大北极高纬地区

关于冰芯研究的综述(如 Koerner and Fisher,1981;Bradley,1990;Koerner,1992)表明,在加拿大北极地区的全新世时期,特别是过去的 2000～3000a,很难辨别出 MWP 的发生。大多数研究认为气温从 3000—2000 aBP 开始稳步下降,直至 LIA 时期的到来。冰川地质记录(Blake,1981,1989)及泥炭、浮木、鲸骨、花粉和软体动物研究(Blake,1975;Dyke and Morris,1990;Dyke et al. ,1996,1997;Peros and Gajewski,2008)也证实了这一观点。

然而,近期的一些研究表明 MWP 可能存在于公元 1100—1400 年(Koerner,1999;Besonen et al. ,2008)。Koerner(1999)给出的 δ^{18}O 记录显示,在公元 1200—1250 年和 1350—1400 年出现了升温,从而推断 MWP 可能发生在公元 1200—1400 年(图 10.12)。另外,Besonen 等(2008)分析了下梅里湖(Lower Murray,埃尔斯米尔岛北部)的湖泊纹泥,发现 12 世纪初和 13 世纪末的夏季气温与近几十年来相当。

对于 LIA 而言,现有的代用数据能够很清晰地显示其发生的历史,特别是在那些受融化过程显著影响区域的冰芯中尤其明显(图 10.13)。例如,加拿大北极高纬地区(德文岛和埃尔斯米尔岛)的冰芯记录(图 10.12 和图 10.13)显示,LIA 发生在公元 1400—1500 年至 1900 年。但是根据 Bradley(1990)的综述,大多数研究人员认为 LIA 很可能发生在 16 世纪中期。在 16 世纪中期及公元 1780 年前后很短的一段时间内,只有德文岛的冰盖融化高于正常值;同时同位素记录显示气候在长期平均值附近出现了波动;但总体而言,冷期主导了这一时期应是毫无疑问的(图 10.12)。LIA 期间最暖的时间段发生在 15 世纪中叶,同样的现象可以在 Agassiz 冰盖上发现[图 10.13(2)]。

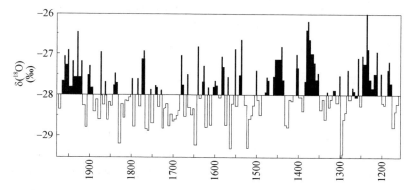

图 10.12　德文岛冰盖上过去 800a 的氧同位素（δ，5 年平均值）的
变化（Alt，1985；Alt 等（1992）进行了修改）

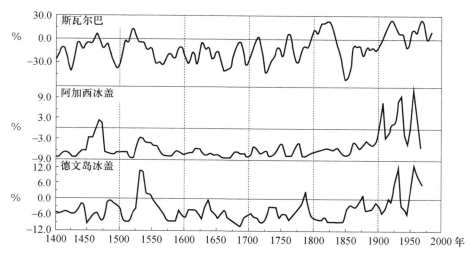

图 10.13　夏季气温异常的重构结果，(1)斯瓦尔巴，(2)阿加西冰盖，(3)德文岛冰盖；异常值为减去各自在
1860—1959 年的平均值计算获得。斯瓦尔巴处的记录基于罗蒙诺索夫(Lomonosov)冰盖的夏季融化记录
得到(Spitsbergen-Tarussov，1992)；阿加西冰盖(北埃尔斯米尔岛)和德文岛冰盖序列为冰芯研究获得(Ko-
erner，1977a；Koerner and Fisher，1990)。所有这些记录都显示冰芯区域受融化过程影响，从偏离
平均值的程度上得以反映(Bradley and Jones，1993)

公元 1600 年前后出现的温度最大值（并不算显著较高）很快被多个短暂的冷期打破，因此
未能找到该期间夏季融化的相关记录。过去 4 个世纪收集的其他代用数据（详见 Overpeck 等
(1997)的图 2），包括湖泊沉积物和树木年轮记录，清晰地显示 LIA 存在于公元 1850—1900 年
之前。根据 18—19 世纪 Hudson Buy 公司收集的来自遥远贸易站的数据档案（如 Moodie and
Catchpole，1975；Wilson，1988，1992；Ball，1983，1992；Catchpole，1985，1992a，b），也能证实
LIA 确实在此期间发生在加拿大北极地区。因此，所有这些研究都清楚地证实了 19 世纪早期
异常寒冷的气候。Besonen 等(2008)的研究表明，除了 19 世纪早期气候寒冷以外，整个 18 世
纪的气候皆是如此。Bradley(1990)综合利用了伊丽莎白女王群岛的代用数据，认为 LIA 在
400—100 aBP 尤其强盛。同时他进一步提到，这一时期"可能是整个全新世中最冷的时期"。
但是，Evans 和 England(1992)发现没有任何较好的地貌数据能够证实 LIA 曾在埃尔斯米尔岛北部存在过。但他们也补充道,一些尚未被标定的冰川的发展迹象可能能够反映全新世中期及 LIA 的存在;如桑德尔(Sandar)处冰水沉积平原中的冰楔多边形的形成和破坏分别表明了融化水释放的减少和增加,这也与 LIA 和近期的增暖有关。

10.2.3 欧亚北极地区

10.2.3.1 海洋部分(包括岛屿)

对于欧亚北极地区,最佳的代用资料在斯瓦尔巴群岛被发现,该区域的气候历史主要是利用该代用资料来呈现的。针对该区域全新世气候的已有研究(如 Tarussov,1992;Werner,1993;Svendsen and Mangerud,1997)普遍认为,MWP 并未出现;但大部分研究都表明气候恶化发生在全新世晚期(10.1 节),始于约 4000 aBP 左右(Werner,1993)或 3000 aBP 左右(Tarussov,1992),一直持续到 LIA 的发生(Werner,1993)或 9 世纪(Tarussov,1992)。然而,也有一些研究表明,公元 600—1100 年有暖期出现(如 Baranowski and Karlén,1976;Baranowski,1977b;Haggblom,1982;Svendsen and Mangerud,1997;Guilizzoni et al.,2006)。例如,Svendsen 和 Mangerud(1997)分析了 Linnevatnet 湖的湖盆沉积,发现冰川的最大值分别发生在 2800—2900 aBP、2400—2500 aBP、1500—1600 aBP 及 LIA 期间;而较温暖的气候就盛行于这些冷期的间隔之中。Baranowski(1977b)甚至认为 MWP 可能持续的时间更长,并且比当代更加温暖。还有研究指出,气候在 MWP 和 LIA 之间的过渡时期内(如 12 世纪和 13 世纪上半叶)维持一种常态(Gordiyenko et al.,1981)。结合针对这一区域和前面针对加拿大北极高纬地区的研究结论可以发现,这两个区域全新世晚期的气候历史大致相似;最大的区别在于 MWP 的发生时间和 MWP 期间变暖的程度。看起来 MWP 在欧亚北极地区的岛屿上要比加拿大北极高纬地区更加显著且发生时间更早,有可能与格陵兰上 MWP 的发生时间一致。

对于 LIA,代用数据提供了更清晰的气候历史。在斯瓦尔巴,与格陵兰岛和加拿大北极地区类似,罗蒙诺索夫冰盖和 Grønfjord-Fridtjof 分冰岭(ice divide)的冰芯信息清楚地表明了 LIA 的存在,时间跨度从公元 1300—1400 年至 1900 年。同样,在同位素记录(图 10.14)和夏季融化记录(图 10.13(1))中都能很清楚地看到这一时期的出现。Baranowski(1977b)推断斯匹次卑尔根岛的 LIA 发生在 750—110 aBP;Punning 和 Troitskii(1977)针对岛屿上情况的研究也给出了相似的结论。该区域冰川的最大发展出现在公元 1600 年左右和 1750—1850 年(Ahlmann,1948,1953)。此外,植物代用数据也证实了 LIA 的存在,且 LIA 的峰值出现在17—19 世纪(Surova et al.,1982)。Grossvald(1973)发现,LIA 在法兰士约瑟夫地群岛上始于 14 世纪,结束于公元约 1900 年。Bazhev 和 Bazheva(1968)提到,LIA 在新地群岛发生于 16世纪之后,但他们未能给出关于冰川演变的进一步信息。在斯匹次卑尔根区域内,LIA 中断于16 世纪。显著的变暖在位于较低海拔位置的冰川资料上能够被发现(图 10.14)。但该时间段内,罗蒙诺索夫高原上(海拔 1000 m)暖期和冷期都曾发生。夏季冰雪融化只在 20 世纪的前20 年出现过超出正常范围的情况[图 10.13(1)]。东北地岛(Nordaustlandet)的 LIA 发生与上述区域相比(公元 1600 年)存在显著的推迟现象(图 10.14)。在公元 1200—1500 年,斯匹次卑尔根和东北地岛之间的冰川气候存在非常显著的时间非同步性,但它们都反映出 LIA 的巅峰时期发生在 17 世纪和 19 世纪之间。LIA 期间也会有一些较暖的阶段出现,如 19 世纪前 20 年,在罗蒙诺索夫高原上出现了惊人的夏季融化,而此时的加拿大北极地区和格陵兰却是恶劣气候盛行。这种在北极不同区域出现的气温趋势完全相反的现象在当前也正在发生着(Przybylak,1997b)。同位素资料反映出来的 LIA 期间的气温略低于正常水平,但明显高于 19 世纪中期。19 世纪中期的同位素数据与夏季融化之间的对应关系非常一致,但同位素的变化幅度显著受到融化过程的影响(图 10.13 和图 10.14)。斯瓦尔巴群岛上异常寒冷的气候条件导致了冰川的显著发展,因此 LIA 期间的冰碛广泛分布并被良好地保存下来(如 Szupryczyński,1968;Liestøl,1969;Niewiarowski,1982;Pȩkala and Repelewska-Pȩkalowa,1990;Werner,1990,1993;Elverhøi et al.,1995;Svendsen and Mangerud,1997)。斯瓦尔巴 19 世纪中期的变冷在 Austfonna[图 10.13(2),东北地岛]处推迟到了 19 世纪和 20 世纪交替之时。Werner(1993)发现了冰碛沉积还发生在约 650 aBP 时间段上。这可能与斯匹次卑尔根北部在公元 1250—1350 年明显的气候恶化有关[见图 10.14(3),罗蒙诺索夫高原]。但是在此期间,斯匹次卑尔根的南部和东北地岛上的气候却显示出略微增暖的情况。

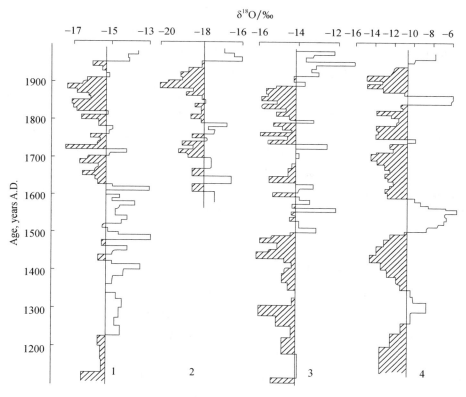

图 10.14　斯瓦尔巴冰芯中的 $\delta^{18}O$ 的变化。
1. Westfonna,2. Austfonna,3. 罗蒙诺索夫高原,4. Grönfjord-Fridtj 分冰岭(Vaikmäe,1990)

10.2.3.2　大陆部分

近几十年来,大量已发表的论文给出了俄罗斯北极大陆北部的气候重构历史(如 Andreev and Klimanov,2000;Andreev et al.,2002,2003;以及他们所引用的文献)。这些研究揭示了 MWP 在此处发生在约公元 1000 年附近,这也与北极其他众多的区域基本一致(Miller et al.,2010)。MWP 期间,该区域的夏季、冬季及全年气温都比当前高 1~2℃。LIA 则发生在 500—200 aBP,气温比当前低 0~1℃,因此强度没有 MWP 那么明显。就整个北极而言,正如从我们前面给出的结果大致来看,MWP 发生在公元 1000 年附近,而 LIA 则发生在公元

1300、1400 和 1900 年之间。根据最近的一些研究,冷期被不同时期的或长或短的暖期打破,但这些暖期基本都发生在公元 1800 年之前。大部分代用数据显示北极最寒冷的时期在加拿大北极地区发生在 19 世纪上半叶,在斯瓦尔巴和其他欧亚北极地区(可能)发生在 19 世纪的中期或下半叶。

10.3 0.1 ka 至当前(present)时期

在 4.1 节中提到,对于北极区域的平均气温而言,可靠的估计大约从 1950 年之后才真正出现。但是以往的很多研究也给出了较早期的"北极"区域的平均气温(如 Kelly and Jones,1981a,b,c,d,1982;Kelly et al.,1982;Jones,1985;Alekseev and Svyashchennikov,1991;Dmitriev,1994;Polyakov et al.,2003;Johannessen et al.,2004;van Wijngaarden,2014)。这里"北极"一词用引号引用是因为这些研究实际给出的是特定的纬度带内的温度变化(图 1.1),与本书中的北极定义有显著的不同。真正能够为北极气温变化提供有效信息的站点于 1911 年在格陵兰岛和新地群岛建立,上述研究中使用的其他数据都是来自于亚北极和更低纬度的站点。此外,北极地区的站点覆盖范围非常有限,特别是在 19 世纪站点普遍分布得更偏向低纬地区。Jones(1985)指出,就 65°~85°N 纬度带内的"北极"温度的计算过程而言,其采用的 5°×10° 的资料覆盖率在 1851 年、1874 年和 19 世纪末期分别只有 6%、10% 和 20%。笔者反对使用这些温度序列中的"北极"的定义,因为其不可避免地导致了对北极气温趋势的错误估计。从图 10.15 中可以看出,20 世纪 30 年代北极区域出现了显著的增暖(图中最上方的曲线代表北极真实的情况),但如果将亚北极地区和更低纬度地区的信息放在一起,则该增暖现象会被很大程度地掩盖。同时,在真实的北极区域内并不存在当代增暖的第二个阶段(1975 年之后),而其他的序列上则有该现象的发生;对于整个北半球而言(图中最下方的曲线),第二阶段增暖的现象甚至超过了 20 世纪 30 年代的增暖。

10.3.1 1950 年以前的温度变化

Przybylak(2000)选择了 6 个气象站来阐释北极气温的变化,其中每个站都可以代表其对应的气候区域并且能够给出长时间序列的信息,如图 10.16 所示。格陵兰岛的气温在 1920 年之前略有上升,此后增暖的速度显著增加。这种变化趋势在格陵兰和北极大西洋区域很早就被注意到并被记录(如 Knipovich,1921;Scherhag,1931,1937,1939;Hesselberg and Birke-land,1940;Vize,1940;Weickmann,1942;Lysgaard,1949)。1950 年之前的最高气温出现在 20 世纪 30 年代,比 20 年代前高出 2~5℃。最显著的增温发生在大西洋区域和冬季的北极,平均气温在冬季的局地能够高出 9℃(Przybylak,1996,2002a)。20 世纪 30 年代之后,温度又呈现出显著的下降。

所有的台站数据都显示,20 世纪初和 20 世纪末出现了两次变暖过程。最大的变暖发生在 20 世纪 30 年代,主要由大气环流的变化引起(如 Scherhag,1931;Weickmann,1942;Pet-terssen,1949;Lamb and Johnsson,1959;Girs,1971;Lamb,1977;Lamb and Morth,1978;Kononova,1982;Bengtsson et al.,2004;Overland and Wang,2005a;Wood and Overland,2010),且这种大气环流变化与北大西洋涛动(North Atlantic Oscillation,NAO)存在一定关联。同时,正如 Slonosky 和 Yiou(2001)所提到的,尽管 NAO 指数在 20 世纪 30 年代这十年间与 20 世纪末相当,但这两个时期的温度变化形势不尽相同;比如格陵兰岛西部在 20 世纪

30 年代期间的温度变化形势就与 20 世纪末差异很大(图 10.16)。NAO 及其对北极气候的影响将会在 10.3.3 节中描述。在北极一些地区,两次主要变暖过程的过渡时间内还存在额外的时间更短的变暖过程,如在 20 世纪 50 年代的斯瓦尔巴就曾出现过。另外,在格陵兰岛,20 世纪初期的变暖从 20 世纪 30 年代开始一直持续到了 20 世纪 60 年代。但在阿拉斯加,20 世纪早期的增暖现象就没有上述区域那么显著了。

此外,北极气温变化的空间一致性在 20 世纪 50 年代之前要比之后更显著(图 10.16)。

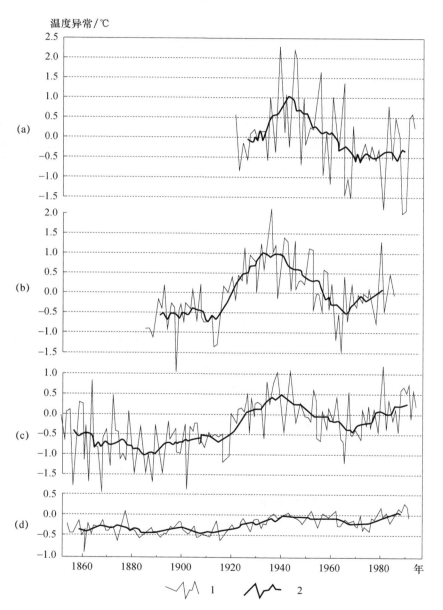

图 10.15　不同区域的年平均气温异常(1,实线)和 5a 平均气温异常(2,粗实线)。(a)70°~85°N(Dmitriev,1994),(b)65°~85°N(Alekseev and Svyashchennikov,1991),(c)60°~90°N(Jones,1995,通过个人交流获得),(d)0°~90°N(Jones,1994)

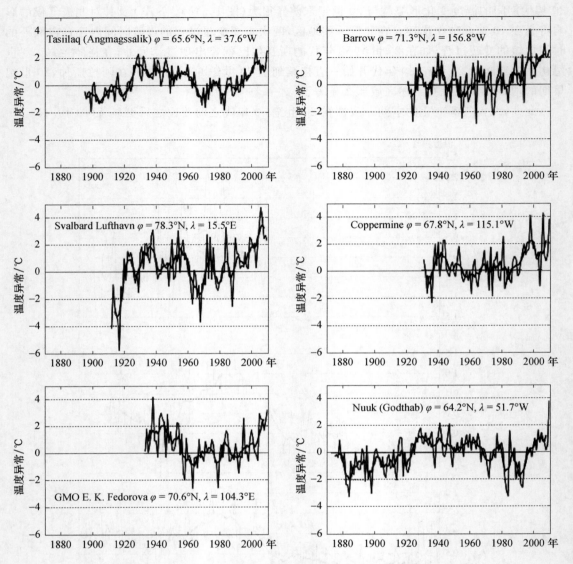

图 10.16　1951—1990 年北极多个站点的年平均气温异常(实线)和 5a 平均
气温异常(粗实线)(更新于 Przybylak,2000)

10.3.2　1950 年之后的气温变化

Przybylak(1996,1997a,2002a)和 Przybylak(2000)利用 33～35 个站点的观测资料分别对 1951—1990 年及 1951—1995 年的北极气温变化趋势进行了研究,结果显示气温整体上呈下降趋势,但绝大多数站点的趋势结果在统计上并不显著。类似的结果也在其他一些研究中被揭示,如 Chapman 和 Walsh(1993);Kahl 等(1993a,b);Walsh(1995);Born(1996);Førland等(1997)等。通过 30 个网格区间计算得到的区域季节平均气温和年平均气温[更新自 Jones(1994)]也与上述文献从站点观测中得到的结论有很好的一致性;该数据集给出了除西伯利亚以外的几乎整个北极的情况。这里需要提醒读者的是,该类型数据质量相对气象观测站点数据[如 Przybylak(2000)使用的数据]而言要显著偏低,而且该数据在时间上有间隔。因此,对于北极长期气温变化的特征研究使用站点观测数据更为合适。

Przybylak(2000)比较了这些利用站点资料和网格资料计算得到的结果,比对结果表明季节性和年度气温变化的趋势大致是一致的,但冬季和秋季的一致性相对较差;夏季的相关系数 $r=0.90$,春季为 0.82,秋季为 0.66 而冬季最差为 0.55;全年平均为 0.74;相关性在统计上都超过了 0.001 的显著性水平。

在"当代气温变暖的第二阶段(1975 年之后)",北极气温呈现出小幅度上升的趋势。但是相对在此期间整个北半球(包括陆地和海洋)的增暖程度,却只达到其 1/4。该结论可以从 Przybylak(2000)针对 1976—1995 年气温变化的研究中看到。这些研究结论不免让人起疑,为何在此期间北极没有出现显著的增温? Przybylak(1996,2000,2002a)的研究给出了如下解释:

一是北极的气候系统含有大量的水、海冰、陆冰,因此具有相当大的惯性,对外界的响应也具有迟滞性。我们可以把北极类比成一个巨型冷库,若要使这样的一个冷库发生增温,则必须提供比偏低纬度地区升温更多的能量。这就意味着辐射强迫增加造成的气候变暖在极地发生得更晚。这一观点与通常认为的观点(辐射强迫导致的增暖在极地发生得更早)矛盾,但与 Aleksandrov 和 Lubarski(1988)的研究结论一致。通过对观测结果的分析,Aleksandrov 和 Lubarski 发现,在全球变暖阶段,北极地区气温的升高比低纬度地区晚。但在全球变冷阶段,情况却完全相反。有读者可能会说对于 1920—1940 年的增暖,北极发生的时间比世界其他地区要早。但这并不矛盾,主要是因为后者变暖的主要原因是大气环流的变化,所以气候对其响应得非常迅速。北极气候系统的强大惯性也显著延迟了气候系统的正反馈机制(如海冰-反照率-温度反馈),这些机制也在温室效应造成的北极增暖进程中起到显著的作用。

二是自然因素(主要是大气环流的变化)导致的北极变冷会大大减少或完全消除温室效应造成的变暖。基于 Vangengeim-Girs 的类型学(Girs,1948,1971,1981;Vangengeim,1952;Barry and Perry,1973),Przybylak(1996,2002a)研究表明,自 20 世纪 70 年代中期以来,纬向大型环流(W)的发生频率显著增加,东型大型环流(E)的发生频率下降。前者能够造成北极的负温度异常,后者则相反。其他的自然因素也会导致北极的变冷,如 Stanhill(1995)发现,自 1957 年之后太阳辐照度出现了统计上的显著下降,太阳活跃程度下降,而长期的变冷也在此时发生。Voskresenskiy 等(1991)也发现北极气温的下降发生在太阳活跃程度较低的时间段。

三是人为的硫酸盐气溶胶浓度上升会给北极气候带来影响。Santer 等(1995)发现,在北极绝大多数区域自前工业化时代起硫酸盐气溶胶造成的反温室气体效应要比 CO_2 上升所产生的温室效应更强。

四是以上所有影响因素的共同作用。

由于北极的显著变暖,"当代气温变暖的第二阶段"内气温变化的趋势自 20 世纪 90 年代中期之后迅速改变,并一直持续到现在(Przybylak,2007)。Przybylak(2002a)利用了 46 个观测站(37 个来自北极,9 个来自亚北极)的数据进行研究,发现最显著的增暖发生在加拿大北极地区和阿拉斯加,这些区域 5a 的温度异常比 1951—1990 年的平均气温高出 1~2℃。挪威北极地区也发生了显著的变暖,俄罗斯北极地区和格陵兰岛西海岸的变暖程度最弱。对于大多数观测站而言,1996—2000 年这 5a 间的增暖是自 1951 年以来最强的。加拿大北极地区的所有站点及太平洋区域的大多数监测站点也都呈现出这种状况。对于北极其他地区,增暖最显著的 5a 通常也是从 20 世纪 50 年代开始的。Przybylak(2007)将研究数据更新到 2005 年,发现上述变化趋势(包括季节和年平均气温的时空分布)仍在延续。对 1995—2005 年这 11a 进行分析后,Przybylak 发现这一时期北极地区出现了剧烈的变暖(与 1951—1990 年平均值相比,高出 1℃ 多)。最明显的变暖发生在秋季和春季,为 1.3～1.5℃;而夏季相对最小,为 0.7℃。1995—2005 年最显著的变暖发生在太平洋和加拿大地区,为 1.3～1.5℃;气温增幅在西伯利亚地区最小,为 0.82℃。根据 Przybylak(2007)的说法,该分析时段北极发生了至少是 17 世纪以来最温暖的变暖。特别需要提到的是,2005 年的异常增暖相较 1951—1990 年的平均值高出 2℃,超越了 1938 年成为 20 世纪最温暖的一年。

本书将给出 1951—1990 年和 1991—2010 年关于气温变化的多方面分析(表 10.2,图 10.17～图 10.22)。1991—2010 年的年平均气温与 1951—1990 年的平均状态相比,在加拿大北极地区西北部和东北部及阿拉斯加北部海岸都呈现出最显著的增温,超过了 1.5℃(图 10.17);斯瓦尔巴也呈现出类似的状况。格陵兰岛南部沿海地区和欧亚大陆的变暖幅度略低一些,但也超过 0.5℃。1991—2010 年整个北极的年平均气温上升达到 1.2℃(表 10.2)。对于各个气候区内的平均气温而言,当前的研究显示加拿大北极地区增温最显著,达到 1.3℃;太平洋区和大西洋区也达到了 1.2℃。气温升高最小幅度的区域为巴芬湾区,只有 0.8℃。在所有被分析季节中,1991—2010 年北极的气温皆高于前 40 年(表 10.2,图 10.18)。秋季和春季气温上升最多,分别为 1.4℃ 和 1.3℃;而夏季的升温偏弱,为 0.7℃(表 10.2)。这种变化形势在除了大西洋区以外的所有北极地区都是如此;在大西洋区,最显著的增温出现在冬季和春季,达到 1.5℃;其次才是秋季,为 1.1℃。

表 10.2　1991—2010 年北极季节和年平均气温(℃)相对于 1951—1990 年平均值的异常。加粗的数字代表 20 a 间最低的异常值发生。北极 1. 根据 34 个北极观测站获得的区域平均气温,北极 2.60°～90°N 纬度带的区域平均气温[包含陆地和海洋,根据 Morice 等(2012)的结果修改],北极 3.60°～90°N 纬度带的区域平均气温[只包含陆地,根据 Jones 等(2012)的结果修改],北半球. 北半球区域平均气温[包含陆地和海洋,根据 Jones 等(2012)的结果修改]

区域	冬季	春季	夏季	秋季	年均
大西洋区	1.45	1.38	0.57	1.06	1.12
西伯利亚区	0.61	1.12	0.52	1.61	0.99
太平洋区	0.95	1.42	0.79	1.66	1.23
加拿大区	1.13	1.21	0.82	1.76	1.28
巴芬湾区	0.63	0.77	0.62	0.92	0.79
北极 1	1.12	1.25	0.69	1.43	1.15
北极 2(陆地＋海洋)	0.85	1.05	0.64	0.85	0.86
北极 3(陆地)	1.04	1.23	0.66	1.07	1.01
北半球(陆地＋海洋)	0.86	0.80	0.63	0.67	0.74

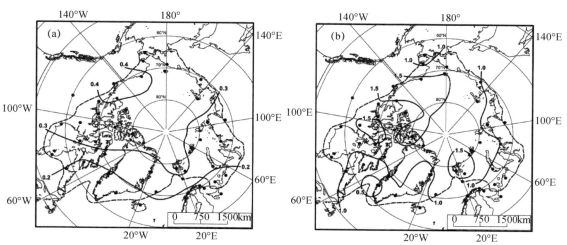

图 10.17　1951—2010 年年平均气温变化趋势的空间分布(℃/10 a,a 图)及 1991—2010 年的年平均气温相对于 1951—1990 年的平均气温的异常(℃,b 图)。北冰洋上的等值线插值来自沿岸的观测站

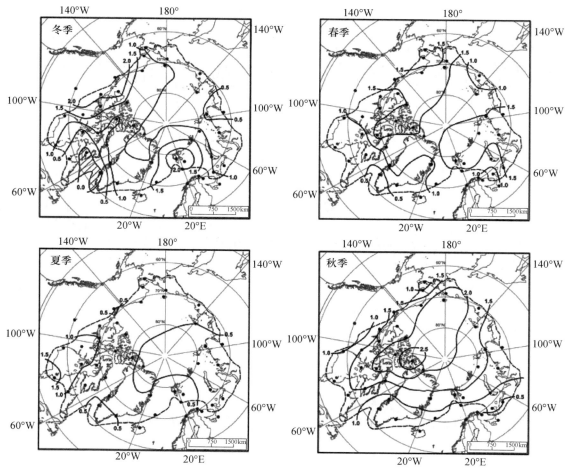

图 10.18　1991—2010 年的季节平均气温相对于 1951—1990 年的季节平均气温的异常(℃)。阴影区为负异常区;北冰洋上的等值线插值来自沿岸的观测站

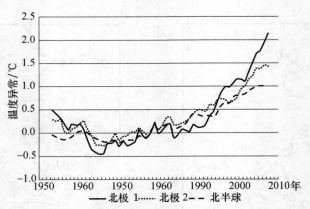

图 10.19 1951—2010 年的年平均温度异常(5a 平滑)的变化。北极 1. 根据 34 个北极观测站获得的区域平均气温;北极 2.60°~90°N 纬度带的区域平均气温[包含陆地和海洋,根据 Morice 等(2012)的结果修改],北半球. 北半球区域平均气温[包含陆地和海洋,根据 Jones 等(2012)的结果修改]

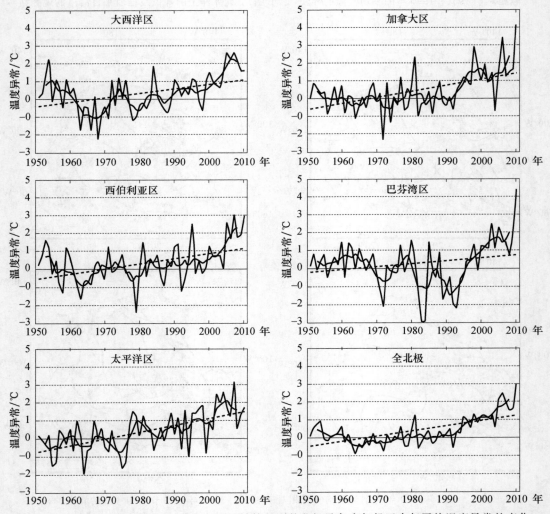

图 10.20 1951—2010 年根据 37 个观测站计算得到的北极及各个气候区内年平均温度异常的变化。实线代表逐年情况,粗实线代表 5 a 平滑后的情况,虚线代表线性拟合后的情况

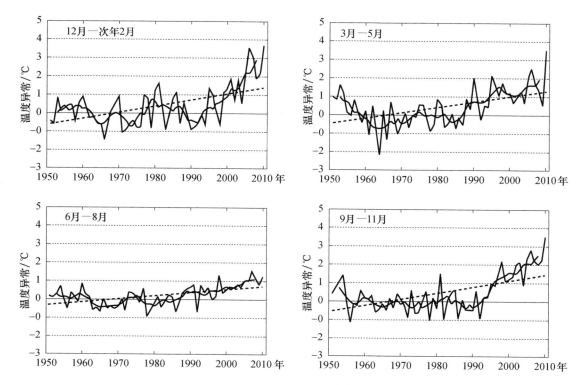

图 10.21　1951—2010 年根据 37 个观测站计算得到的北极季节平均温度异常的变化。
实线代表逐年情况,粗实线代表 5a 平滑后的情况,虚线代表线性拟合后的情况

　　1991—2010 年气温季节性异常的空间分布(图 10.18)充分证明了根据区域平均气温变化计算得出的结论的准确性,即增暖最常见于秋季和春季。与 1981—1990 年的气温异常(见 Przybylak(1996)的图 11 或 Przybylak(2002a)的图 5.5)相比,秋季气温的变化最为显著。气温异常在加拿大北极地区的北部和挪威北极地区尤为突出。这些区域秋季气温在 20 世纪 80 年代间出现负异常,而反观当前为 1~2℃ 的正异常,正异常在加拿大北极群岛东北部甚至更高。大致来说,1991—2010 年,几乎整个北极在所有季节基本都出现了正异常,只有冬季在巴芬湾南部出现了很小的负异常(图 10.18)。20 世纪 90 年代,发生在冬季的变暖比春季和秋季低了几倍(见 Przybylak(2003)的表 10.2)。然而如前所述,冬季气温在 1995 年之后也出现了显著的升高,因而使得整个北极 20a 平均的冬季气温异常仅比春季略低 0.1℃,比秋季略低 0.2℃(表 10.2)。这里必须强调的是,北冰洋在过渡季节中的增温(通常为 1.5~2.5℃)要明显高于冬季的增温(0.8~1.5℃);而在北极较低纬度的许多地方则恰恰相反,特别是在挪威北极地区和加拿大北极地区西北部。夏季,气温异常的空间分布差异最小,通常在 0.5~1.0℃ 不等(图 10.18)。该季节中最大的变暖(>1.0℃)只在加拿大北极地区南部出现。但这些结果与 Chapman 和 Walsh(1993)、Rigor 等(2000)分别针对 1961—1990 年和 1979—1997年的研究给出的结论有很大的不同,他们都认为夏季的北极在此期间没有发生增暖现象。

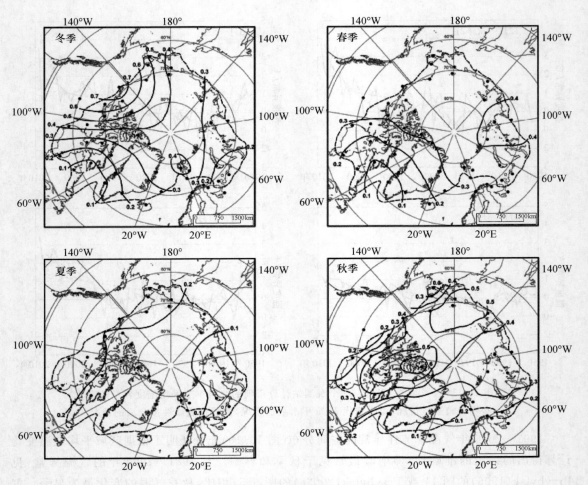

图 10.22　1951—2010 年的季节平均气温的变化趋势的空间分布(℃/10 a)，
北冰洋上的等值线插值来自沿岸的观测站

　　在除冬季以外的所有季节内，1991—2010 年这 20 年间北极(北极 1)气温变化与北半球(陆地＋海洋)气温的变化，以及 60°～90°N(北极 2 和北极 3)纬度带内气温的变化都有密切的关系(表 10.2)。气温异常一致性最高出现在夏天，特别是近年来整个北半球都呈现出变暖趋势。而北极高纬地区(如北极 1)，秋天的变暖是北半球整体秋季平均水平的 2 倍；而年平均变暖也达到了 1.5 倍(表 10.2)。根据陆地网格数据(北极 3)计算得到的温度异常与站点观测到的情况更加一致。从 20 世纪 90 年代中期开始，北极地区的变暖速度已经超越了北半球的整体速度(图 10.19)。这种情况早先也发生在 20 世纪 50 年代，即自 20 年代开始的北极变暖阶段的尾声。21 世纪初十年北极的增温达到甚至超过了 20 世纪 30—40 年代的增温水平(20 世纪内最强增温期)，速度达到略高于北半球平均水平的 2 倍之多。

　　与 1951—1990 年的气温变化[Przybylak(2002a)的表 5.11，图 5.20 和图 5.21]及 1951—2000 年的气温变化[Przybylak(2003)的图 10.19，图 10.20 和图 10.21]相比，21 世纪头 10 年的资料对气温趋势变化的研究产生了深远的影响(图 10.17，图 10.20，图 10.21 和图 10.22)。在 1951—1990 年，北极年平均和季节平均的气温都呈现下降趋势，但只有秋季的气温变化在统计学意义上是显著的。根据年平均气温的变化情况发现，最显著的冷却发生在巴芬湾区(统计学上显著）；在此期间，只有加拿大区、大西洋区和太平洋区的气温呈现上升趋势。但如果在计算过程中将 20 世纪 90 年代的数据考虑其中（1951—2000 年），得到的整个北极或特定区域的平均气温变化趋势则会发生改变[Przybylak(2003)的图 10.19 和图 10.20]，气温的空间分布形式也会发生变化[Przybylak(2003)的图 10.16 和图 10.21]。1951—2000 年，北极（北极1）区域平均气温变化速率为正的 0.08℃/10 a，各个季节内均呈现正的变化趋势[Przybylak(2003)的图 10.20]。气温升高速率的最大值出现在春季，达到 0.15℃/10 a；最小值发生在冬季和夏季，只有 0.04℃/10 a。但这里读者也要注意，季节变化趋势和年均变化趋势在统计上都不显著，且这种变化趋势通常要比北极 2 区域小 2～3 倍。除了春季和秋季，气温的变化趋势也要比 1951—2000 年整个北半球平均的变化趋势低。北半球在该时间段内的气温变化趋势不论是季节内还是年均都超过了 0.001 的显著性水平[Przybylak(2003)的表 10.2]。前面也提到，北极的气温在 21 世纪的前 10 年出现了急剧的上升，与 1951—1990 年的平均气温相比，上升了 1.5～2℃（图 10.19～图 10.21）。因此，1951—2010 年北极所有气候区及整个北极在所有季节内都出现了正的气温变化，且变化趋势均显著（表 10.3）。

1951—2010 年，北极各区域的年平均气温变化趋势都为正（表 10.3，图 10.17）；而对比在 1951—2000 年，加拿大北极地区东南部、巴芬湾区南部及大西洋区西南部和东部为负。气温的最大增幅出现在加拿大北极地区西南部及阿拉斯加，约为 0.4℃/10 a 或更高（图 10.17）；所有的观测站也给出了统计上显著的变化趋势。气温的最低增幅出现在欧洲北极地区西部、巴芬湾南部和格陵兰岛南部，只有不到 0.2℃/10 a。1951—2005 年的变化趋势结果也与上述结果大致一致，具体可以参考 Przybylak(2007)的图 6。

1951—2010 年特定季节内北极气温的变化趋势（图 10.22）证实了前面提到的秋季出现了最显著增暖的现象，在北极东部甚至可以超过 0.5℃/10 a。而大西洋一侧却出现了最低的增暖，小于 0.2℃/10 a。上述两个区域所在的太平洋区和大西洋区平均气温增幅分别为 0.42℃/10 a 和 0.22℃/10 a，且在统计上显著。从表 10.3 和图 10.22 中也可以看到，北极的增温同样也发生在所有季节内。但在某些区域，如巴芬湾南部、格陵兰岛南部（冬季和春季）及除楚科奇半岛以外的俄罗斯北极区域（夏季），增温非常小，只有不到 0.1℃/10 a。对于北冰洋而言，气温在冬季和春节的变化趋势在 0.3～0.4℃/10 a；而夏季在 0.1～0.2℃/10 a（图 10.22）。平均而言，对于所有的气候区，所有季节内温度变化趋势最小的是巴芬湾区，只有秋季出现了统计意义上显著的增温。除冬季的大西洋区和夏季的西伯利亚区以外，其他气候区的气温也都呈现出统计上显著的增长。从表 10.3 中还能看到，根据格点数据计算得到的北极 2 和北极 3 的区域平均气温变化趋势要比根据站点得出的北极 1 的结果偏低，陆地部分格点计算得到的气温变化趋势和北极 1 的趋势一致性明显更高。除夏季外，所有的北极气温变化序列都超过北半球平均的 2 倍以上。此外，北半球气温变化趋势的空间分布大致上与 CO_2 和其他痕量气体的浓度分布一致。因此以上这些结果证明导致近几十年极地放大效应的过程是非常活跃的（更多细节见 Serreze 和 Francis(2006)；Serreze 和 Barry(2011)及他们引用的文献）。

利用 34 个站点资料计算得到的 1976—2010 年的北极局部区域和全北极的季节性和年平均气温变化趋势通常要比 1951—2010 年的更大（表 10.3），如在北极 1 区域就可以达到 2 倍以上；只有在太平洋区出现冬季前者比后者低，夏季两者相当的情况；甚至该区域的两个站点[（诺母（Nome）和科策布（Kotzebue）]在冬季观测到了负的气温变化趋势，诺母站在夏季也观测到了负的气温变化趋势。此外，所有的变化趋势在 1976—2010 年更多地呈现出统计意义上的显著。

表 10.3　北极季节平均和年平均的气温变化趋势(℃/10 a)

区域	变化趋势(℃/10 a)									
	1951—2010 年					1976—2010 年				
	冬季	春季	夏季	秋季	年均	冬季	春季	夏季	秋季	年均
大西洋区	0.29	0.35#	0.13%	0.22*	0.25%	1.12#	0.64%	0.41#	0.66#	0.71#
西伯利亚区	0.24*	0.34%	0.10	0.39%	0.27#	0.42	0.79%	0.38#	1.19#	0.73#
太平洋区	0.44#	0.35#	0.25#	0.42#	0.37#	0.21	0.59	0.25	0.93%	0.48%
加拿大区	0.35%	0.26*	0.20#	0.41#	0.31#	0.59*	0.66*	0.48#	1.02#	0.70#
巴芬湾区	0.18	0.09	0.10	0.19*	0.16	0.83	0.87%	0.61#	0.73#	0.78%
北极 1	0.32#	0.29#	0.17#	0.33#	0.28#	0.71#	0.68#	0.42#	0.88#	0.68#
北极 2(陆地＋海洋)	0.24#	0.29#	0.16#	0.20#	0.22#	0.40#	0.50#	0.39#	0.52#	0.46#
北极 3(陆地)	0.29#	0.34#	0.16#	0.26#	0.26#	0.48#	0.58#	0.39#	0.64#	0.52#
北半球(陆地＋海洋)	0.13#	0.14#	0.11#	0.12#	0.13#	0.36#	0.37#	0.33#	0.38#	0.36#

注:*,%,#分别代表显著性达到 0.05,0.01 和 0.001 的水平,其他注释与表 10.2 相同。

10.3.3　大气环流对温度的影响

近年来的气温变化与大气环流变化之间的关系是密不可分的,特别是大气环流对北极的影响比对较低纬度地区的影响要更加显著这一观点已经广泛得到认同[Alekseev 等(1991)的表 1]。同时,Alekseev 等(1991)发现,每年通过大气和海洋环流从较低纬度输送进入北极的暖平流能够为北极气候系统提供高达一半以上的有效能量,这使得平流作用比辐射通量的作用更加显著。在寒冷且缺乏日照的季节里,这种平流作用极其显著;极夜状态下 95% 的有效能量由大气环流提供,而海洋环流提供了剩余的 5%。Vangengeim(1952,1961)还发现,北极天气过程的变化要比中纬度地区快 1.5 倍,因此可以推断北极对于大气环流的改变(如 AO 和 NAO 驱动下的环流变化)更加敏感和脆弱。

Przybylak(1996,2002a)利用逐日数据检验了北极气温与大气环流之间的关系,发现 1975 年之后大气环流的变化造成了 1976—1990 年的北极降温。例如,1975 年之后中纬度纬向型环流的增强(Kożuchowski,1993;Jönson and Bärring,1994),是造成北极除春季以外其他季节降温的主要原因(表 10.4)。降温在冬半年最为显著,但冬半年内只有秋季在所有气候区出现了降温现象。由纬向指数代表的大气环流变化影响在巴芬湾和加拿大区最为显著,在秋季和冬季具有统计学意义上显著的负相关;而纬向环流增强产生的北半球增暖发生在除夏季以外的其他季节,特别是在冬季和年平均上具有统计上的显著性(表 10.4)。

表 10.4　1951—1990 年北极各区域、北半球各季节的区域平均
气温与纬向指数之间的相关系数(Przybylak,1996)

区域	冬季	春季	夏季	秋季	年度
大西洋区	0.11	0.13	−0.08	−0.01	0.10
西伯利亚区	−0.07	0.25	−0.32	−0.13	0.15
太平洋区	−0.07	0.18	−0.16	−0.06	0.21
加拿大区	−0.40*	−0.11	−0.08	−0.40*	−0.28
巴芬湾区	−0.48**	−0.18	−0.25	−0.55***	−0.46**

续表

区域	冬季	春季	夏季	秋季	年度
北极	−0.31	0.09	−0.14	−0.33*	−0.05
北半球（陆地+海洋）	−0.43**	0.31	−0.06	−0.20	−0.39*

注：*，**，*** 分别代表显著性达到 0.05、0.01 和 0.001 的水平；北极内的区域平均气温由 33～35 个北极观测站计算得到；北半球的区域平均气温数据更新于 Jones(1994)。

在前面的章节中我们提到北极气候与 NAO 之间存在一定的关联，此后北极涛动（Arctic oscillation，AO）这一新的概念又被提出（Thompson and Wallace，1998）。NAO 和 AO 分别是北大西洋和北半球 30 °N 以北大气环流变化的主要形式（Hurrell，1995；Hurrell and van Loon，1997；Thompson and Wallace，1998，2000；Houghton et al.，2001；Mysak，2001；Overland and Wang，2005b；Turner et al.，2007）。NAO/AO 分布形式则是以上提到区域的海平面气压经验正交函数的主要模态。人们普遍认为北-南气团的密集交换与北大西洋上 AO 发生密切相关，这也是 NAO 可以在局地代表 AO 的主要原因（Delworth and Dixon，2000；Mysak，2001）。Deser(2000)发现很难将 AO 与大西洋扇区的 NAO 区分开来，月海平面气压异常的相关系数在 1947—1997 年的 11—次年 4 月达到 0.95。根据 Wang 和 Ikeda(2000)的研究，AO 与 NAO 之间最大的区别在于 AO 在季节尺度上运转，并且与季节尺度的地表气温紧密相关。而 NAO(指数)与冬季、春季和夏季的地表温度异常相关(冬季相关性最强)，但与夏季没有显著相关性。AO 在季节、年际、十年际尺度上与 50 hPa 高度上的大气波动伴随发生，因此正如 Thompson 和 Wallace(1998)所述，"可以将其理解为地表对于上方极涡强度变化的调整信号"。

以上提到的这些大气环流形式显著影响着北极的气候系统。研究者们一方面对 NAO 和 AO 指数之间的关系进行了研究，另一方面也研究了导致它们变化的因素，如地面气温（Hurrell，1995；Hurrell and van Loon，1997；Thompson and Wallace，1998，2000；Przybylak，2000；Rigor et al.，2000；Wang and Ikeda，2000；Broccoli et al.，2001；Slonosky and Yiou，2001；Overland and Wang，2005b）、大气降水（Hurrell and van Loon，1997；Przybylak，2002a，b）及海冰区域、范围和运动（Kwok and Rothrock，1999；Yi et al.，1999；Dickson et al.，2000；Hilmer and Jung，2000；Kwok，2000；Wang and Ikeda，2000；Vinje，2001）。这里以地表气温对这些指数的影响为例，简要给出 Przybylak(2000)和 Rigor 等(2000)的研究结论。

Rigor 等(2000)评估了 AO 对冬季(12—次年 2 月)北极地表气温变化趋势的贡献，发现 AO 在北极 60%～70% 的区域对气温变化有着显著贡献，贡献度能达到 50% 以上［Rigor 等(2000)的图 14d］；两者之间的关系在北极东部尤其紧密，AO 能够对冬季变暖提供高达 74% 的贡献度。而 Thompson 等(2000)的研究表明，AO 的数十年尺度上的变化能够对近期北半球中纬度地区的冬季增暖作出约 30% 的贡献。因此，结合以上观点可以认为 AO 对北极气候的影响要高于其对中纬度地区的影响。

Przybylak(2000)则发现由里斯本(Lisbon)/直布罗陀(Gibraltar)［伊比利亚半岛(Iberian-Peninsula)］和斯蒂基斯霍尔米(Stykkisholmur)/阿库雷里(Akureyri)(冰岛)的标准化后的气压差异计算得到的 NAO 指数（Hurrell，1995；Jones et al.，1997）与北极气温（图 10.23、图 10.24 及图 10.25）之间的关系与它们和纬向指数之间的关系大致上是比较接近的；统计上最显著的区域为巴芬湾和加拿大北极地区(负相关)及大西洋区的南部(正相关)；NAO 指数的变化对气温变化的贡献为 $10\%\sim25\%$。前面提到北大西洋大气环流的变化与气温变化之间存在的这种关系通常在冬季月份达到最强,且不仅仅发生在北极(Hurrell,1995,1996;Jones et al.,1997);特定季节的相关系数也证实了这一观点(图 10.24)。在冬季,巴芬湾和加拿大区都呈现负相关,在巴芬湾的中部这种负的相关性更加显著,NAO 能够对气温变化提供 $40\%\sim50\%$ 的贡献;而统计上的正相关主要出现在大西洋区的东部和西伯利亚区的西部。

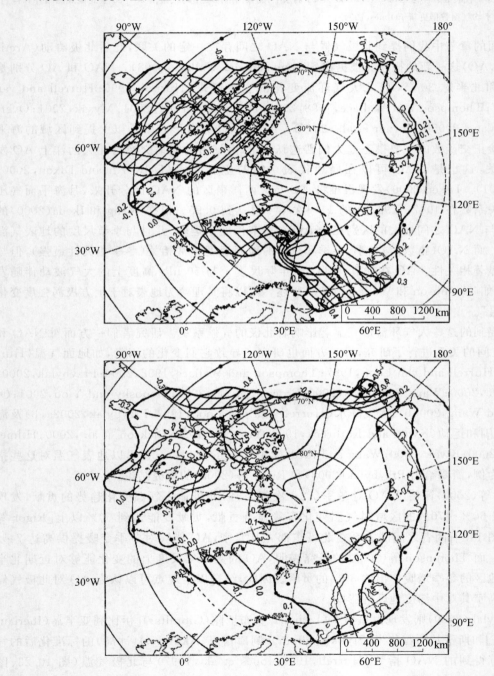

图 10.23　1951—1995 年北极年平均气温与 NAO 指数(上图)及 NP 指数(下图)的相关系数的空间分布 (Przybylak,2000)。相关系数显著的区域以阴影线标记,北冰洋上的等值线插值来自沿岸的观测站

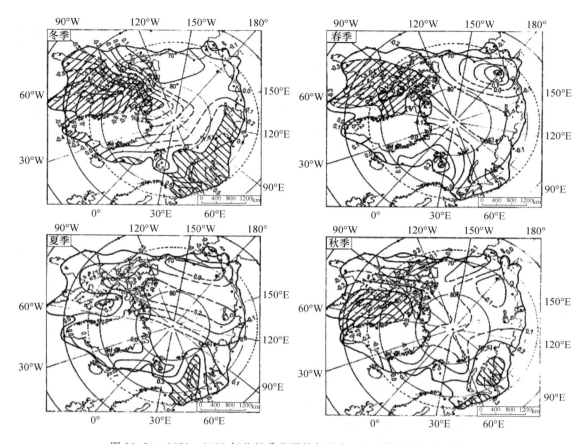

图 10.24　1951—1995 年北极季节平均气温与 NAO 指数的相关系数的
空间分布(Przybylak,2000)。注释与图 10.23 相同

　　在 NAO 正模态的 7 年间和负模态的 7 年间,北极冬季气温的变化与前面提到的结论非常一致(对比图 10.25 和图 10.24)。NAO 指数最强时,对应的较强的变冷在巴芬湾和加拿大北极地区东部发生,变冷幅度分别达到 4～7℃和 1～5℃;而增暖则在大西洋区的南部和东部出现,达到 1～4℃。这些结果也与 Hurrel(1995)的图 3 及 Hurrell(1996)的图 3 相一致。但是根据 Serreze 等(1997)的图 6 中给出的结果发现,发生在较冷季节气旋事件中的 NAO 指数却在下降,这很难解释巴伦支海和喀拉海区域的增暖。Dickson 等(1997,2000)的研究却给出了原因,他们发现"伴随着北欧海上南风气流的异常增强,越过巴伦支海大陆架和沿着西斯匹次卑尔根西部的北极斜坡流入北极的两股大西洋流逐渐增暖";这两股大西洋流的温度比 20世纪 80 年代和 90 年代初期高出了近 1～2℃。Alekseev(1997)和 Zhang 等(1998)也给出了类似的结论。

　　Przybylak(2000)也采用了北太平洋指数(NP)来检验太平洋是否会对北极气温产生影响。该指数通过在 30°～65°N,160°E～140°W 匹配了区域权重的平均 SLP 计算得到(Trenberth and Hurrell,1994)。与 NAO 指数相比,NP 指数信号只在太平洋区的小部分区域和加拿大区的西南部呈现出与年平均气温的统计意义上的显著性(图 10.23);NP 与季节平均温度的相关性也大致呈现了近似的分布形工(Przybylak,2000)。北太平洋对北极气温影响最大发生在冬季,最小发生在夏季(与 NAO 指数相同)。

　　ENSO[厄尔尼诺(El Niño)-南方涛动(southern oscillation)]对北极气温的影响要比北大西洋大气环流变化(NAO 指数)造成的影响小得多(对比图 10.25 和图 10.26)。在厄尔尼诺发生时,喀拉海地区冬季气温降低约 2℃,巴芬湾及加拿大北极地区东部降低 0.5~1.5℃;只有阿拉斯加发生了显著的增温。其他季节的情况与冬季类似,只是温度变化的幅度要更小。很明显,ENSO 对北极气温变化的影响是间接的,且主要通过北太平洋和北大西洋的大气环流变化来产生作用。Hurrell(1996)基于 1935—1994 年的数据发现 NP 指数和南方涛动指数{SO,由塔希提岛[Tahiti,法属玻里尼西(French Polynesia)]和达尔文岛(Darwin,澳大利亚)之间的标准化海平面气压差异计算得到}具有统计上显著的相关性($r=0.51$);但是 NAO 和 SO 之间没有关联。本书的作者重复了 Hurrell 的工作,但发现 NP 和 SO 指数之间的相关系数只有 0.19;1899—1995 年和 1951—1995 年这两个时间段上,相关系数同样只有 0.23 和 0.11,且只有 1899—1995 年时间段上的相关系数达到 0.05 的显著性水平。1975 年之后,所有这些指数的相关性开始增加[见 Hurrell(1996)的图 2],通过 1956—1975 年和 1976—1995 年两个时间段内的指数间的相关系数计算可以证明这一结论。比如,这两个时间段上,SO 与 NAO 指数的相关系数在冬季(12—次年 3 月)从 0.00 提升至 -0.23。由此可以推断在过去的 20 年间,ENSO 可能起到了比之前更强的作用,因为在此期间北大西洋的大气环流改变同样在增强。

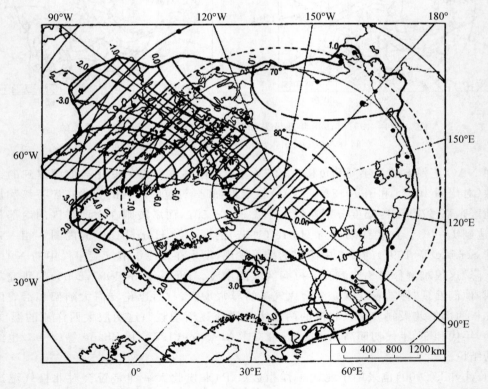

图 10.25　NAO＋最强的 7 年间(1989—1995 年)冬季(12—次年 2 月)气温与 NAO-最强的 7 年间(1963—1969 年)冬季气温差异的分布(Przybylak,2000)。NAO＋与 NAO-由 Dickson 等(1997)给出,负值区域以阴影区标注,其他注释与图 10.23 相同

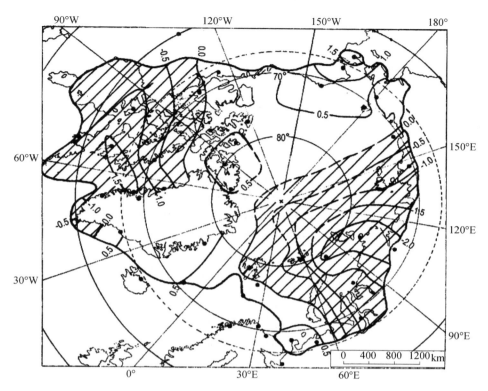

图 10.26　厄尔尼诺最强 10 年的冬季气温(12～次年 2 月)与拉尼娜最强 10 年的冬季气温差异的
　　　　分布(Przybylak,2000)。负值区域以阴影区标注,其他注释与图 10.23 相同

　　近期的一系列文章揭示,在过去的几十年间,(统计意义上)显著的气旋活跃度增加发生在
北极和亚北极地区(Zhang et al. ,2004;Serreze and Barrett,2008;Simmonds et al. ,2008;Sepp
and Jaagus,2011)。且气旋的活跃度与 AO 高度相关,但与 NAO 的相关性显著偏弱。利用再
分析资料(ERA40 和 NCEP)计算发现,气旋活动与 AO 在统计上最显著的相关发生在夏季,
相关系数达到 0.58～0.69(Simmonds et al. ,2008)。该相关性在北极中央区小幅下降,相关
系数为 0.55,夏季亦是如此(Serreze and Barrett,2008)。气旋进入北极时携带了温暖潮湿的
气团,使得区域温度上升。因此当气旋数量上升时,气温总体会上升。Sepp 和 Jaagus(2011)
使用了 1948—2002 年的 NCEP/NCAR 再分析资料分析了进入北极的深厚气旋及在北极本地
生成的深厚气旋的频率,发现其总体频率明显上升,而较浅薄的气旋发生频率下降;同时气旋
也导致了气压的下降。Simmonds 等(2008)发现,1958—2002 年夏季气旋频率显著上升,但冬
季气旋发生频率的上升趋势在 20 世纪 90 年代结束。Serreze 和 Barrett(2008)也给出了类似
的统计,发现 1958—2005 年夏季北极中央部分的气旋数量从 20 世纪 80 年代开始出现上升。
考虑到近几十年北极气旋活跃度的大幅上升,特别是进入北极的气旋数量的增加,我们有理由
相信北极增温在很大程度上是由气旋活动及其他一些大气环流改变造成的。Serreze 等
(2000)评估了气旋的影响范围,认为冬季北极中央区的增暖可能有一半与该区域的气旋活动
及风暴轴的北漂有关。

参考文献

Ahlmann H W. 1948. Glaciological Research on the North Atlantic Coasts. Roy. Geogr. Soc. Res. Ser. 1, London:83 pp.

Ahlmann H W. 1953. Glacier Variations and Climatic Fluctuations. Bowman memorial lectures, ser. 3. Amer. Geogr. Soc. ,New York:51 pp.

Aleksandrov E I,Lubarski A N. 1988. Stabilisation of "norms" under climate monitoring. In:Voskresenskiy A I. Monitoring Klimata Arktiki. Leningrad:Gidrometeoizdat:33-39 (in Russian).

Alekseev G V,Svyashchennikov P N. 1991. The natural variation of climatic characteristics of the Northern Polar Region and the Northern Hemisphere. Leningrad:Gidrometeoizdat:159 pp. (in Russian).

Alekseev G V. 1997. Arctic climate dynamics in the global environment. In:Proceedings Conference on Polar Processes and Global Climate. Part II of II,Rosario,Orcas Island,Washington,USA,3-6 November 1997: 11-14.

Alekseev G V. Podgornoy I A,Svyashchennikov P N,Khrol V P. 1991. Features of climate formation and its variability in the polar climatic atmosphere-sea-ice-ocean system. In:Krutskikh B A. Klimaticheskii Rezhim Arktiki na Rubezhe XX i XXI vv. . Gidrometeoizdat,St. Petersburg:4-29 (in Russian).

Alt B T,Fisher D A,Koerner R M. 1992. Climatic conditions for the period surrounding the Tambora signal in ice core from the Canadian High Arctic Islands. In:Harington C. R. The Year Without a Summer? World Climate in 1816. Ottawa,Canadian Museum of Nature:309-325.

Andreev A A,Klimanov V A. 2000. Quantitative Holocene climatic reconstruction from Arctic Russia. J. Paleolimn. ,24:81-91.

Andreev A A,Siegert Ch,Klimanov V A,Derevyagin A Yu,Shilova G N,Melles M. 2002. Late Pleistocene and Holocene vegetation and climate on the Taymyr Lowland,northern Siberia. Quat. Res. ,57:138-150.

Andreev A A,Tarasov P E,Siegert CH,Ebel T,Klimanov V A,Melles M,Bobrov A A,Dereviagin A Yu,Lubinski D J,Hubberten H-W. 2003. Late Pleistocene and Holocene vegetation and climate on the northern Taymyr Peninsula,Arctic Russia. Boreas,32:484-505.

Andrews J T,Ives J D. 1972. Late-and Postglacial events (<10000 BP) in the eastern Canadian Arctic with particular reference to the Cockburn moraines and break-up of the Laurentide ice sheet. In:Vasari Y, Hyvärinen H,Hicks S. Climatic Changes in References 234 Arctic Areas During the Last 10,000 years, Acta Univ. Ouluensis,Series A,Scientiae Rerum Naturalium 3,Geologica 1,Univ. of Oulu,Oulu,Finland: 149-174.

Ball T F. 1983. Preliminary analysis of early instrumental temperature records from York Factory and Churchill Factory. In:Harington C R. Climatic Change in Canada 3,Syllogeus No 49,National Museum of Natural Sciences,National Museums ofCanada,Ottawa:203-219.

Ball T F. 1992. Historical and instrumental evidence of climate:western Hudson Bay,Canada,1714-1850. In: Bradley R S,Jones P D. Climate Since A. D. 1500. London:Routledge:40-73.

Baranowski S,Karlén W. 1976. Remnants of Viking age tundra in Spitsbergen and Northern Scandinavia. Geogr. Ann. ,58A:35-40.

Baranowski S. 1975. Glaciological investigations and glaciomorphological observations made in 1970 on Werenskiold Glacier and its forefield. Results of the Polish Scientific Spitsbergen Expeditions 1970—1974,Acta Univ. Wratisl. ,251:69-94.

Baranowski S. 1977a. Results of dating of the fossil tundra in the forefield of Werenskioldbreen. Acta Univ. Wratisl. ,387:31-36.

Baranowski S. 1977b. The subpolar glaciers of Spitsbergen, seen against the climate of this region. Acta Univ. Wratisl. 393:167 pp.

Barry R G, Perry A H. 1973. Synoptic Climatology: Methods and Applications. Methuen & Co Ltd, 11 New Fetter Lane London EC4, 555 pp.

Bazhev A B, Bazheva V Ya. 1968. Quaternary glaciation of Novaya Zemlya. In: Glaciation of the Novaya Zemlya. Izd. "Nauka", Moskva. 215-231 (in Russian).

Bengtsson L, Semenov V A, Johannessen O M. 2004. The early twentieth-century warming in the Arctic-A possible mechanism. J. Climate, 17:4045-4057.

Berger M, Brandefelt J, Nilsson J. 2013. The sensitivity of the Arctic sea ice to orbitally induced insolation changes: a study of the mid-Holocene Paleoclimate Modelling Intercomparison Project 2 and 3 simulations. Clim. Past. ,9:969-982, doi:10.5194/cp-9-969-2013.

Besonen M R, Patridge W, Bradley R S, Francus P, Stoner J S, Abbott M B. 2008. A record of climate over the last millennium based on varved lake sediments from the Canadian High Arctic. The Holocene, 18(1):169-180.

Birks H H. 1991. Holocene vegetational history and climatic change in west Spitsbergen-plant macrofossils from Skardtjørna. The Holocene, 1:209-218.

Blake W Jr. 1975. Radiocarbon age determinations and postglacial emergence at Cape Storm, southern Ellesmere Island, Arctic Canada. Geogr. Ann. ,57A:1-71.

Blake W Jr. 1981. Neoglacial fl uctuations of glaciers, southeastern Ellesmere Island, Canadian Arctic Archipelago. Geogr. Ann. ,63A:201-218.

Blake W Jr. 1987. Geological Survey of Canada Radiocarbon Dates XXVI. Geological Survey of Canada;86-7. Blake W Jr. 1989. Application of 14 C AMS dating to the chronology of Holocene glacier fluctuations in the High Arctic, with special references to Leffert Glacier, Ellesmere Island, Canada. Radiocarbon, 31:570-578.

Bodri L, Cermak V. 2007. Borehole climatology: A new method of how to reconstruct climate. Amsterdam: Elsevier;335 pp.

Born K. 1996. Tropospheric warming and changes in weather variability over the Northern Hemisphere during the period 1967—1991. Meteorol. Atmos. Phys. ,59:201-215.

Bradley R S, Jones P D. 1993. 'Little Ice Age' summer temperature variations: their nature and relevance to recent global warming trends. The Holocene, 3:367-376.

Bradley R S. 1985. Quaternary Paleoclimatology: Methods of Paleoclimatic Reconstruction. Boston: Allen and Unvin;472 pp.

Bradley R S. 1990. Holocene paleoclimatology of the Queen Elizabeth Islands, Canadian High Arctic. Quat. Sci. Rev. ,9:365-384.

Bradley R S. 1999. Paleoclimatology: Reconstructing Climates of the Quaternary. second edition. San Diego: Academic Press;613 pp.

Bradley R S. 2014. Paleoclimatology: Reconstructing Climates of the Quaternary. third edition. San Diego: Elsevier/Academic Press;675 pp.

Briner J P, Michelutti N, Francis D R, Miller G H, Axford Y, Wooller J, Wolfe P. 2006. A multi-proxy lacustrine record of Holocene climate change on northeastern Baffin Island, Arctic Canada. Quat. Res. ,65:431-442.

Broccoli A J, Delworth T L, Ngar-Cheung L. 2001. The effect of changes in observational coverage on the association between surface temperature and the Arctic Oscillation. J. Climate, 14:2481-2485.

Catchpole A J W. 1985. Evidence from Hudson Buy region of severe cold in the summer of 1816. In: Harington C R. Climatic Change in Canada 3, Syllogeus No 49, National Museum of Natural Sciences, National Museums of Canada, Ottawa;121-146.

Catchpole A J W. 1992a. Hudson's Bay Company ships' log-books as sources of sea ice data, 1751-1870. *In*: Bradley R S, Jones P D. Climate Since A D. 1500. London: Routledge: 17-39.

Catchpole A J W. 1992b. River ice and sea ice in the Hudson Bay region during the second decade of the nineteenth century. *In*: Harington C R. The Year Without a Summer? World Climate in 1816. Ottawa: Canadian Museum of Nature: 233-244.

Cěrmak V. 1971. Underground temperature and inferred climatic temperature of the past millenium. Palaeogeogr. Palaeoclimatol. Palaeoecol. , 10: 1-19.

Chapman W L, Walsh J E. 1993. Recent variations of sea ice and air temperature in high latitudes. Bull. Amer. Met. Soc. , 74: 33-47.

Dahl-Jensen D, Mosegaard K, Gundestrup N, Clow C D, Johnsen S J, Hansen A W, Balling N. 1998. Past temperatures directly from the Greenland Ice Sheet. Science, 282: 268-271.

Dansgaard W, Johnsen S J, Clausen H B, Langway C C Jr. 1971. Climatic record revealed by the Camp Century ice core. *In*: Turekian K K. The Late Cenozoic Glacial Ages. New Haven, CN: Yale Univ. Press: 37-56.

De Vernal A, Hillaire-Marcel C, Darby D A. 2005. Variability of sea ice cover in the Chukchi Sea (western Arctic Ocean) during the Holocene. Paleoceanography, 20: PA4018, doi: 10. 1029/2005PA001157.

Delworth T L, Dixon K W. 2000. Implications of the recent trend in the Arctic/North Atlantic Oscillation for the North Atlantic thermohaline circulation. J. Climate, 13: 3721-3727.

Denton G H, Karlén W. 1973. Holocene climatic variations-their pattern and possible causes. Quat. Res. 3: 155-205.

Deser C. 2000. On the teleconnectivity of the "Arctic Oscillation". Geophys. Res. Lett. , 27: 779-782.

Dickson R R, Osborn T J, Hurrell J W, Meincke J, Blindheim J, Adlandsvik B, Vinje T, Alekseev G, Maslowski W, Cattle H. 1997. The Arctic ocean response to the North Atlantic Oscillation. *In*: Proceedings Conference on Polar Processes and Global Climate. Part II of II, Rosario, Orcas Island, Washington, USA, 3-6 November 1997: 46-47.

Dickson R R. Osborn T J, Hurrell J W, Meincke J, Blindheim J, Adlandsvik B, Vinje T, Alekseev G, Maslowski W. 2000. The Arctic ocean response to the North Atlantic Oscillation. J. Climate, 13: 2671-2696.

Dmitriev A A, 1994. Variability of Atmospheric Processes in the Arctic and Their Application in Long-term Forecasts. St. Petersburg: Gidrometeoizdat: 207 pp(in Russian).

Dyke A S, England J, Reimnitz E, Jette H. 1997. Changes in driftwood delivery to the Canadian Arctic Archipelago: the hypothesis of postglacial oscillations of the Transpolar Drift. Arctic, 50: 1-16.

Dyke A S, Hooper J E, Savelle J M. 1996. A history of sea ice in the Canadian Arctic Archipelago based on postglacial remains of the Bowhead Whale (Balaena mysticetus). Arctic, 49: 235-255.

Dyke A S, Morris T E. 1990. Postglacial history of the Bowhead whale and of driftwood penetrations; implications for paleoclimate, central Canadian Arctic. Geological Survey of Canada Paper, 89-24: 17 pp.

Elverhøi A, Svendsen J I, Solheim A, Andersen E S, Milliman J D, Mangerud J, Hook Leb R. 1995. Late Quaternary sediment yield from the high Arctic Svalbard area. J. Geol. , 103: 1-17.

Evans D J A, England J. 1992. Geomorphological evidence of Holocene climatic change from northwest Ellesmere Island, Canadian High Arctic. The Holocene, 2: 148-158.

Evans D J A. 1988. Glacial Geomorphology and Late Quaternary History of Phillips Inlet and the Wootton Peninsula, Northwest Ellesmere Island, Canada. PhD thesis, University of Alberta.

Feyling-Hanssen R W, Olsson I. 1960. Five radiocarbon datings of post-glacial shorelines in central Spitsbergen. Norsk Geografi sk Tidsskrift, 17: 1-4.

Fischer H, Werner M, Wagenbach D, Schwager M, Thorsteinnson T, Wilhelms F, Kipfstuhl J, Sommer S. 1998. Little ice age clearly recorded in northern Greenland ice cores. Geophys. Res. Lett. , 25: 1749-1752.

Fisher D A, Koerner R M. 1980. Some aspects of climatic change in the high arctic during the Holocene as deduced from ice cores. *In*: Mahaney W. C. Quaternary Paleoclimate. Norwich: Geobooks: 249-271.

Fisher D A, Koerner R M. 1983. Ice core study: a climatic link between the past, present and future. *In*: Harington C. R. Climatic Change in Canada. Syllogeus 49. Ottawa: National Museums of Canada: 50-69.

Førland E J, Hanssen-Bauer I, Nordli P Ø. 1997. Climate statistics & longterm series of temperature and precipitation at Svalbard and Jan Mayen. KLIMA DNMI Report, 21/97, Norwegian Met. Inst. : 72 pp.

Girs A A. 1948. Some aspects concerning basic forms of atmospheric circulation. Meteorol. i Gidrol. , 3: 9-11 (in Russian).

Girs A A. 1971. Many Years Fluctuations of Atmospheric Circulation and Long-term Hydrometeorological Forecast. Leningrad: Gidrometeoizdat: 279 pp(in Russian).

Girs A A. 1981. Some forms of atmospheric circulation and their utilisation in forecasts. Trudy AANII, 373: 4-13 (in Russian).

Gordiyenko F G, Kotlyakov V M, Punning Ya-K M, Vaikmäe R A. 1981. Study of a 200-m core from the Lomonosov Ice Plateau on Spitsbergen and the paleoclimatic implications. Polar Geogr. and Geol. , 5: 242-251.

Grootes P M, Stuiver M, White J W C, Johnsen S, Jouzel J. 1993. Comparison of oxygen isotope records from the GISP2 and GRIP Greenland ice cores. Nature, 366: 552-554.

Grossvald M G. 1973. History of glaciers on the archipelago in the late Pleistocene and Holocene. *In*: Glaciers of Franz Josef Land. Izd. "Nauka", Moskva: 290-305 (in Russian).

Grove J M. 1988. The Little Ice Age. London: Methuen: 498 pp.

Guilizzoni P, Marchetto A, Lami A, Brauer A, Vigliotti L, Musazzi S, Langone L, Manca M, Lucchini F, Calanchi N, Dinelli E, Mordenti A. 2006. Records of environmental and climatic changes during the late Holocene from Svalbard: paleolimnology of Kongressvatnet. J. Paleolimnol. : doi 10. 1007/s10933-006-9002-0.

Haggblom A. 1982. Driftwood in Svalbard as an indicator of sea ice conditions. Geogr. Ann. , 64A: 81-94.

Harvey L D D. 1980. Solar variability as a contributory factor to Holocene climatic change. Prog. Phys. Geogr. , 4: 487-530.

Hesselberg Th, Birkeland B J. 1940. Säkuläre Schwankungen des Klimas von Norwegen, Teil I: Die Lufttemperatur. Geophys. Publik. , 14: 4.

Hilmer M, Jung T. 2000. Evidence for recent change in the link between the North Atlantic Oscillation and Arctic sea ice export. Geophys. Res. Lett. , 27: 989-992.

Houghton J T, Ding Y, Griggs D J, Noguer M, van der Linden P J, Dai X, Maskell K, Johnson C A. 2001. Climate Change 2001: The Scientific Basis. Cambridge: Cambridge University Press: 881 pp.

Houghton J T, Jenkins G J, Ephraums J J. 1990. Climate Change: The IPCC Scientific Assessment. Cambridge: Cambridge University Press: 365 pp.

Houghton J T, Meira Filho L G, Callander B A, Harris N, Kattenberg A, Maskell K. 1996. Climate Change 1995: The Science of Climate Change. Cambridge: Cambridge University Press: 572 pp.

Hurrell J W, van Loon H. 1997. Decadal variations in climate associated with the North Atlantic Oscillation. Clim. Change, 36: 301-326.

Hurrell J W. 1995. Decadal trends in the North Atlantic Oscillation: Regional temperatures and precipitation. Science, 269: 676-679.

Hurrell J W. 1996. Infl uence of variations in extratropical wintertime teleconnections on Northern Hemisphere temperature. Geophys. Res. Lett. , 23: 665-668.

Hyvarinen H. 1972. Pollen-analytical evidence for Flandrian climatic change in Svalbard. *In*: Vasari Y, Hyvarinen H, Hick S. Climatic Change in Arctic Areas During the Last Ten Thousand Years. Oulu: Ouluensis Acta Univ. : 225-237.

Jaworowski Z,Hoff P,Lund W,Hagen J O,Segalstad T V. 1990. Radial Migration of Impurities in the Glacier Ice Cores. Norwegian Polar Research Institute,Project LH-386,Final Report:71 pp.

Jaworowski Z,Segalstad T V,Ono N. 1992. Do glaciers tell a true atmospheric CO_2 history. The Science of the Total Environment,114:227-284.

Johannessen O M,Bengtsson L,Miles M W,Kuzmina S I,Semenov V A,Alekseev G V,Nagurnyi A P,Zakharov V F,Bobylev L P,Pettersson L H,Hasselmann K,Cattle H P. 2004. Arctic climate change-observed and modelled temperature and sea ice variability. Tellus,56A:1-18.

Johnsen S J,Clausen H B,Dansgaard W,Fuhrer K,Gundestrup N,Hammer C U,Iversen P,Jouzel J,Stauffer B,Steffensen J P. 1992. Irregular glacial interstadials recorded in a new Greenland ice core. Nature,359: 311-313.

Johnsen S J,Dansgaard W,Clausen H B,Ørsted H C,Langway C C. 1970. Climatic oscillations 1200-2000 AD. Nature,227:482-483.

Jones P D,Jonsson T,Wheeler D. 1997. Extension to the North Atlantic Oscillation using early instrumental pressure observations from Gibraltar and south-west Iceland. Int. J. Climatol. ,17:1433-1450.

Jones P D,Lister D H,Osborn T J,Harpham C,Salmon M,Morice C P. 2012. Hemispheric and large-scale land surface air temperature variations:an extensive revision and an update to 2010. J. Geophys. Res. ,117: D05127,doi:10. 1029/2011JD017139.

Jones P D. 1985. Arctic temperatures 1851—1984. Clim. Monit. ,14,2:43-50.

Jones P D. 1994. Hemispheric surface air temperature variations:a reanalysis and an update to 1993. J. Climate, 7:1794-1802.

Jönson P, Bärring L. 1994. Zonal index variations,1899—1992:Links to air temperature in southern Scandinavia. Geogr. Ann. ,76A:207-219.

Kahl J D,Charlevoix D J,Zaitseva N A,Schnell R C,Serreze M C. 1993a. Absence of evidence for greenhouse warming over the Arctic Ocean in the past 40 years. Nature,361:335-337.

Kahl J D,Serreze M C,Stone R S,Shiotani S,Kisley M,Schell R C. 1993b. Tropospheric temperature trends in the Arctic:1958—1986. J. Geophys. Res. ,98(D7):12825-12838.

Kaplan J O,Bigelow N H,Prentice I C,Harrison S P,Bartlein P J,Christense T R,Cramer W,Matveyeva N V, McGuire A D,Murray D F,Razzhivin V Y,Smith B,Walker D A,Anderson P M,Andreev A A,Brubaker L B,Edwards M E,Lozhkin A V. 2003. Climate change and Arctic ecosystems:2. Modeling, paleodata-model comparisons, and future projections. J. Geophys. Res. , 108 (D19): 8171, doi: 10.1029/ 2002JD002559.

Kaplan M R,Wolfe A P,Miller G H. 2002. Holocene environmental variability in Southern Greenland inferred from lake sediments. Quaternary Res . ,58:149-159.

Kaufman D S,Ager T A,Anderson N J,Anderson P M,Andrews J T. Bartlein P J,Brubaker L B,Coats L L, Cwynar L C,Duvall M L,Dyke A S,Edwards M E,Eisner W R,Gajewski K,Geirsdóottir A,Hu F S,Jennings A. E,Kaplan M R,Kerwin M W,Lozhkin A V,MacDonald G M,Miller G H,Mock C J,Oswald W W,Otto-Bliesner,Porinchu D F,Rühland K,Smol J P,Steigd E J,Wolfe B B. 2004. Holocene thermal maximum in the western Arctic (0-180°W). Quaternary Sci. Rev. 23:529-560.

Kelly P M,Jones P D,1981c. Summer temperatures in the Arctic. 1881—1981. Clim. Monit. ,10,3:66-67.

Kelly P M,Jones P D. 1981a. Winter temperatures in the Arctic,1882—1981. Clim. Monit. ,10,1:9-11.

Kelly P M,Jones P D. 1981b. Spring temperatures in the Arctic,1882—1981. Clim. Monit. ,10,2:40-41.

Kelly P M,Jones P D. 1981d. Autumn temperatures in the Arctic. 1881—1981. Clim. Monit. ,10,4:94-95.

Kelly P M,Jones P D. 1982. Annual temperatures in the Arctic. 1881—1981. Clim. Monit. ,10,5:122-124.

Kelly P M. Jones P D. Sear C B. Cherry B S G,Tavakol R K. 1982. Variations in surface air temperatures:Pt. 2,

Arctic regions,1881—1980. Mon. Wea. Rev. ,110:71-83.

Knipovich I M. 1921. Thermic conditions in Barents Sea at the end of May. 1921. Byull. Rossijsk. Gidrol. Instituta,9:10-12 (in Russian).

Koerner R M,Alt B T,Bourgeois J C,Fisher D A. 1990. Canadian Ice Caps as sources of environmental data. *In*:Weller G,Wilson C L,Severin B A B. International Conference on the Role of the Polar Regions in Global Change:Proceedings of a Conference Held June 11-15,1990 at the University of Alaska,vol. II, Fairbanks:576-581.

Koerner R M,Fisher D A. 1981. Studying climatic change from Canadian high Arctic ice cores. *In*:Harington C R. Climatic Change in Canada 2,Syllogeus No. 33. Ottawa:National Museum of Natural Sciences:1981: 195-218.

Koerner R M,Fisher D A. 1985. The Devon Island ice core and the glacial record. *In*:Andrews J T. Quaternary Environments:Eastern Canadian Arctic,Baffin Bay,and West Greenland. London:Allen and Uwin: 309-327.

Koerner R M,Fisher D A. 1990. A record of Holocene summer climate from a Canadian high-arctic ice core. Nature,343:630-631.

Koerner R M,Paterson W S B. 1974. Analysis of a core through the Meighen Ice Cap,Arctic Canada and its paleoclimatic implications. Quat. Res. ,4:253-263.

Koerner R M. 1977a. Devon Island Ice Cap:core stratigraphy and paleoclimate. Science,196:15-18.

Koerner R M. 1977b. Ice thickness measurements and their implications with respect to past and present ice volumes in the Canadian high arctic ice caps. Canadian J. Earth Sci. ,14:2697-2705.

Koerner R M. 1979. Accumulation,ablation and oxygen isotope variations on the Queen Elizabeth Island ice caps,Canada. J. Glaciol. ,22:25-41.

Koerner R M. 1992. Past climate changes as deduced from Canadian ice cores. *In*:Woo M-K,Gregor D J. Arctic Environment:Past,Present & Future. Proceedings of a Symposium held at McMaster Univ. ,Nov. 14-15, 1991,McMaster Univ. ,Hamilton,Ontario,Canada:61-70.

Koerner R M. 1999. Climate and the ice core record:Arctic examples. *In*:Lewkowicz A G. Poles Apart:A Study in Contrasts. Proceedings of an International Symposium on Arctic and Antarctic Issues,University of Ottawa,Canada,September 25-27,1997:71-87.

Kononova N K. 1982. Natural and anthropogenic factors of climate dynamic. Mat. Meteorol. Issled. ,5:7-16 (in Russian).

Koshkarova V L. 1995. Vegetation response to global and regional environmental change on the Taymyr Peninsula during the Holocene. Polar Geography and Geology,19:145-151.

Koż uchowski K. 1993. Variations of hemispheric zonal index since 1899 and its relationship with air temperature. Int. J. Climatol . ,8:191-199.

Kwok R,Rothrock D A. 1999. Variability of Fram Straitice flux and North Atlantic Oscillation. J. Geophys. Res. ,104(C3):5177-5189.

Kwok R. 2000. Recent changes in Arctic Ocean sea ice motion associated with the North Atlantic Oscillation. Geophys. Res. Lett. ,27:775-778.

Lachenbruch A H,Marshall B V. 1986. Changing climate:geothermal evidence from permafrost in the Alaskan Arctic. Science,234:689-696.

Lamb H H,Johnsson A I. 1959. Climatic variation and observed changes in the general circulation. Geogr. Ann. ,41:94-134.

Lamb H H,Morth H T. 1978. Arctic ice,atmospheric circulation and world climate. Geogr. J. ,144:1-22.

Lamb H H. 1977. Climate:Present,Past,and Future. Vol. 2. London:Climatic History and the Future, Methuen:

835 pp.

Lamb H H. 1984. Climate and history in northern Europe and elsewhere. *In*: Morner N A, Karlen W. Climatic Changes on a Yearly to Millennial Basis: Geological, Historical and Instrumental Records. Boston: D. Reidel: 225-240.

Lean J, Beer J, Bradley R. 1995. Reconstruction of solar irradiance since 1610: Implications for climate change. Geophys. Res. Lett. ,22:3195-3198.

Lemmen D S. 1988. Glacial History of Marvin Peninsula, Northern Ellesmere Island, and Ward Hunt Island. PhD thesis, University of Alberta.

Liestøl O. 1969. Glacier surges in west Spitsbergen. Canadian J. Earth Sci. ,6:895-897.

Lindner L, Marks L, Ostafi czyk S. 1982. Evolution of the marginal zone and the forefield of the Torell, Nann and Tone glaciers in Spitsbergen. Acta Geol. Polonica,32:267-278.

Lubinski D J, Forman S L, Miller G H. 1999, Holocene glacier and climate fluctuations on Franz Josef Land, Arctic Russia,80°N. Quat. Sci. Rev. ,18:85-108.

Lysgaard L. 1949. Recent climatic fluctuations. Folia Geographica Danica, V, Kobenhavn:1-86.

MacDonald G M, Velichko A A, Kremenetski C V, Borisova O K, Goleva A A, Andreev A A, Cwynar L C, Riding R T, Forman S L, Edwards T W D, Aravena R, Hammarlund D, Szeicz J M, Gattaulin V N. 2000. Holocene treeline history and climate change across northern Eurasia. Quaternary Research,53: 302-311.

Majorowicz J A, Šafanda J, Harris R N, Skinner W R. 1999. Large ground surface temperature changes of the last three centuries inferred from borehole temperatures in the Southern Canadian Prairies, Saskatchewan. Global and Planet. Change,20:227-241.

Marks L. 1983. Late Holocene evolution of the Treskelen Peninsula (Hornsund, Spitsbergen). Acta Geol. Polonica,33:159-167.

Mayewski P A, Meeker L D, Whitlow S, Twickler M S, Morrison M C, Alley R B, Bloomfi eld P, Taylor K. 1993. The atmosphere during the Younger Dryas. Science,261:195-197.

Mayewski P A, Meeker L D, Whitlow S, Twickler M S, Morrison M C, Bloomfi eld P, Bond G C, Alley R B, Gow A J, Grootes P M, Meese D A, Ram M, Taylor K C, Wumkes W. 1994. Changes in atmospheric circulation and ocean ice cover over the North Atlantic during the last 41000 years. Science,263:1747-1751.

Meese D A, Gow A J, Grootes P, Mayewski P A, Ram M, Stuiver M, Taylor K C, Waddington E D, Zielinski G A. 1994. The accumulation record from the GISP2 core as an indicator of climate change throughout the Holocene. Science,266:1680-1682.

Melles M, Brigham-Grette J, Minyuk P S, Nowaczyk N R, Wennrich V, DeConto R M, Anderson P M, Andreev A A, Coletti A, Cook T L, Haltia-Hovi E, Kukkonen M, Lozhkin A V, Rosén P, Tarasov P, Vogel H, Wagner B. 2012. 2. 8 million years of Arctic climate change from Lake El'gygytgyn, NE Russia. Science,337: 315-320.

Miller G H, Brigham-Grette J, Alley R B, Anderson L, Bauch H A, Douglas M S V, Edwards M E, Elias S A, Finney B P, Fitzpatrick J J, Funder S V, Herbert T D, Hinzman L D, Kaufman D S, MacDonald G M, Polyak L, Robock A, Serreze M C, Smol J P, Spielhagen R, White J W C, Wolfe A P, Wolff E W. 2010. Temperature and precipitation history of the Arctic. Quaternary Sci. Rev . ,29:1679-1715.

Moodie D W, Catchpole A J W. 1975. Environmental data from historical documents by content analysis: freezeup and break-up of estuaries on Hudson Bay,1714-1871. Manitoba Geogr. Stud. ,5:119 pp.

Morice C P, Kennedy J J, Rayner N A, Jones P D. 2012. Quantifying uncertainties in global and regional temperature change using an ensemble of observational estimates: the HadCRUT4 dataset. J. Geophys. Res. ,117: D08101, doi:10. 1029/2011JD017187.

Mysak L A. 2001. Patterns of Arctic Circulation. Science,293:1269-1270.

Niewiarowski W. 1982. Morphology of the forefi eld of the Aavatsmark Glacier (Oscar II Land,NW Spitsbergen) and phases of its formation. Acta Univ. Nicolai Copernici,Geogr. ,16:15-43.

Overland J E,Wang M. 2005a. The third Arctic climate pattern:1930 s and early 2000 s. Geophys. Res. Lett . ,32:L23808,doi:10. 1029/2005GL024254.

Overland J E,Wang M. 2005b. The Arctic climate paradox:The recent decrease of the Arctic Oscillation. Geophys. Res. Lett . ,32:L06701,doi:10. 1029/2004GL021752.

Overpeck J,Hughen K,Hardy D. et al. 1997. Arctic environmental change of the last four centuries. Science,278:1251-1256.

O'Brien S R,Mayewski P A,Meeker L D,Meese D A,Twickler M S,Whitlow S I. 1995. Complexity of Holocene climate as reconstructed from a Greenland ice core. Science,270:1962—1964.

Paterson W S B,Koerner R M,Fisher D A,Johnsen S J,Dansgaard W,Bucher P,Oescheger H. 1977. An oxygen isotope climatic record from the Devon Island ice cap,Arctic Canada. Nature,266:508-511.

Peros M C,Gajewski K. 2008. Holocene climate and vegetation change on Victoria Island, western Canadian Arctic. Quat. Sci. Rev. ,27:235-249.

Petterssen S. 1949. Changes in the general circulation associated with the recent climatic variations. Geogr. Ann. ,31:212-221.

Pollack H N,Chapman D S. 1993. Underground records of changing climate. Scient. Amer. ,268:44-50.

Polyakov I V,Bekryayev R V. ,Alekseev G V,Bhatt U S,Colony R L,Johnson M A,Makshtas A P,Walsh D. 2003. Variability and trends of air temperature and pressure in the maritime Arctic,1875—2000. J. Climate,16:2067—2077.

Przybylak R. 1996. Variability of Air Temperature and Precipitation over the Period of Instrumental Observations in the Arctic. Rozprawy:Uniwersytet Mikołaja Kopernika:280 pp(in Polish).

Przybylak R. 1997a. Spatial and temporal changes in extreme air temperatures in the Arctic over the period 1951—1990. Int. J. Climatol. ,17:615-634.

Przybylak R. 1997b. Spatial variations of air temperature in the Arctic in 1951—1990. Pol. Polar Res. ,18:41-63.

Przybylak R. 2000. Temporal and spatial variation of air temperature over the period of instrumental observations in the Arctic. Int. J. Climatol . ,20:587-614.

Przybylak R. 2002a. Variability of Air Temperature and Atmospheric Precipitation During a Period of Instrumental Observation in the Arctic. Boston/ Dordrecht/London:Kluwer Academic Publishers:,330 pp.

Przybylak R. 2002b. Variability of total and solid precipitation in the Canadian Arctic from 1950 to 1995. Int. J. Climatol. ,22:395-420.

Przybylak R. 2003. The Climate of the Arctic. Dordrecht/Boston/London: Kluwer Academic Publishers:270 pp.

Przybylak R. 2007. Recent air-temperature changes in the Arctic. Ann. Glaciol. ,46:316-324.

Punning Ya-M K,Troitskii L S,Rajamae R. 1976. The genesis and age of the Quaternary deposits in the eastern part of Van Mijenfjorden,West Spitsbergen. Geologisk Foreningens Stockholm Forhandlingar,98:343-347.

Punning Ya-M K,Troitskii L S. 1977. Glacier advances on Svalbard in the Holocene. Mat. glyatsiol. issled. ,29:211-216 (in Russian).

Pękala K,Repelewska-Pękalowa J. 1990. Relief and stratigraphy of quaternary deposits in the region of Recherche Fiord and southern Bellsund (Western Spitsbergen). In:Repelewska-Pękalowa J,Pękala K. Wyprawy Geografi czne na Spitsbergen,UMCS Lublin:9-20.

Rasmussen S O,Vinther B M,Clausen H B,Andersen K K. 2007. Early Holocene climate oscillations recorded in three

Greenland ice cores. Quaternary Sci. Rev. ,26:1907—1914,doi:10. 1016/j. quascirev. 2007. 06. 015.

Rigor I G,Colony R L,Martin S. 2000. Variations in surface air temperature observations in the Arctic,1979—1997. J. Climate,13:896-914.

Salvingsen O. 2002. Radiocarbon-dated Mytilus edulis and Modiolus modiolus from northern Svalbard:climatic implications. Norwegian J. Geogr. ,56:56-61. 10

Salvingsen O,Forman S L,Miller G H. 1992. Thermophilous molluscs on Svalbard during the Holocene and their paleoclimatic implications. Polar Res. ,11:1-10.

Santer B D,Taylor K E,Wigley T M L,Penner J E,Jones P D,Cubash U. 1995. Towards the detection and attribution of an anthropogenic effect on climate. Clim. Dyn . ,12:77-100.

Sarnthein M,Van Kreveld S,Erlenkeuser H,Grootes P M,Kucera M,Pelaumann U,Schulz M. 2003. Centennial-to-millennial-scale periodicities of Holocene climate and sediment injections off the western Barents shelf,75°N. Boreas,32:447-461.

Savelle J M,Dyke A S,McCartney A P. 2000. Holocene bowhead whale (Balaena mysticetus) mortality patterns in the Canadian Arctic Archipelago. Arctic,53:414-421.

Scherhag R. 1931. Eine bemerkungswerte Klimaänderung Über Nord-Europa. Ann. Hydr. Mar. Met. ;57-67.

Scherhag R. 1937. Die Erwärmung der Arktis. ICES Journal. Scherhag R. ; 1939. Die Erwärmung der Arktis. Ann. Hydr. Mar. Met.

Sepp M,Jaagus J. 2011. Changes in the activity and tracks of Arctic cyclones. Climatic Change,105:577-595.

Serreze M C,Barrett A P. 2008. The summer cyclone maximum over the Central Arctic Ocean. J. Climate. 1048-1065,doi:10. 1175/2007JCLI1810. 1.

Serreze M C,Barry R G. 2011. Processes and impacts of Arctic amplification:A research synthesis. Global and Planetary Change,77:85-96,doi:10. 1016/j. gloplacha. 2011. 03. 004.

Serreze M C,Carse F,Barry R G. 1997. Icelandic low cyclone activity:Climatological features,linkages with the NAO,and relationships with recent changes in the Northern Hemisphere circulation. J. Climate, 10: 453-464.

Serreze M C,Francis J A. 2006. The Arctic amplification debate. Climatic Change,76:241-264.

Serreze M C,Walsh J E,Chapin F S. 2000. Observational evidence of recent change in the northern high latitude environment. Clim. Change,46:159-207.

Simmonds I,Burke C,Keay K. 2008. Arctic climate change as manifested in cyclone behaviour. J. Climate,21: 5777-5796,doi:10. 1175/2008JCLI2366. 1.

Slonosky V C,Yiou P. 2001. The North Atlantic Oscillation and its relationship with near surface temperature. Geophys. Res. Lett. ,28:807-810.

Stanhill G. 1995. Solar irradiance,air pollution and temperature changes in the Arctic. Phil. Trans. R. Soc. Lond. A,352:247-258.

Starkel L. 1984. The refl ection of abrupt climatic changes in the relief and sequence of continental deposits. In: Mörner N A,Karlén W. Climatic Changes on a Yearly to Millennial Basis; Geological,Historical and Instrumental Records. Boston:D. Reidel:135-146.

Steffensen J P,Andersen K K,Bigler M,Clausen H B,Dahl-Jensen D,Fischer H,Gotozuma K,Hansson M, Johnsen S J,Jouzel J,Masson-Delmotte V,Popp T,Rasmussen S O,Röthlisberger R,Ruth U,Stauffer B, Siggaard-Andersen M-L,Sveinbjörnsdóttir A E,Svensson A and White J W C,2008. High-resolution Greenland ice core data show abrupt climate change happens in few years. Science,321:680-684,doi: 10. 1126/science. 1157707.

Stewart T G,England J. 1983. Holocene sea ice variations and paleoenvironmental change,northernmost Ellesmere Island,NWT,Canada. Arctic and Alpine Res. ,15:1-17.

Stuiver M,Braziunas T F. 1989. Atmospheric [14] C and century-scale solar oscillations. Nature,338:405-408.

Sundqvist H S,Zhang Q,Moberg A,Holmgren K,Körnich H,Nilsson J and Brattström G. 2010. Climate change between the mid and late Holocene in northern high latitudes-Part 1:Survey of temperature and precipitation proxy data. Clim. Past,6:591-608.

Surova T G,Troitskii L S,Punning Ya-M K. 1982. The history of glaciation in Svalbard during the Holocene on the basis of palynological investigations. Mat. glyatsiol. issled. ,42:100-106 (in Russian).

Svendsen J I,Mangerud J. 1997. Holocene glacial and climatic variations on Spitsbergen,Svalbard. The Holocene,7:45-57.

Szupryczyński J. 1968. Some problems of the Quaternary on Spitsbergen. Prace Geogr. ,71:2-128 (in Polish).

Tarussov A. 1988. Accumulation changes on Arctic glacier during 1656—1980 A. D. Mat. glyatsiol. issled. ,14:85-89 (in Russian).

Tarussov A. 1992. The Arctic from Svalbard to Severnaya Zemlya:climatic reconstructions from ice cores. In: Bradley R S,Jones P D. Climate Since A. D. 1500. London:Routledge:505-516.

Taylor K C,Mayewski P A,Alley R B,Brook E J,Gow A J,Grootes P M,Meese D A,Saltzman E S,Severinghaus J P,Twickler M S,White J W C,Whitlow S,Zielinski G A. 1997. The Holocene-Younger Dryas transition recorded at Summit,Greenland. Nature,278:825-827.

Thompson D W, Wallace J M. 2000. Annular modes in the extratropical circulation. Part I:Month-to-month variability. J. Climate,13:1000-1016.

Thompson D W, Wallace J M, Hegerl G C. 2000. Annular modes in the extratropical circulation. Part II: Trends. J. Climate,13:1018-1036.

Thompson D W,Wallace J M. 1998. The Arctic Oscillation signature in the wintertime geopotential height and temperature fields. Geophys. Res. Lett. ,25:1297-1300.

Trenberth K E,Hurrell J W. 1994. Decadal atmosphere-ocean variations in the Pacific. Clim. Dyn. ,9:303-319.

Turner J,Marshall G J. 2011. Climate Change in the Polar Regions. Cambridge:Cambridge University Press: 434 pp.

Turner J,Overland J E,Walsh J E. 2007. An Arctic and Antarctic perspective on recent climate change. Int. J. Climatol. ,27:277-293,doi:10. 1002/joc. 1406.

Vaikmäe R A, Punning Ya-M K. 1982. Isotope and geochemical studies of the Vavilov Ice Dome, Severnaya Zemlya. Mat. glyatsiol. issled. ,44:145-149 (in Russian).

Vaikmäe R A. 1990. Paleonvironmental data from less-investigated polar regions. In:Weller G,Wilson C L, Severin B A B. International Conference on the Role of the Polar Regions in Global Change, vol. II. Proceedings of a Conference held June 11-15,1990 at the University of Alaska,Fairbanks:611-616.

van Wijngaarden W A. 2014. Arctic temperature trends from the early nineteenth century to the present. Theor. Appl. Climatol. :DOI 10. 1007/s00704-014-1311-z.

Vangengeim G Ya. 1952. Bases of the macrocirculation method for long-term weather forecasts for the Arctic. Trudy ANII,34:314 pp(in Russian).

Vangengeim G Ya. 1961. Degree of the atmospheric circulation homogeneity in different parts of Northern Hemisphere under the existence of main macrocirculation types W,E and C. Trudy AANII,240:4-23 (in Russian).

Vare L L,Massé G,Gregory T R,Smart Ch W,Belt S T. 2009. Sea ice variations in the central Canadian Arctic Archipelago during the Holocene. Quat. Sci. Rev. ,28:1354-1366.

Vinje T. 2001. Anomalies and trends of sea-ice extent and atmospheric circulation in the Nordic seas during the period 1864—1998. J. Climate,14:255-267.

Vinther B M,Buchardt S L,Clausen H B,Dahl-Jensen D,Johnsen S J,Fisher D A,Koerner R M,Raynaud D,

Lipenkov V, Andersen K K, Blunier T, Rasmussen S O, Steffensen J P, Svensson A M. 2009. Holocene thinning of the Greenland ice sheet. Nature, 461 (17):305-388, doi:10. 1038/nature08355

Vize V Yu. 1940. Sea Climate in Russian Arctic. Leningrad-Moskva: Izd-vo Glavsevmorputi:124 pp(in Russian).

Voskresenskiy A I, Baranov G I, Dolgin M I, Nagurnyi A P, Aleksandrov E I Bryazgin N I, Dementev A A, Marshunova M S, Burova L P, Kotova N M. 1991. Estimation of possible changes of atmospheric climate in the Arctic up to 2005 including anthropogenic factors. In: Krutskich B. A. Klimaticheskii Rezhim Arktiki na Rubezhe XX i XXI vv. . Gidrometeoizdat, St. -Petersburg:30-61 (in Russian).

Walsh J E. 1995. Recent variations of Arctic climate: The observations evidence. In: Amer. Met. Soc. Fourth Conference on Polar Meteorology and Oceanography, Jan. 15-20 1995, Dallas, Texas, Boston: (J9) 20-(J9)25.

Wang J, Ikeda M. 2000. Arctic Oscillation and Arctic Sea-Ice Oscillation. Geophys. Res. Lett. , 27:1287-1290.

Wanner H, Beer J, Bütokofer J, Crowley T J, Cubash U, Flückiger J, Goosse H, Grosjean M, Joos F, Kaplan J O, Küttel M, Müller A, Prentice I O, Solomina O, Stocker T F, Tarasov P, Wagner M and Widmann M. 2008. Mid-to late Holocene climate change: an overview. Quaternary Sci. Rev . , 27:1791-1828.

Weickmann L. 1942. Zur Diskussion der Arktis zugeführten Wärmemenge. Die Erwärmung der Arktis. Veröff. Deutschen Wiss. Inst. Kopenhagen.

Werner A. 1990. Lichen growth rates for the northwest coast of Spitsbergen, Svalbard. Arctic and Alpine Res. , 22:129-140.

Werner A. 1993. Holocene moraine chronology, Spitsbergen, Svalbard: lichenometric evidence for multiple Neoglacial advances in the Arctic. The Holocene, 3:128-137.

Willemse N W, Törnqvist T E. 1999. Holocene century-scale temperature variability from West Greenland lake records. Geology, 27:580-584.

Williams L D, Bradley R S. 1985. Paleoclimatology of the Baffin Bay Region. In: Andrews J T. Quaternary Environments. Eastern Canadian Arctic, Baffin Bay and Western Greenland. Boston: Allen and Unwin:741-772.

Wilson C. 1988. The summer season along the east coast of Hudson Bay during the nineteenth century. Part III. Summer thermal and wetness indices. B. The indices, 1800 to 1900. Canadian Climate Centre Report, 88-3:1-42.

Wilson C. 1992. Climate in Canada, 1809-1820: three approaches to the Hudson's Bay Company Archives as an historical database. In: Harington C R. The Year Without a Summer? World Climate in 1816. Ottawa: Canadian Museum of Nature:162-184.

Wohlfarth B, Lemdahl G, Olsson S, Persson T, Snowball J I, Jones V. 1995. Early Holocene environment on Björnöya (Svalbard) inferred from multidisciplinary lake sediment studies. Polar Res. , 14:235-275.

Wood K R, Overland J E. 2010. Early 20 th century Arctic warming in retrospect. Int. J. Climatol. , 30:1269-1279, doi:10. 1002/joc. 1973.

Yi D, Mysak L A, Venegas S A. 1999. Singular Value Decomposition of Arctic sea ice cover and overlying atmospheric circulation fluctuations. Atmos. -Ocean, 37:389-415.

Zhang J, Rothrock D A, Steele M. 1998. Warming of the Arctic Ocean by a strengthened Atlantic inflow: Model results. Geophys. Res. Lett. , 25:1745-1748.

Zhang Q, Sundqvist H S, Moberg A, Körnich H, Nilsson J, Holmgren K. 2010. Climate change between the mid and late Holocene in northern high latitudes-Part 2: Model-data comparison. Clim. Past, 6:609-626, doi:10. 5194/cp-6-609-2010.

Zhang X D, Walsh J E, Zhang J, Bhatt U S, Ikeda M. 2004. Climatology and interannual variability of arctic cyclone activity:1948—2002. J. Climate, 17:2300-2317.

第 11 章　北极未来气候情景

观测结果及模式研究均表明,北极对温室气体浓度的增加具有高度的敏感性(Houghton et al.,1990,1992,1996,2001;Solomon et al.,2007;Stocker et al.,2013)。大多数较老的气候模式模拟结果表明,二氧化碳浓度翻倍将导致全球平均地表气温从 1.4℃ 上升到 5.8℃(Houghton et al.,2001),且北极地区的气温增幅是平均的 2~3 倍。IPCC 评估报告(IPCC-AR4 和 IPCC-AR5)将该情景下的升温范围降低至 2.1~4.4℃,造成这种不确定性的最大因素是模式中云反馈的差异。Atkinson(1994)给出了以下几点北极变暖加剧的原因:①雪线-反照率的反馈影响;②土壤碳和海底沉积物中的甲烷水合物释放的 CO_2 和 CH_4;③强烈地表逆温导致的垂直混合降低;④绝对湿度增加导致的辐射冷却减少;⑤低空大气中 H_2O 增加导致的 CO_2 效应增强;⑥北极雾霾导致的春季变暖增强。其中,前三个原因最重要,后三个因素的作用相对较小。Koenigk 等(2013)也给出了类似的原因,而 Serreze 和 Francis(2006)及 Serreze 等(2009)对此进行了更详细的讨论。

我们如何能够预测全球变暖背景下的北极未来气候的变化?科学家们大多采用两种主要方法(Jäger and Kellogg,1983;Palutikof et al.,1984;Palutikof,1986;Wigley et al.,1986;Salinger and Pittock,1991)。第一种方法是使用大气环流模式(general circulation model,GCM),也称为大气-海洋环流模式(atmosphere-ocean general circulation models,AOGCM),来构建未来的气候情景;近期更复杂的地球系统模式(earth system models,ESM)也被运用(Flato et al.,2013)。第二种方法则没有第一种方法普及,它是将历史上暖期的情况作为未来较暖的、高二氧化碳的气候情景的参考。本章将介绍基于上述方法的研究结果,但主要还是集中在第一种方法得到的结论上。在过去的几十年,这些模式已经取得了巨大的发展,本章将相关研究结果分 IPCC-AR3(2001 年)发表前后两个时间段来分别介绍。

11.1　对当前北极气候的模式模拟

衡量大气环流模式模拟结果可信度的标准是它们是否拥有再现当前全球气候的能力。回顾 IPCC 的前两份报告(Houghton et al.,1990,1992,1996)和其他一些相关工作(如 Gates et al.,1996,1999)能够看到,第一代耦合气候模式对当前气候状况模拟的最大偏差正是出现在极地。到了 20 世纪和 21 世纪相交之际,公开发表的模拟结果显示极地的模拟偏差已经在减小(Boer et al.,2000;Flato et al.,2000;Giorgi and Francisco,2000a,b;Houghton et al.,2001;Lambert and Boer,2001),但差异仍明显存在;在近期公开的一些研究结果中尤其明显(Chapman and Walsh,2007;Flato et al.,2013;Koenigk et al.,2013)。

Lamber 和 Boer(2001)发现,模式间气候变量的离散度在极地和山区最大;同样的差异也存在于南美洲和非洲西海岸外的海洋上升流区域(Flato et al.,2013)。根据 Randall 等(1998)的研究,模式场之间的巨大差异既反映了我们目前对北极气候动力学理解的薄弱,也反映了北极气候对用不同公式表述的各种物理过程具有显著的敏感性。

11.1.1 2002 年之前的知识状态

在 2002 年前的十年中,众多研究人员使用了 GCMs 模式场(Walsh and Crane,1992;Cattle and Crossley,1995;Tao et al.,1996;Walsh et al.,1998;Randall et al.,1998;Weatherly et al.,1998;Zhang and Hunke,2001)或有限区域模式场(Walsh et al.,1993;Lynch et al.,1995;Dethloff et al.,1996,2001;Rinke et al.,1997,1999a,b,2000;Dorn et al.,2000;Rinke and Dethloff,2000;Gorgen et al.,2001)来模拟北极的气候。

图 11.1 展示了 5 种最广为人知的大气环流模式(GFDL、GISS、NCAR、OSU 和 UKMO)模拟得到的 SLP 年平均场,以及基于 NCAR 海平面气压数据分析得到的 1952~1990 年的"观测"场,从图中可以清楚地看到模式场和观测场之间存在显著的差异。

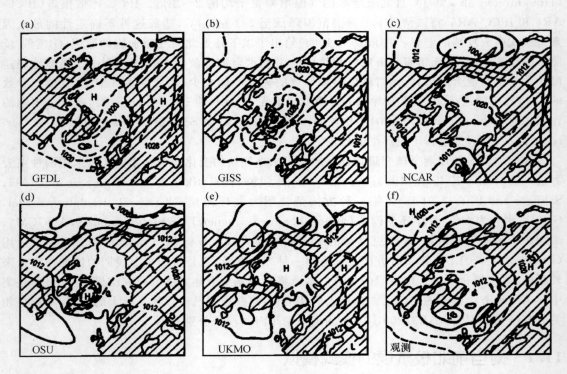

图 11.1 基于 5 种模式(a)~(e)模拟得到的年平均海平面气压场和基于 1952—1990 年 NCAR 海平面气压分析数据得到的观测场(f)(Walsh and Crane 1992)。GFDL. 地球物理流体动力学实验室(Geophysical Fluid Dynamics Laboratory,美国);GISS. 哥达德空间研究所(Goddard Institute for Space Studies,美国);NCAR. 国家大气研究中心(National Center for Atmospheric Research,美国);OSU. 俄勒冈州立大学(Oregon State University,美国);UKMO. 英国气象局(United Kingdom Meteorological Office,英国)

GFDL 模式给出的模拟结果相对最佳,Walsh 和 Crane(1992)根据 70°~90°N 区域的模拟结果与观测场之间的相关系数证实了该结论;对于 GFDL,冬季和春季其与观测场的相关系数最高(分别为 0.909 和 0.908),夏季最低(0.568);其他模式的相关系数明显更低。值得注意的是,即使是像冰岛和阿留申低压这样显著的气压系统,各个模式模拟的结果也存在较大差异。例如,Weatherly 等(1998)就发现 NCAR 模式模拟的 SLP 年平均场和 ECMWF(欧洲中期天气预报中心)分析得出的"观测场"之间存在显著差异。但我们也发现,冬季对北极气候有重大影响的 NAO 和 AO 却被大多数耦合气候模式模拟得很好（Delworth，1996；Broccoli et al.，1998；Laurent et al.，1998；Saravanan，1998；Fyfe et al.，1999；Osborn et al.，1999；Shindell et al.，1999；Houghton et al.，2001）。

Walsh 和 Crane(1992)还介绍了基于 4 种模式模拟得到的冬季地面气温场，以及基于 Crutcher 和 Meserve(1970)的数据得到的"观测"结果。尽管所有模式模拟的最低温度都在 $-35 \sim -45℃$，但它们分布的位置相差甚远。非常有趣且令人惊讶的是，尽管 GFDL 模式对北极海平面气压的模拟结果最佳，但其模拟北极气温的能力最弱；与观测相比，该模式模拟的冬季和秋季的平均气温偏低约 10℃，原因应该是 GFDL 模式内嵌了一个较差的海冰模式（Mysak，个人交流获得的信息）。UKMO 模式模拟北极气温的效果最好，该模式冬季、春季和秋季的模拟结果与观测之间的平均偏差不超过 1℃；只有在夏季，模式模拟结果比观测值低了大约 2℃。Tao 等(1996)给出了参与 AMIP(the atmospheric model intercomparison project，大气模式间相互比较计划)的 19 个数值模式模拟得到的 1979—1988 年的北极气温，结果显示在冬季、夏季和秋季，大多数模式给出的北冰洋区域平均气温低于观测值(图 11.2)；同时在春季，除 4 个模式外，其余模式的区域平均气温呈现出偏暖的状况；此外不同模式模拟的区域平均气温之间差异很大（冬季和春季能够高达 15℃左右，秋季 10℃以上，夏季 6℃左右）。有关 AMIP 的更多详情读者可阅读 Gates(1992)的文章。Walsh 等(1998)将 AMIP 的 24 个气候模式模拟得到的 1979—1988 年的降水和蒸发与观测评估值(Bryazgin，1976；Legates and Willmott，1990；Jaeger，1983；Vowinckel and Orvig，1970)进行了比较，如图 11.3 所示。从图上可以看出，几乎所有模式模拟的降水都偏多。除 SUNYA 结果出现"异常"以外，模拟降水量最多的模式是 CCC、UIUC、MPI 和 NCAR；而 JMA 和 UGAMP 模式模拟的降水量最少；但降水量减去蒸发量的结果大致相似[图 11.3(b)]。在较短时间尺度和较小空间区域上，模拟效果明显较差，如 AMIP 中各个模式给出的北冰洋月降水总量能达到相差 2 倍[见 Walsh 等(1998)的图 3]。此外，各种模式对总云量的模拟也有所差异(图 11.4)。例如，夏季北冰洋上空的模拟云量从 30%～98%不等，而根据观测其数值为 82%～84%。有趣的是，大多数模式都没有呈现出云量在夏季增加的现象；且一些模式的模拟结果显示这个季节的云量较低（如 CSI、GLA、LMD 和 SUN）。

通过以上这些回顾表明，GCMs 在区域尺度上模拟当前气候（这里是指北极气候）的可信度无法令人满意。Lynch 等(1995)指出，模式场偏差主要归因于低水平分辨率导致的地形再现不充分，以及云和海冰分布的不完备表达；他们甚至认为 GCMs 似乎不足以模拟和预测北极的气候。为了克服这个问题，他们建议使用有限区域模式（区域气候模式，regional climate models，RCMs）。RCMs 的开发由 Dickinson 等(1989)发起，他们将用于美国西部的分辨率为 60 km 的 NCAR 区域模式 MM4 嵌套在 GCM 中。此后，Walsh 等(1993)和 Lynch 等(1995)发布了第一个北极西部 RCM，称为北极区域气候系统模式(the arctic region climate system model，ARCSyM)；该模式以 NCAR-RCM 为基础研发，是全耦合的海-气-冰北极区域模式发展的重要里程碑。此外，来自德国和丹麦的科学家团队也将名为 HRIHAM 的 RCM 应用于整个北极地区(Dethloff et al.，1996；Rinke et al.，1997)。

上述这些区域气候模式在模拟不同气象要素的月平均分布时，尽管模拟结果优于 GCMs，但仍无法令人满意。例如，冬季北极部分地区的模拟气温高于观测值，在北极西部能够高出 10℃(Lynch et al.，1995)，中部高出 12℃(Dethloff et al.，1996)。夏季，模拟结果与观测结果之间的差异小于冬季，北冰洋中部区域的最大偏差为 4℃(Dethloff et al.，1996)。这里需要补充说明的是，Dethloff 等(1996)的模拟结果与基于 ECMWF 模式的分析结果对比显示，冬季 ECMWF 模式的结果在海冰表面呈现出系统性的且幅度极大的偏低；而 Lynch 等(1995)发现夏季的模式结果在山区偏冷 1～2℃，在西部苔原偏暖 3～5℃；同时模拟得到的降水和云分布也与观测资料存在显著差异。

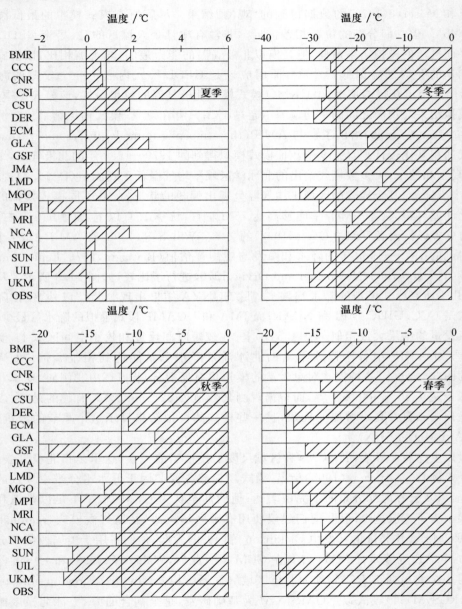

图 11.2　基于观测数据［OBS，Crutcher 和 Meserve(1970)］和 19 个 AMIP 模式计算得到的北冰洋区域的季节平均气温(Tao et al.,1996)。图中纵坐标为参与 AMIP 的模式，包括 BMRC(澳大利亚)、CCC(加拿大)、CNR(法国)、CSI(澳大利亚)、CSU(美国)、DER(美国)、ECM(欧洲)、GLA(美国)、GSF(美国)、JMA(日本)、LMD(法国)、MGO(俄罗斯)、MPI(德国)、MRI(日本)、NCA(美国)、NMC(美国)、SUNYA(美国)、UIL(美国)、UKM(英国)

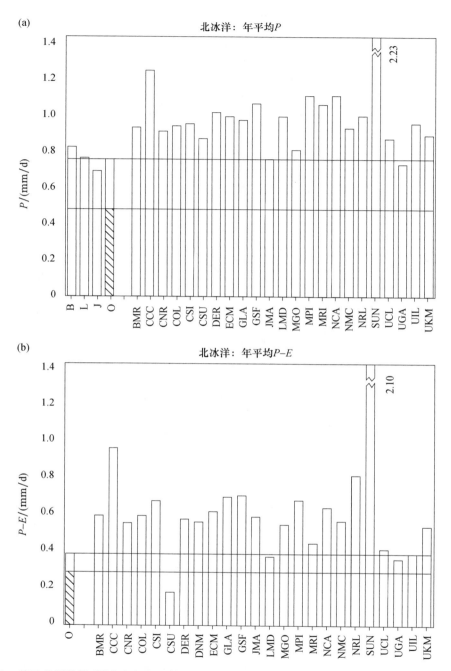

图 11.3　基于观测数据(图中左侧的柱体)和 AMIP 模式(Walsh et al. ,1998)评估得到的北冰洋降水量 P(a)和降水量减去蒸发量 $P-E$ 的年平均值(b)。观测资料来源为:B= Bryazgin(1976),L= Legates and Willmott(1990),J=Jaeger(1983),O= Vowinckel and Orvig(1970)(阴影条表示不包括巴伦支-挪威海区域的结果)。模式名见图 11.2,附加上 COLA(美国)、DNM(俄罗斯)、NRL(美国)、UCLA(美国)、UGAMP(英国)

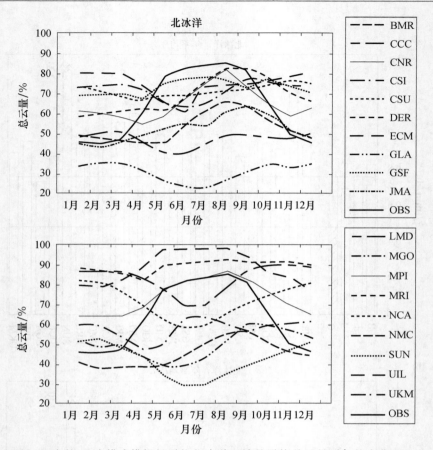

图 11.4　基于 AMIP 中的 19 个模式模拟得到的北冰洋区域月平均总云量(%)的变化(Tao et al.,1996)。粗线表示基于漂流冰站观测数据得到的 75°～85°N 的月平均总云量的变化[Vowinckel 和 Orvig(1970)的第 150 页];模式名见图 11.2

　　Rinke 等(1997)的研究还发现,模式大大高估了北极地区的入射短波通量,使得净辐射出现显著差异,这一点在 7 月尤其明显(分别高达 100 W/m² 和±70 W/m²)。虽然区域气候模式仍存在诸多问题,但 Lynch 等(1995)、Dethloff 等(1996)和 Rinke 等(1997)的研究显示,其对北极对流层和平流层低层中的气候过程的模拟具有较好的再现能力。

　　以上结果主要来自 RCMs 的第一个版本,因此存在诸多不足。此后,针对辐射物理参数化方案、海冰厚度和海冰密集度表述的改进使模式场偏差显著地减少(Rinke et al.,1999a,2000;Rinke and Dethloff,2000;Dethloff et al.,2001)。以地表气温为例,HIRHAM 模式的模拟值与实际观测值[极地海表面交换计划(polar exchange at the sea surface,POLES)中的 2 m 分辨率的网格数据,Legates 和 Willmott(1990)中的气候学数据或 ECMWF 分析数据]之间的差异在冬季整体上不超过 5℃;6 月间,尽管局地差异也能达到 5℃(见 Rink 等(2000)的图 11),但整体差异更低。ARCSyM 模式对气温的模拟结果相对最差,Rinke 等(2000)比较了 1 月模拟的近地表气温发现 ARCSyM 的结果比 HIRHAM 的结果高出 5～15℃;而这两个模式在 6 月却得到了非常相近的结果。大气降水的模拟情况则刚好相反,上述两种模式都能很好地模拟 1 月的降水量,但两种模式对 6 月降水量的模拟都要差一些(Rinke et al.,2000)。与 NCEP 再分析数据相比,这两种模式的月平均地表能量平衡分量(感热通量、潜热通量和净辐射)在 1 月和 6 月总体呈现低估(见 Rinke 等(2000)的图 6 和图 8);但 1 月的净辐射差异不超过 30 W/m²,6 月的差异不超过 40 W/m²,明显小于之前的模拟结果(Rinke et al.,1997)。此外,这两个月的感热通量差异也均小于 10 W/m²;1 月的潜热通量差异也在此数值附近,但 6 月的潜热通量差异则大一些,尤其是 HIRHAM 模式可达 30 W/m² 以上。考虑到 NCEP 对高纬度地区能量平衡分量的再分析存在高估的事实(Gupta et al.,1997),上述 RCMs 与真实情况的偏差可能还要更低一些。

通过上述分析可以肯定的是,RCMs 能够比 GCMs 更真实地模拟当今的北极气候(尤其是 RCMs 的新版本),RCMs 理应成为研究北极气候变化的可靠工具。

11.1.2　2002 年之后的知识状态

由于 GCMs(AOGCMs)的不断进步及最近 ESMs 的兴起(Flato et al.,2013),全球气候模式的模拟结果越来越好,在北极地区亦是如此。此外,得益于第四届国际极地年(4th International Polar Year,2007—2009 年)的倡议,我们对驱动北极气候系统的物理过程的了解显著加深。无论是可使用的高质量模式的数量,还是对当前的北极气候更好和更可靠的知识,都使北极气候模式的模拟结果与观测结果之间的差异大大减少。本节将主要基于 Chapman 和 Walsh(2007)、Kattsov 等(2007)和 Flato 等(2013)发表的文章,对相关知识现状进行综述。在以上列举的这些研究中,Chapman 和 Walsh(2007)将 14 个 IPCC A4 GCM 模式模拟的温度和气压与 ECMWF 的 40 年再分析(ERA40)观测结果进行了比对。Kattsov 等(2007)将 21 个 IPCC A4 GCM 的模式模拟的降水和其他北极淡水收支成分与再分析资料和真实观测资料进行了比对;并将耦合模式相互比较项目(coupled model intercomparison project,CMIP5)中的 39 个最新的模式加入了研究(Taylor et al.,2012)。Flato 等(2013)则分析了多模式平均的全球气温、降水和云量等要素与最新版本 ECMWF 再分析数据(ERA-Interim)之间的空间分布差异。从这些比较结果来看,正如 Chapman 和 Walsh(2007)在论文中所述,"总体上比上一代的 GCMs 要好"。北极 SLP 空间分布的观测结果与模拟结果之间最重要的差异之一是 GCM 在北大西洋区域模拟的风暴路径明显较短,其终点是巴伦支海而不是喀拉海(图 11.5);另外一个重要区别是"波弗特高压"的北移和变宽,这种变化对北冰洋海冰平流形式及海冰厚度和浓度分布有显著影响。模式与观测之间的平均季节性 SLP 偏差主要为正,正偏差在北冰洋上格外明显,巴伦支海和喀拉海的冬季最大偏差值几乎达到 6 hPa(图 11.5),该现象与刚才提到的北大西洋风暴轴截断一致。夏季,整个北极地区都出现了正的 SLP 偏差,最高值超过了 4 hPa,出现在北极中部和格陵兰岛上。年平均 SLP 偏差在整个北极除白令陆桥区域以外均为正,偏差通常在 ±2 hPa 之间变化[见 Chapman 和 Walsh(2007)的图 7];但在巴伦支和喀拉海区域较高,达到 4 hPa。Koenigk 等(2013)在其图 10b 上给出了与上述偏差大致相近的空间形式,只是偏差值略低一些。此外,全球耦合气候模式 EC-Earth2.3 模拟的结果与 ERA 中期再分析数据之间的平均 SLP 偏差通常也不超过 ±2 hPa。

Chapman 和 Walsh(2007)模拟得到的 1981—2000 年的季节平均气温与 ERA40 非常接近(图 11.6),偏差不超过 1~2℃;模式输出结果在大部分区域偏冷。上一代模式也给出了类似的平均值(图 11.2)。巴伦支海区域出现最大的区域负偏差(图 11.6),在冬季达到 8~12℃,春季达到 6~8℃;该区域也是最大的正 SLP 偏差的区域。Arzel 等(2006)认为较大的偏差主要与模式中巴伦支海海冰范围的过度模拟有关。模式与观测之间的年平均气温偏差在整个北极地区除格陵兰岛南部以外(Chapman 和 Walsh(2007)的图 2)均为负值,但很少会低于

−2～−3℃;偏差最大值出现在巴伦支海(<−6℃)。Flato 等(2013)在其图 9.2 中介绍了从 CMIP5 中所有可用模式模拟得到的最新的年平均气温情况,以及相对于 ERA-Interim 再分析数据的偏差值。结果显示,在大多数地区多模式平均值与再分析结果一致,偏差在 2℃ 以内(与本章节先前的模式输出结果类似,CMIP5 模式在北极几乎所有地区的输出温度偏低);偏差最大值(低于−5℃)主要出现在格陵兰岛东海岸、格陵兰海的邻近区域及巴伦支海;同时只有在加拿大北极地区的北部大陆部分(包括哈德逊湾地区)和格陵兰岛北部的小部分地区模式的输出温度高于观测值(高出 2℃)。EC 地球模式的模拟结果总体上与 Flato 等(2013)给出的结果近似[见 Koenigk(2013)的图 7b],但必须注意的是,EC 模拟结果中最大的冷偏差从巴伦支海(Chapman and Walsh,2007;Flato et al.,2013)移至格陵兰海的西部。

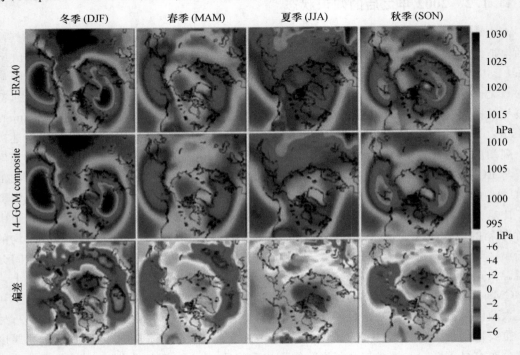

图 11.5　1981—2000 年观测(顶排)和模拟(中排)得到的季节平均海平面气压;
模拟与观测之间的偏差在最下面一排呈现(Chapman and Walsh,2007)(见彩图)

新发展的模式对降水的模拟效果明显优于先前的模式[对比图 11.7a 和 11.3a 或见 Flato 等(2013)的图 9.4b]。尽管目前大多数模式的模拟降水量仍然偏多,但其与观测数据之间的差异明显在缩小。基于 21 个 IPCC AR4 模式数据计算得到的 1980—1999 年北冰洋(70°～90°N)年平均降水量为 0.79 mm/d,仅比 Bryazgin 评估得到的观测值高 0.05 mm/d。但与 ERA-40 数据的结果相比,1980—1999 年和 1960—1989 年的模拟降水量分别低了 0.11 mm/d 和 0.06 mm/d(Kattsov et al.,2007)。如果考虑到北极地区的降水量在 20 世纪的最后 10 年中显著增加(Przybylak,2002)这一事实,可以推测模式模拟得到的结果似乎更能反映真实的降水量。Kattsovet 等(2007)在其图 2a 和图 2b 中给出了 1960—1989 年 21 个模式与 ERA-40 再分析数据以及 Bryazgin 观测数据之间的年平均降水量偏差,并给出了偏差的地理分布;结果发现,模拟结果与这两种数据的偏差分布非常接近,几乎整个北极西部的模拟降水偏差均偏多,特别是在阿拉斯加和加拿大北极西部,以及格陵兰岛东南部的部分地区甚至高达 1 mm/d;

但大西洋和西伯利亚地区的降水量明显被低估,其中巴伦支海的降水偏差量低于－1 mm/d。

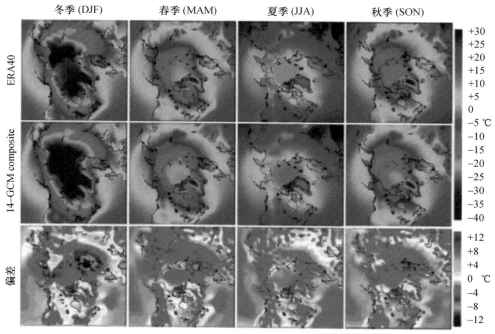

冬季 (DJF)　春季 (MAM)　夏季 (JJA)　秋季 (SON)

图 11.6　1981—2000 年观测(顶排)和模拟(中排)得到的季节平均地表气温;
模拟与观测之间的偏差在最下面一排呈现(Chapman and Walsh,2007)(见彩图)

我们也注意到,全球耦合气候模式 EC-Earth 对年降水量的模拟结果与上述结论明显不同。与 ERA-Interim 再分析数据相比,北冰洋年降水总量的模拟结果低 10%～30%[Koenigk 等(2013)的图 11b],格陵兰中部的差异最大(30～40 mm);而阿拉斯加、西伯利亚部分地区、大西洋东北部和北欧地区出现了 10%～30% 的正偏差。

图 11.7(b)给出了基于观测数据和 IPCC A4 模式模拟的北极地区年平均降水量减去蒸发量。相比旧模式(AMIP),新模式(IPCC AR4)的模拟能力明显加强(比较图 11.7b 和图 11.3b)。例如,基于 21 个模式模拟的北冰洋区域(70°～90°N)1980—1999 年的年平均降水量减去蒸发量为 0.45 mm/d,高于 Korzun(1978)基于气候评估得到的 0.38 mm/d 的观测结果[图 11.7(b)]。根据 Kattsov 等(2007)的研究成果,较大的模拟值可能也正是反映了上述文献给出的近期降水量增加的事实情况;因为与 Bryazgin 对降水量的估算结果类似,Korzun 对降水量减去蒸发量特征的估算也是基于更早一些的观测数据得到的,故其估算值可能会较近期实际情况偏低。

尽管新的高质量模式(EC-Earth)和新版本再分析数据(ERA-Interim)引入了云反馈过程,但它们仍然无法正确再现云量的年变化(图 11.8)。与观测数据相比(APP-x 卫星估算,Wang and Key,2005;Karlsson and Svensson,2011),EC-Earth 和 ERA-Interim 在夏季的模拟云量略高;但在冬季它们却高估了 15% 和 10%。同时,无论是模式产品还是再分析产品,冷半年的云量都高于暖半年,即它们的年变化周期与观测相反。此外,Vavrus 等(2012)的研究报告表明,与观测结果相比 CCSM4 模式(community climate system model,version 4)严重低估了大多数月份内的北极云量。在冬季,CCSM4 的云量负偏差高达 30%～40%,与 EC-Earth 和 ERA-Interim 产品完全相反。综上所述,基于模式的云模拟仍然存在很大的误差(且模式间有较大的不一致性),这大大增加了云反馈估计的不确定性,对未来的气候变化预测产生显著影响。

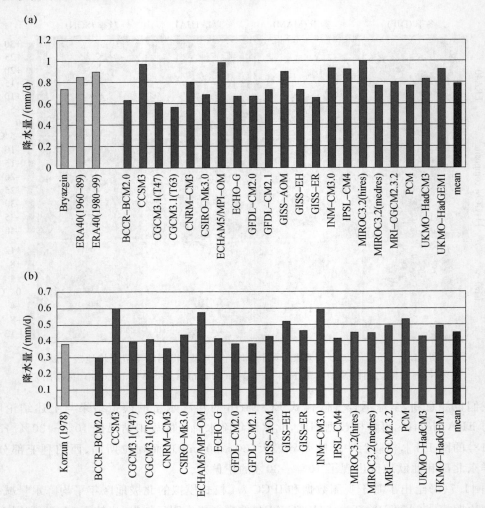

图 11.7　1980—1999 年北冰洋(70°~90°N)的年平均降水量(P)和降水量减去蒸发量($P-E$):(a)IPCC AR4 模式模拟的 P,Bryazgin(Khrol,1996)评估得到的观测值和 ERA-40 观测数据的比较,(b)IPCC AR4 模式模拟的 $P-E$ 与评估得到的观测值(Korzun,1978)的比较(Kattsov et al. 2007)

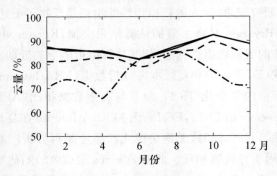

图 11.8　EC-Earth 模式(——)、ERA-Interim 数据(———)和 APP-X 数据(—·—)给出的 20 世纪 70°~90°N 的平均云量变化情况(Koenigk et al. ,2013)

11.2　21 世纪北极气候情景

11.2.1　GCM 方法

11.2.1.1　2002 年之前的知识状态

对于北极气候情景的模拟,GCMs 可分为两种类型:平衡模式和瞬态模式。第一组模拟 CO_2 浓度迅速翻倍情况下的气候变化,第二组模拟 CO_2 浓度逐渐增加情况下的气候变化(通常每年复合增加 1%)。第二种方法更接近现实情况,类似于当前 CO_2 浓度的变化。利用大气环流模式开展的第一次平衡实验给出的模拟结果显示北极地区大幅升温(冬季升温最高可达 $10\sim16℃$),增温在大西洋和太平洋的北部地区最为显著(Washington and Meehl,1984;Meehl and Washington,1990);在北极其他地区,冬季也能升温 $4\sim6℃$,夏季升温 $2℃$。但模拟得到的温度变化的地理分布与当前观测给出的结果并不一致[Chapman 和 Walsh(1993)的图 1 或 Przybylak,1996,2002]。

利用更复杂和更精细的高分辨率模拟(GCMs 与混合分层海洋模型耦合)给出的 CO_2 翻倍条件下的气候状况模拟结果对世界上部分地区而言更加可靠,但对北极地区来说效果不佳[Houghton 等(1990)的图 5.4],其图中给出的 3 种模式(CCC、GHHI 和 UKHI)的模拟结果表明, CO_2 翻倍条件下北极地区的变暖在秋末及冬季最为明显,其中前两种模式预测的冬季升温幅度超过 $10℃$;但模式间对区域或局部的冬季地表气温的模拟差异能够达到 $10℃$。回顾当前各气候模式的表现(参见 11.1 节)不难看出各耦合气候模式对当前气候的模拟中分歧最大的区域仍然是极地。

由于篇幅有限,这里简要地描述 CO_2 浓度翻倍条件下平衡 GCMs 模拟得到的其他气象要素的变化。总体上,预测得到的北极地区云量和降水量增加,海冰范围及厚度在减少(Washington and Meehl,1984;Schlesinger and Mitchell,1987;Houghton et al.,1990;Meehl and Washington,1990;Przybylak,1993;Kożuchowski and Przybylak,1995)。除去 CO_2 浓度的跳跃增长以外,这些模式的主要不足是在模拟过程中忽视了深层海洋(特别是深层混合区)的热惯性,因此给出了过度的响应。基于同一个模式(GFDL)模拟的 CO_2 浓度翻倍条件下的地表气温的瞬态响应和平衡响应的比较结果能够证实上述结论,如图 11.9 所示;北大西洋北部和南半球绕极海上空的表层气温的瞬态响应特别低,那是因为这些区域海水的深层垂直混合最大,有效海洋热惯性非常大。根据 Manabe 等(1991)的研究结果,北大西洋北部出现的相对较小的表层增暖也与来自南部暖水的表层平流减少有关(高纬度地区降水量超过蒸发量导致温盐环流减弱)。与平衡响应相比,瞬态响应下北极变暖率降低了 $1.4\sim2.0$ 倍[图 11.9(c)]。GFDL 模式结果还表明[图 11.9(a)], CO_2 浓度翻倍条件下,北极地区的年平均气温应增加 $4\sim5℃$;在冬季和夏季(未给出)分别升温 $5\sim8℃$ 和 $0\sim2℃$。

最近,Cattle 和 Crossley(1995)利用 UKMO 模式模拟了 2 倍 CO_2 浓度条件下的北极气候变化。他们发现,冬季气温的最大变化(超过 $10℃$)主要出现在大西洋和大陆架海域的边缘冰区,同时格陵兰岛上呈现 $2\sim5℃$ 的增温;而夏季整个北极的增温相对较小,只有 $0\sim2℃$(图 11.10)。而当考虑硫酸盐气溶胶效应的简单参数化方案引入模式后,显著降低了变暖的幅度,但对增温分布形式的改变很小(图 11.11);冬季的增温在 $2\sim5℃$,其中大西洋区域升温幅度最小;夏季多数北极地区的升温幅度很小,只有 $0\sim1℃$,最大的升温发生在格陵兰和阿拉斯加($1\sim4℃$),部分区域甚至可能出现降温(图 11.11)。基于 Mitchell 等(1995)开发的模式计算得到的 IS92a 情景下[1795 年至 2030—2050 年的最可能贴近事实的气溶胶变化情景,Hough-ton 等(1992)]的北极地区的年平均气温变化为 4~6℃。第三次 IPCC 报告(Houghton et al.,2001)也给出了 1961—1990 年与 2071—2100 年的温度变化情况,同时它采用了一组新的情景[SRES 情景,详见 Houghton 等(2001)]。在 SRES A2 和 B2 两种情景下,基于多模式集合预测得到的北极大部地区的升温幅度在 6~10℃和 5~8℃之间[Houghton 等(2001)的图 9.10d 和 e]。与 Mitchell 等(1995)的模式结果相比,6 个 SRES 情景中的未来二氧化硫排放量低于 IS92 情景,从而导致了更显著的增暖(Houghton 等(2001)的图 17)。此外,对北极对流层进行的 2 倍 CO_2 浓度下的气候模拟显示,对流层的温度升高幅度在 1~1.5℃;但几乎整个平流层都在降温,降温主要出现在平流层中部,温度下降 2~3℃,而平流层下部温度并未发生明显变化。

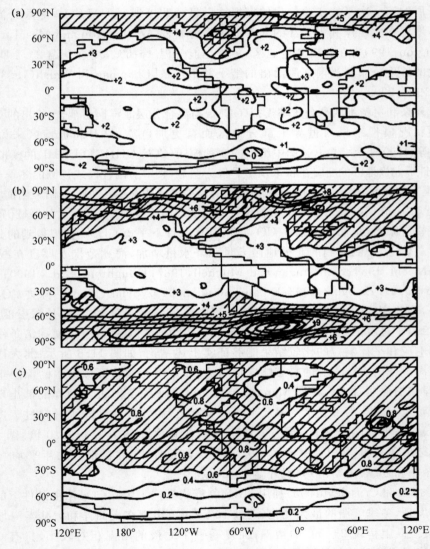

图 11.9　(a)海气耦合模式中的表层气温对大气 CO_2 浓度增加(1%/a)的瞬态响应。响应(℃)是指 20 年(第 60~80 年)平均表层气温(CO_2 浓度增加 1%/a 的条件下)和 100 年平均表层气温(CO_2 浓度是常数)之间的差值。(b)地表气温对大气 CO_2 浓度翻倍条件下的平衡响应。(c)瞬态响应与平衡响应的比率(Manabe et al.,1991)

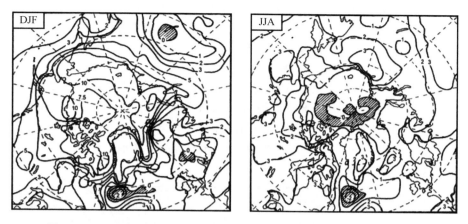

图 11.10 CO$_2$ 浓度 10 年翻倍条件下的北极冬季和夏季的气温（℃）变化。
由哈德利中心业务化运行的瞬时模式给出（Cattle and Crossley，1995）

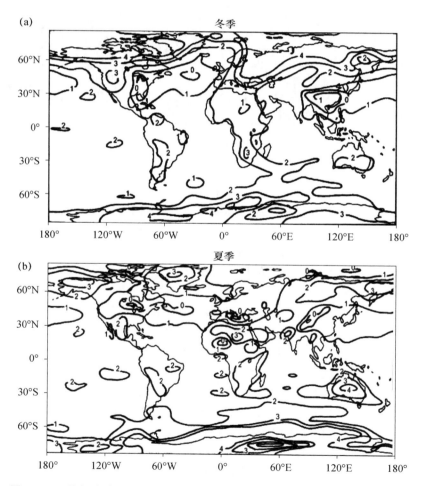

图 11.11　将气溶胶效应考虑在内的情况下，1880—1889 年与 2040—2049 年
冬季和夏季地表气温季节变化的模拟结果（Kattenberg et al.，1996）

大多数瞬态 GCMs 模拟的降水量随 CO_2 浓度增加而增多（Manabe et al.，1992；Cattle and Crossley，1995；Houghton et al.，1996，2001），但模式间降水量变化的地理分布存在显著区别。Cattle 和 Crossley（1995）的模拟结果显示（图 11.12），冬季的降水量在北极海盆中部稍有增加，而在周围的陆地上有较高的增量；格陵兰-冰岛-挪威海地区、格陵兰东南部、冰岛、斯匹次卑尔根、欧洲北部和 50°E 以西的俄罗斯北极地区的降水量普遍减少。夏季，在北冰洋的大部分地区、格陵兰岛和挪威海的部分海域、几乎整个巴伦支海及周边岛屿（新地岛、法兰士约瑟夫地群岛、斯匹次卑尔根岛）及俄罗斯北极地区的中部，降水量普遍减少。若将气溶胶强迫加入模式，则原先冬季降水量减少地区的降水量出现增加，夏季的降水量增加得更加普遍（Cattle and Crossley，1995）。

图 11.12　CO_2 浓度 10 年翻倍条件下的北极冬季和夏季的降水量（mm/d）变化。
由哈德利中心业务化运行的瞬时模式给出（Cattle and Crossley，1995）

作者详细查阅了基于 GCMs 进行瞬态模拟的文献，并未发现任何关于北极云量在 CO_2 浓度翻倍情景下如何发生变化的信息。那么 2002 年以前我们对北极气候系统中其他气象要素和组成部分的了解情况又如何呢？Wild 等（1997）计算了全球 10 m 高度的纬向平均风速在 CO_2 浓度翻倍下的变化。夏季北极的平均风速增高 0.2～0.5 m/s，但冬季极点周围的风速却降低了 0.5 m/s，60°～75°N 纬度带内的风速降低了 0.4 m/s。此外，通过 CCC-GCM（平衡模式）模拟得到的北极冬季气旋频率与上述研究非常一致（Lambert，1995）。Lambert 的文章中的图 11.2 和图 11.3 的比较结果表明，北极气旋在偏暖的情景下总数会减少，但强气旋的频率反而会增加。Manabe 等（1991）给出了 GFDL GCM 瞬态模拟的 CO_2 浓度翻倍情景下的平均地表热平衡分量结果（图 11.13），可以看到整个北极（包括海洋和大陆部分）的净辐射均为正；除南部海洋外，其他所有地区的感热均为负，而潜热在 60°～80°N 纬度带内主要为负；同时北极大陆部分潜热通量的减少明显更高（达到 2～3 W/m²）[图 11.13（b）]。

此外，海冰是北极气候系统中非常重要的部分。UKMO GCM 的预测结果显示，在 CO_2 浓度翻倍情景下，海冰厚度在夏季和冬季均减少 1 m 以上，且最大的变化发生在冰层最厚的区域（图 11.14）。Manabe 等（1992）及 Ramsden 和 Fleming（1995）分别使用 GFDL GCM 和冰-海北冰洋耦合模式（基于大气 CCC 模式的输出结果）进行模拟研究，也得到了类似的结论。

Ramsden 和 Fleming（1995）由此总结道，北极冰原更像是气候变化的调节器，而不是加速器；他们的模拟结果还显示，CO_2 浓度翻倍情景下海表温度将上升约 1℃，其中夏季升温幅度最大，开放水域量也达到最高；北冰洋的海表盐度也会略有下降。

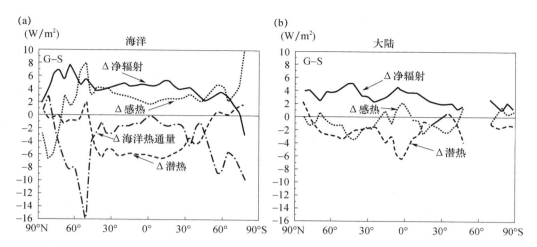

图 11.13　海洋(a)和大陆(b)的纬向平均地表热平衡分量在 G(CO₂ 浓度增加 1%/a 的条件下的第 60～80 年)和 S(CO₂ 浓度是常数)模拟之间的差异随纬度变化的变化(Manabe et al,1991)

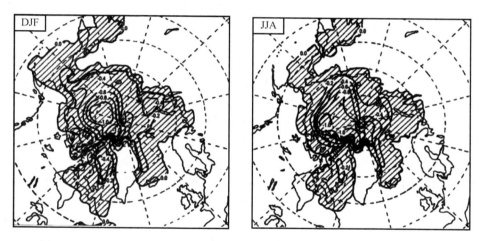

图 11.14　CO₂ 浓度 10 年翻倍条件下的北极冬季和夏季的海冰厚度(m)变化。由哈德利中心业务化运行的瞬时模式给出(Cattle and Crossley,1995)

11.2.1.2　2002 年以来的知识状态

近年来,大量关于 21 世纪北极气候变化情景的成果出版,涉及了不同类型的 GCMs、ESMs 和 RCMs。前文也提到最新版本的气候模式通常比旧一代模式更好地模拟了当前的北极气候。因此,这一节中的相关内容作者主要基于以下出版物来陈述,包括 Chapman 和 Walsh(2007);Kattsov 等 (2007);Rinke 和 Dethloff(2008);Vavrus 等(2012);Collins 等(2013)和 Koenigk 等(2013)。基于模式模拟得到的 21 世纪北极气候变化的结果,其可靠性在很大程度上取决于所使用的各种未来情景是否合理,而这些情景主要通过人口和经济比率来描述。IPCC 在 2000 年发表的一份特别报告中给出了温室气体排放情景的第二个版本(SRES情景,Nakić enović et al. ,2000)。SRES 包含 4 组"家族"情景,即 A1、A2、B1 和 B2,共 40 个场景,由 6 个建模团队开发而来;这些场景被广泛用于 AR5 发表之前的模式研究中。AR5 的发表改变了原来基于定性描述的方式(SES 情景),提出了基于定量描述的新方案,即代表性浓度路径(representative concentration pathways,RCP)。RCP 包含了 4 种新的情景,即 RCP2.6、RCP4.5、RCP6.0 和 RCP8.5。RCP 后面的数字表示到 2100 年的辐射强迫异常分别为 2.6 W/m²、4.5 W/m²、6.0 W/m² 和 8.5 W/m²(Collins et al.,2013)。最可能的强迫(排放)情景是处于 SRES 和 RCP 情景中间位置的 A1B 和 RCP4.5。A1B 情景下的 21 世纪末,全球年平均气温预计将上升近 3℃(对比 1980—1999 年的情况),而 RCP4.5 情景下的预测增温幅度为 2℃(对比 1986—2005 年的情况)(Collins et al.,2013)。基于上述原因,本节主要基于这两种排放情景对北极的未来气候进行讨论。

11.2.1.3　气温

图 11.15 为利用 EC-Earth2.3 模式模拟的 2080—2099 年相对 1980—1999 年的 2 m 高度上气温年平均和季节平均变化。结果显示,除格陵兰的内部主要区域外,北极全境将升温 4℃。大幅的增温预计发生在北冰洋海域(＞6℃),其中巴伦支海北部的绝对最高气温将超过 10℃。气温上升具有强烈的季节性特征(图 11.15),冬季和秋季升温幅度最大,在除了秋季的哈德逊湾地区和格陵兰岛以外的几乎所有地方增温都超过 6℃;巴伦支海北部在冬季升温最高(＞15℃)。秋季,平均而言北极东部(西部)要比冬季温暖(寒冷)。夏季,升温幅度明显较低,通常低于 2℃,其中北冰洋中部的夏季升温甚至低于 1℃(图 11.15);其原因是气温在被雪和/或海冰覆盖的地表处会一直维持在 0℃直至冰雪完全消融。Chapman 和 Walsh(2007)及 Rinke 和 Dethloff(2008)发现了相同的气温季节变化形势,他们分别在 14 个 IPCC AR4 GC-Ms 和 RCM HIRHAM 中使用了 SRES A1B 情景,结果发现,模式间年平均气温变化的空间分布与季节平均气温的分布也有很好的对应关系。夏季,3 个模式预测的 21 世纪末的温度变化都非常接近,而在冬季 IPCC AR4 模式场[14-GCM 组合,见 Chapman 和 Walsh(2007)的图 13]模拟得到的升温幅度较低,通常为 1~2℃,3 组模式模拟的巴伦支海的气温差异最大,约为 5℃。与旧版本模式的预测结果相比,主要的差异(显著的升温)出现在冬季(特别是大西洋区,通过图 11.11 和图 11.15 的比较能够看出);但是在夏季,新旧模拟结果之间的差别并不大。

Rinke 和 Dethloff(2008)还分析了 2080—2099 年和 1980—1999 年气温变率的变化情况(见其文章中的图 11.5b)。结果发现在北极的很大一部分地区,冬季气温的变率都有所降低,最显著的为巴伦支海和喀拉海区域(气温变率的降低超过 4℃),阿拉斯加冬季气温的变率也将大幅降低 1~2℃,这与预测过程中未来水将替代雪面或冰面有关;但是,除了北冰洋中部以外,未来北极地区夏季气温变率的增加则会占主导地位。

11.2.1.4　降水

众所周知,降水是所有气象变量中在时间和空间上变化最大的。因此,对当前和未来降水量的数值模拟均非常困难且模拟结果的可靠性要低于气温等要素。这也是 Cattle 和 Crossley(1995)使用旧模式(图 11.12)给出的 21 世纪末北极部分地区的降水量的预测结果与最近的预测结果之间存在非常大差异的原因[图 11.16,Kattsov 等(2007)的图 9b,Rinke 和 Dethloff(2008)的图 8a]。新旧模式之间最大的差异出现在巴伦支海,新模式模拟的降水量大幅增加,而旧模式则刚好相反。冬季,两代模式都给出了北极其他地区降水量增加的预测;但新模式中降水量的增加更显著(RCM HIRHAM,Rinke and Dethloff,2008)。夏季,模式之间降水量的空间分布差异最大;旧模式的结果(图 11.12)显示北极大部分地区的降水量具有减少的趋势,而新模式则预测几乎所有北极地区的降水量都增加了 20%~50%。图 11.16 和 Kattsow 等(2007)的图 9b 分别给出 RCP4.5 情景下和 SRES A1B 情景下的年降水总量分布,除 RCP4.5

情景中北欧海域的小部分地区外,两种模拟结果都给出整个北极地区降水量普遍增加的预测。在 Kattsow 等的模拟结果中(IPCC AR4 模式)降水量的变化更加平稳,北极东部的降水量增加幅度更大(30%～40%),法兰士约瑟夫地群岛和新地群岛之间出现了降水增量的最大值(40%～50%),而北极西部的降水增量最大值为 10%～30%。EC-Earth 模式的预测结果具有更大的差异,在巴伦支海上的增幅为 100%(降水增量超过 300 mm),北冰洋西部为 30%～40%(20～60 mm),但在加拿大北极群岛仅为 10%～20%(20～60 mm)。

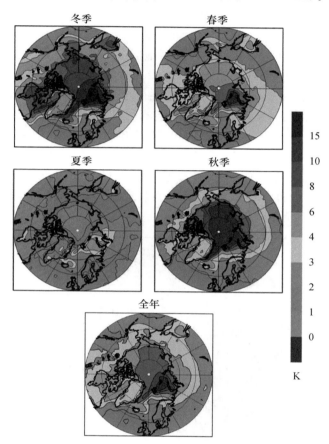

图 11.15　RCP4.5 情景下的 2080—2099 年和 1980—1999 年 2 m 高度上气温年平均和季节平均变化;
图中所示为集合平均值(Koenigk et al.,2013)(见彩图)

与气温模拟一样,Rinke 和 Dethloff(2008)也使用 RCM 估计了未来降水的年际变率情况(见文献中图 8b)。研究发现,到 21 世纪末整个北极地区的降水变率显著增加,冬季尤其如此,这与温度的变率恰好相反。同时,冬季的巴伦支海、喀拉海和楚科奇海的变率明显最大(标准差预计将增加 4～6 倍)。在夏季,降水量的变率或小幅度增加或小幅度减少,但增加占主导地位。

11.2.1.5　气压

Chapman 和 Walsh(2007)及 Rinke 和 Dethloff(2008)都给出了气压在未来各个季节内的预测结果。此外,Chapman 和 Walsh(2007)及 Koenigk 等(2013)给出了研究周期内气压的平均变化情况(图 11.17)。所有的上述模拟结果均显示未来北极大部分地区的气压会发生降低。EC-Earth 模式在 RCP4.5 情景下,预测得出整个北极地区的年平均 SLP 下降 1～3 hPa,

其中格陵兰岛内部和西伯利亚地区的 SLP 变化较小,巴伦支海和格陵兰岛北部的 SLP 降低幅度最大,可达 3 hPa。Koenigk 等(2013)也指出,大多数 IPCC AR4 模式预测的 21 世纪北极地区的 SLP 下降情况相似[包括 Chapman 和 Walsh(2007)的 14-GCM 合成结果中提及的模式,见他们的图 15]。多数模式预测出白令海峡和/或巴伦支海区域的 SLP 降幅最大;许多模式还预测出西伯利亚地区的 SLP 增加,但 EC-Earth 模式刚好相反。Chapman 和 Walsh(2007)的研究结果显示,冬季模拟得到的 SLP 下降最多,在北冰洋达到 3~4 hPa,白令海地区超过 6 hPa;夏季的降幅最小,为 1~2 hPa,且主要局限于北极的海洋部分。Rinke 和 Dethloff(2008)使用 RCM 模式的预测结果显示,到 21 世纪末冬夏两季的 SLP 变化与上述结果相似,但显著的差异是 SLP 下降幅度最大的位置从白令陆桥地区(GCM 模式)转移到斯瓦尔巴群岛、新地群岛和北地群岛之间的区域[Rinke 和 Dethloff(2008)的图 4a]。同时,在 RCM 的预测结果中,夏季的 SLP 通常降幅较小(<1 hPa),甚至在白令陆桥地区出现了小幅的上升(达到 0.5 hPa),这与 14-GCM 组合在北极太平洋一侧的预测结果相反。此外,大西洋和格陵兰地区明显出现了更大的降幅(2~4 hPa)。从 RCM 和 GCM 预测结果的比较来看,基于 RCM 模式预测的北极地区夏季的 SLP 变化范围大于 14-GCM 组合模式的结果;但要注意的是,该结论是基于模式集合平均的结果给出的,当我们考虑特定的 GCMs 的结果时[Chapman 和 Walsh(2007)的图 15],它们中的许多模拟的 SLP 可能与 RCM 是类似的,因此也体现出模式间的 SLP 变化范围是相对较大的。

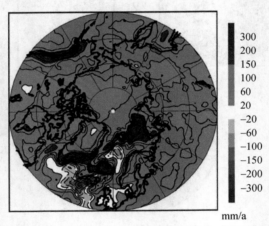

图 11.16　RCP4.5 情景下的 2080—2099 年和 1980—1999 年年平均降水量的变化
(mm/a);图中展示的是集合平均值;在所有着色区域内平均降水量变化都满足 95% 的
显著水平检验(Koenigk et al.,2013)(见彩图)

Rinke 和 Dethloff(2008)给出的年际间的 SLP 变率表明,冬季的 SLP 变率显著增加(标准差增加了 2~3 倍),变率最大出现在北大西洋北部、巴伦支海、喀拉海和白令海。夏季,SLP 的变率或增加或减少,但结果只有部分是显著的。

11.2.1.6　云

相对于其他气象要素而言,针对北极地区未来云量特征(如短期和长期的云量和辐射强迫)的研究相对较少,只有 Vavrus 等(2012)和 Koenigk 等(2013)的著作中提供了一些关于云量变化的信息。Vavrus 等(2012)使用了新一代 NCAR 的共同气候模式(community climate system model,CCSM4),模拟了高温室气体强迫情景 RCP8.5 条件下的气候变化,结果显示

2100 年的年平均云量从 2005 年的 0.48 增至 0.60 左右（增加了 25%），这也与 Vavrus 等（2012）在其图 5 中给出的结果基本一致。北冰洋区域的云量增幅最大（16%～18%），陆地上的增幅最小（通常不到 10%）。一年当中，10—12 月云量增幅较大（17% 以上），11 月云量增幅最大（23% 左右）；2 月和 3 月的增幅最小，约为 8%（Vavrus et al.，2012）。Vavrus 等（2009）还分析了 SRES A1B 排放情景下 20 个 CMIP3 模式模拟的云量变化，结果却发现云量的增加明显较小，冬季为 4%～5%，夏季只有 1%～2%。Vavrus 等对云量的估计结果与 Koenigk 等（2013）使用 EC-Earth 模式在所有新排放情景（RCP）下模拟的结果明显不同（见文中的图 12b）。EC-Earth 模式模拟的云量在冬春两季有小幅的增加（最大增幅可达 1%～3%）；高排放情景下的云量增量略大于低排放情景。同时，夏季的云量几乎不变，而在秋季（特别是 10 月和 11 月），云量降幅最大，RCP4.5 情景和 RCP8.5 情景下的降幅分别达到 5% 和 10%。对比 Vavrus 等（2012）给出的 10 月和 11 月的云量增幅最大的结果可以看出，我们对北极云层形成的物理机制的了解仍然十分有限。

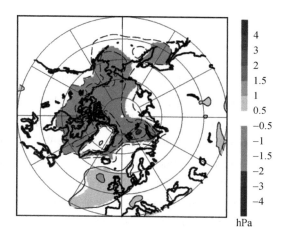

图 11.17　RCP4.5 情景下的 2080—2099 年和 1980—1999 年年平均海平面气压的变化（hPa）；图中展示的是集合平均值；在所有着色区域内平均海平面气压变化都满足 95% 的显著水平检验（Koenigk et al.，2013）（见彩图）

与 20 世纪末相比，21 世纪末的云短波辐射强迫在所有月份均有所减少，其中夏季减少幅度最大（RCP4.5 情景下减少 25～30 W/m² (Koenigk et al.，2013)。同时，除 7 月、8 月和 9 月外，云长波辐射强迫在大多数月份都会增加，预计冬季增幅最大，其中 RCP4.5 情景下的增幅为 5～10 W/m²。

11.2.1.7　海冰

新一代模式预计，从 20 世纪末到 21 世纪末，海冰特征（厚度和浓度）将发生重大变化，且变化幅度要比旧模式的模拟结果大得多。从图 11.14 可以明显地看出，哈得来中心模式在 1990 年代模拟的海冰厚度的最大减少量约为 1 m，而当前模式预测的减少量是前者的 2～3 倍 [图 11.18(a)]；其中在与格陵兰岛和加拿大北极群岛邻近的北冰洋区域中，海冰厚度减少幅度最大（超过 3 m）。另外，由于北极中间区域海冰密集度的年际变化较小（Koenigk et al.，2013），所以这些区域的年平均的海冰密集度变化也最小 [图 11.18(b)]。巴伦支海的海冰密集度在整个北极地区及所有季节中均呈现最大的降幅。

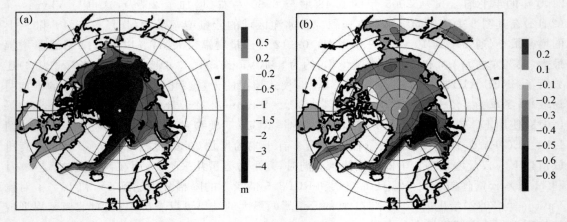

图 11.18　RCP4.5 情景下的 2080—2099 年和 1980—1999 年年平均海冰厚度(a)
和海冰密集度(b)的变化(见彩图)

11.2.2　类比方法

类比研究是将一个高 CO_2 浓度的暖期作为参考来开展研究,该暖期既可以是来自古气候的重建,如中世纪暖期或全新世中期,也可以是最后一个间冰期(埃姆,Eemian)或仪器观测时代。对于北极来说,我们对其古气候历史的了解并不充分,故只有仪器观测时代的历史背景可以被用来做类比。仪器的记录能够帮助构建详细的区域和季节情景,但也受限于观测站网的密度(Palutikof,1986)。目前只有 Przybylak(1995,1996,2002)利用仪器记录数据对北极的气候情景(温度和降水)开展了重构;但读者还可以从 Jäger 和 Kellogg(1983)以及 Palutikof(1986)的研究中找到一些高 CO_2 浓度时期的气候变化信息,前者主要关注了北极南部,后者关注了加拿大北极地区和格陵兰岛南部区域。在使用该方法重构时,最大的问题是仪器记录到的冷暖差异(即使是在观测站网密度和准确度都较高的前提下)要比由 CO_2 浓度变化引起的增温幅度(最保守的评估值)小得多。因此,以下论述中提到的情况只能象征性地代表二氧化碳增加所导致的气候变暖的最初年份(21 世纪初)的状况。

根据 Przybylak(1995,1996,2002)给出的情景,在全球变暖的背景下,北极的大部分地区也在增暖,这种变暖的形势在冬季、春季及全年都非常相似。气温增幅最大的区域为北极东部,尤其是巴伦支海和喀拉海。秋季的气温变化最为特别,不到一半的北极地区出现变暖;而降温主要出现在北极的西部(格陵兰岛、加拿大北极地区和阿拉斯加)和丘霍茨克半岛(Chukhotsk Peninsula),其中阿拉斯加的降温幅度最大。夏季,北极的增温范围最大,只有格陵兰岛南部和西部海岸、巴芬海和俄罗斯北极的小部分地区出现气温下降;但夏季的温度增幅很小,多数区域低于 0.3℃。冬季升温(或降温)幅度的极值最大,能超过 1℃。北极最大的季节平均增温(基于 27 个站的数据计算而来)出现在春季,为 0.31℃;冬季的平均季节增温稍低,为 0.17℃;秋季的平均值最低,仅为 0.01℃。北极的季节平均增温和年平均增温情况与北半球的情况相比非常有趣;在春季和夏季,北极增温的幅度是北半球的 2 倍多,而冬季北极增暖的幅度只比北半球稍大一些,秋季北极增暖的幅度比北半球要小的多;北极年平均气温的增暖比北半球高 1.6 倍。

全球增暖背景下的降水的空间变化程度更大,降水的分布形态比气温复杂得多〔Przybylak(1995)的图 1],降水的空间变率也显著较大。在所有季节中,除春季外,北极的平均降水量普遍下降(由 27 个观测站的数据计算得来)。秋季北极的平均总降水量下降幅度最大,而该季节的增温最不明显;降幅最大值出现在格陵兰西南部和丘霍茨克半岛(达到 40～50 mm),只有巴伦支海及其邻近岛屿上的降水有所增加。尽管冬季降水的减少幅度小于秋季,但此时北极大部分地区的降水量都有所减少;降水量仅在大西洋区和加拿大的大部分北极地区有所增加。春季伴随着最显著的增温,降水量总体出现了增加;降水量变化的形式与冬季非常接近,主要的区别是其降水减少区域的面积有所增加。夏季,降水量的增与减具有相近的区域面积,其中降水量增加最显著的区域包括阿拉斯加、加拿大北极地区、格陵兰岛东海岸和格陵兰海。年降水总量的显著减少发生在北极中部和俄罗斯北极地区,减少幅度相对较小的是格陵兰岛南部及其邻近的海域。总之,正如 Przybylak(1995,1996,2002)所提出的,在全球变暖的第一个时期,北极地区会出现一次小幅度的变暖和降水量的减少,这与二氧化碳的增加有关。同时,气温与降水量之间没有直接关系,降水量增加和减少的现象在增温和降温区域都会发生。

　　以上这些回顾表明研究北极的气候学家和气候建模者们目前仍有大量的工作要做。一方面,我们对北极大部分气象要素的气候学状况及北极气候系统的某些组成部分了解不足,导致无法可靠地检验数值模式的有效性;另一方面,现有的气候模式(包括 RCMs,特别是 GCMs)对许多北极过程的描述不准确(如云辐射相互作用、局部陆面-大气相互作用、海冰分布、层云和北极雾霾)。因此,极地是各气候模式对当前气候的模拟中分歧最大的地区。换句话说,使用这些模式(目前主要是 GCMs)来预测 21 世纪的北极气候仍然无法令人满意,其结果在区域和局地尺度上仍存在较大的偏差。但也应值得称赞的是两种模式目前都能正确地模拟大尺度的气候背景,且如 11.1 节所述,RCMs 最新的版本可以提供比 GCMs 更好和更可靠的气候模拟结果。目前,关于 RCM 模式的研究工作大多还是关注对模式本身及其物理过程的评估;但这种趋势也正在改变,它们也越来越多地被用于模拟未来的气候当中。最新的 GCMs 和 RCM 的模拟结果显示,CO_2 浓度翻倍导致的北极增温在冬季为 5～10℃,夏季为 0～2℃;冬季降水量的增加比夏季更高且更普遍,且气溶胶强迫的加入使降水量进一步增大。而根据类比法,在 21 世纪初,北极地区会出现小范围的变暖和降水量的减少。这也说明,北极降水的预测是模式和类比研究之间存在的最显著的差别。

参考文献

Arzel O,Fichefet T,Goosse H. 2006. Sea ice evolution over the 20th and 21st centuries as simulated by the current AOGCMs. Ocean Modell. ,12:401-415.

Atkinson K. 1994. The Canadian Arctic and global climatic change. *In*:Atkinson K,McDonald A T. Environmental Issues in Canada:Canadian Studies Workshop,February 1994. Leeds:University of Leeds:67-86.

Boer G J,Flato G,Reader M C,Ramsden D. 2000. A transient climate change simulation with greenhouse gas and aerosol forcing:experimental design and comparison with the instrumental record for the twentieth century. Clim. Dyn. ,16:405-425.

Broccoli A J,Lau N-C,Nath M J. 1998. The cold ocean-warm land pattern:Model simulation and relevance to climate change detection. J. Climate,11:2743-2763.

Bryazgin N N. 1976. Mean annual precipitation in the Arctic computed taking into account errors of precipitation measurements. Trudy AANII,323:40-74 (in Russian).

Cattle H,Crossley J. 1995. Modelling Arctic climate change. Phil. Trans. R. Soc. Lond. A,352:201-213.

Chapman W L, Walsh J E. 1993. Recent variations of sea ice and air temperature in high latitudes. Bull. Amer. Met. Soc. ,74:33-47.

Chapman W L, Walsh J E. 2007. Simulations of Arctic temperature and pressure by global coupled models. J. Climate,20:609-632,doi:10. 1175/JCLI4026. 1.

Collins M, Knutti R, Arblaster J, Dufresne J-L, Fichefet T, Friedlingstein P, Gao X, Gutowski W J, Johns T, Krinner G, Shongwe M, Tebaldi C, Weaver A J, Wehner M. 2013. Longterm climate change: Projections, commitments and irreversibility. In:Stocker T F, Qin D, Plattner G-K, Tignor M, Allen S K, Boschung J, Nauels A, Xia Y, Bex V, Midgley P M. Climate Change 2013:The Physical Science Basis. Contribution of Working Group I to the Fifth Assessment Report of the Intergovernmental Panel on Climate Change. Cambridge, United Kingdom and New York, NY, USA:Cambridge University Press:1029-1136.

Crutcher H J, Meserve J M. 1970. Selected Level Height, Temperatures, and Dew Points for the Northern Hemisphere. NAVAIR 50-1C-52 (revised), Chief of Naval Operations, Naval Weather Service Command, Washington, D. C. :420 pp.

Delworth T L. 1996. North Atlantic interannual variability in a coupled ocean-atmosphere model. J. Climate,9: 2356-2375.

Dethloff K, Abegg C, Rinke A, Hebestadt I, Romanov V F. 2001. Sensitivity of Arctic climate simulations to different boundary-layer parametrizations in a regional climate model. Tellus,53A:1-26.

Dethloff K, Rinke A, Lehmann R. 1996. Regional climate model of the Arctic atmosphere. J. Geophys. Res. , 101:23401-23422.

Dickinson R E, Errico R M, Giorgi F, Bates G T. 1989. A regional climate model for the western U. S.. Clim. Change,15:383-422.

Dorn W, Dethloff K, Rinke A, Botzet M. 2000. Distinct circulation states of the Arctic atmosphere induced by natural climate variability. J. Geophys. Res. ,105:29659-29668.

Flato G M, Boer G J, Lee W G, McFarlane N A, Ramsden D, Reader M C, Weaver A J. 2000. The Canadian Centre for Climate Modelling and Analysis global coupled model and its climate. Clim. Dyn. ,16:451-467.

Flato G, Marotzke J, Abiodun B, Braconnot P, Chou S C, Collins W, Cox P, Driouech F, Emori S, Eyring V, Forest C, Gleckler P, Guilyardi E, Jakob C, Kattsov V, Reason C, Rummukainen M. 2013. Evaluation of Climate Models. In:Stocker T F, Qin D, Plattner G-K, Tignor M, Allen S K, Boschung J, Nauels A, Xia Y, Bex V, Midgley P M. Climate Change 2013:The Physical Science Basis. Contribution of Working Group I to the Fifth Assessment Report of the Intergovernmental Panel on Climate Change. Cambridge, United Kingdom and New York, NY, USA:Cambridge University Press:741-866.

Fyfe J C, Boer G J, Flato G M. 1999. The Arctic and Antarctic oscillations and their projected changes under global warming. Geophys. Res. Lett. ,26:1601-1604.

Gates W L, 15 coauthors. 1999. An overview of the results of the Atmospheric Model Intercomparison Project (AMIP I). Bull. Amer. Meteor. Soc. ,80:29-55.

Gates W L, 74 coauthors. 1996. Climate models-Evaluation. In:Houghton J T, Meila Filho L G, Callander B A, Harris N, Kattenberg A. and Maskell K. Climate Change 1995:The Science of Climate Change. Cambridge University Press:233-284.

Gates W L. 1992. AMIP:The Atmospheric Model Intercomparison Project. Bull. Amer. Meteor. Soc. , 73: 1962—1970.

Giorgi F, Francisco R. 2000a. Uncertainties in regional climate change prediction:a regional analysis of ensemble simulations with the HADCM2 coupled AOGCM. Clim. Dyn. ,16:169-182.

Giorgi F, Francisco R. 2000b. Evaluating uncertainties in the prediction of regional climate change. Geophys. Res. Lett. ,27:1295-1298.

Gorgen K,Bareiss J,Helbig A,Rinke A,Dethloff K. 2001. An observational and modelling analysis of Laptev Sea (Arctic Ocean) ice variations during summer. Ann. Glaciol. ,33:533-538.

Gupta S K,Wilber A C,Ritchey N A,Whitlock C H,Stackhouse P W. 1997. Comparison of surface radiative fl uxes in the NCEP/NCAR reanalysis and the Langley 8-year SRB dataset. In: Proc. First Int. Conf. Reanal. ;77-80.

Houghton J T,Callander B A,Varney S K. 1992. Climate Change 1992:The Supplementary Report to the IPCC Scientific Assessment. Cambridge University Press;200 pp.

Houghton J T,Ding Y,Griggs D J,Noguer M,van der Linden P J,Dai X,Maskell K,Johnson C A. 2001. Climate Change 2001:The Scientifi c Basis. Cambridge:Cambridge University Press;881 pp.

Houghton J T,Jenkins G J,Ephraums J J. 1990. Climate Change:The IPCC Scientifi c Assessment. Cambridge: Cambridge University Press;365 pp.

Houghton J T,Meira Filho L G,Callander B A,Harris N,Kattenberg A,Maskell K. 1996. Climate Change 1995:The Science of Climate Change. Cambridge:Cambridge University Press;572 pp.

Jaeger L. 1983. Monthly and areal patterns of mean global precipitation. In:Street-Perrot A,Beran M,Ratcliffe R. Variations in the Global Water Budget. Boston:D. Reidel;129-140.

Jäger J,Kellogg W W. 1983. Anomalies in temperature and rainfall during warm Arctic seasons. Clim. Change, 5:39-60.

Karlsson J,Svensson G. 2011. The simulation of Arctic clouds and their influence on the winter surface temperature in present-day climate in the CMIP3 multi-model dataset. Clim. Dyn. ,36:623-635.

Kattenberg A,82 coauthors. 1996. Climate models-Projection of future climate. In:Houghton J T,Meila Filho L G,Callander B A,Harris N,Kattenberg A,Maskell K. Climate Change 1995:The Science of Climate Change. Cambridge University Press;285-357.

Kattsov V M,Walsh J E,Chapman W L,Govorkova V A,Pavlova T,Zhang X. 2007. Simulation and projection of Arctic freshwater budget components by the IPCC AR4 global climate models. J. Hydrometeorol. ,8: 571-589.

Khrol V P. 1996. Atlas of Water Balance of the Northern Polar Area . Gidrometeoizdat,St. Petersburg. 81 pp.

Koenigk T,Brodeau L,Graversen R G,Karlsson J,Svensson G,Tjernström M,Willén U,Wyser K. 2013. Arctic climate change in 21st century CMIP5 simulations with EC-Earth. Clim. Dyn . ,40: 2719-2743,DOI 10. 1007/s00382-012-1505-y.

Korzun V I. 1978. World Water Balance and Water Resources of the Earth. UNESCO Press;663 pp.

Koż uchowski K,Przybylak R. 1995. Greenhouse Effect. Warszawa:Wiedza Powszechna;220 pp(in Polish).

Lambert S J,Boer G J. 2001. CMIP1 evaluation and intercomparison of coupled climate models. Clim. Dyn. ,17: 83-106.

Lambert S J. 1995. The effect of enhanced greenhouse warming on winter cyclone frequencies and strengths. J. Climate,8;1447-1452.

Laurent C,Le Treut H,Li Z X,Fairhead L,Dufresne J L. 1998. The Influence of Resolution in Simulating Interannual and Inter-decadal Variability in a Coupled Ocean-Atmosphere GCM with Emphasis over the North Atlantic. IPSL report N8.

Legates D R,Willmott C J. 1990. Mean seasonal and spatial variability in gauge-corrected global precipitation. Int. J. Climatol. ,10:111-127.

Lynch A H,Chapman W L,Walsh J E,Weller G. 1995. Development of a regional climate model of the western Arctic. J. Climate,8:1555-1570.

Manabe S,Spelman M J,Stouffer R J. 1992. Transient responses of a coupled ocean-atmosphere model to gradual changes of atmospheric CO_2 . Part II:Seasonal responses. J. Climate,5;105-126.

Manabe S,Stouffer R J,Spelman M J,Bryan K. 1991. Transient responses of a coupled ocean-atmosphere model to gradual changes of atmospheric CO_2 . Part I:Annual mean response. J. Climate,4:785-817.

Meehl G A,Washington W M. 1990. CO_2 climate sensitivity and snow-sea-ice albedo parametrization in an atmospheric GCM coupled to a mixed-layer ocean model. Clim. Change,16:283-306.

Mitchell J F B,Davis R A,Ingram W J,Senior C A. 1995. On surface temperature,greenhouse gases and aerosols:models and observations. J. Climate,10:2364-2386.

Nakic enovic N,Alcamo J,Davis G,de Vries B,Fenhann J,Gaffi n S,Gregory K,Grübler A,Jung T Y,Kram T, La Rovere E L,Michaelis L,Mori S,Morita T,Pepper W,Pitcher H,Price L,Raihi K,Roehrl A,Rogner H-H,Sankovski A, Schlesinger M, Shukla P, Smith S, Swart R, van Rooijen S, Victor N, Dadi Z. 2000. IPCC Special Report on Emission Scenarios,Cambridge University Press,United Kingdom and New York,NY,USA:599 pp.

Osborn T J,Briffa K R,Tett S F B,Jones P D,Trigo R M. 1999. Evaluation of the North Atlantic Oscillation as simulated by a coupled climate model. Clim. Dyn. ,15:685-702.

Palutikof J P,Wigley T M L,Lough J M. 1984. Seasonal Climate Scenarios for Europe and North America in a High-CO_2 Warmer World, U. S. Dept. of Energy, Carbon Dioxide Res. Division, Tech. Report TRO12: 70 pp.

Palutikof J P. 1986. Scenario construction for regional climatic change in a warmer world. Proceedings of a Canadian Climatic Program Workshop,March 3-5,Geneva Park,Ontario:2-14.

Przybylak R. 1993. Climatic models and their utilising in forecast of climate change. Przegl. Geogr. ,1-2:163-176 (in Polish).

Przybylak R. 1995. Scenarios of Arctic air temperature and precipitation in a warmer world based on instrumental data. *In*:Heikinheimo P. International Conference on Past,Present and Future Climate. Proceedings of the SILMU conference held in Helsinki,Finland,22-25 August 1995:298-301.

Przybylak R. 1996. Variability of Air Temperature and Precipitation over the Period of Instrumental Observations in the Arctic. Uniwersytet Mikołaja Kopernika,Rozprawy. 280 pp(in Polish).

Przybylak R. 2002. Variability of Air Temperature and Atmospheric Precipitation During a Period of Instrumental Observation in the Arctic. Boston/Dordrecht/ London:Kluwer Academic Publishers:330 pp.

Ramsden D,Fleming G. 1995. Use of a coupled ice-ocean model to investigate the sensitivity of the Arctic ice cover to doubling atmospheric CO_2. J. Geophys. Res. ,100:6817-6828.

Randall D,Curry J,Battisti D,Flato G,Grumbine R,Hakkinen S,Martinson D,Preller R,Walsh Jand Weatherly J. 1998. Status of and outlook for large-scale modeling of atmosphereice-ocean interactions in the Arctic. Bull. Amer. Met. Soc. ,79:197-219.

Rinke A,Dethloff K,Christensen J H,Botzet M,Machenhauer B. 1997. Simulation and validation of Arctic radiation and clouds in a regional climate model. J. Geophys. Res. ,102 (D25):29833-29847.

Rinke A,Dethloff K,Christensen J H. 1999a. Arctic winter climate and its interannual variations simulated by a regional climate model. J. Geophys. Res. ,104:19,027-19,038.

Rinke A,Dethloff K,Spekat A,Enke W,Christensen J H. 1999b. High resolution climate simulations over the Arctic. Polar Research,18:143-150.

Rinke A,Dethloff K. 2000. On the sensitivity of a regional Arctic climate model to initial and boundary conditions. Clim. Res. ,14:101-113.

Rinke A,Dethloff K. 2008. Simulated circum-Arctic climate changes by the end of the 21 st century. Global and Planetary Change,62:173-186.

Rinke A,Lynch A H,Dethloff K. 2000. Intercomparison of Arctic regional climate simulations:Case studies of January and June 1990. J. Geophys. Res. ,15:29669-29683.

Salinger M J，Pittock A B. 1991. Climate scenarios for 2010 and 2050 AD Australia and New Zealand. lim. Change,18:259-269.

Saravanan R. 1998. Atmospheric low-frequency variability and its relationship to midlatitude SST variability: Studies using the NCAR climate system model. J. Climate,11:1386-1404.

Schlesinger M E，Mitchell J F B. 1987. Climate model simulations of the equilibrium climatic response to increased carbon dioxide. Rev. Geophys. ,25:760-798.

Serreze M C，Barrett A P，Stroeve J C，Kindig D N，Holland M M. 2009. The emergence of surface-based Arctic amplification. Cryosphere,3:11-19.

Serreze M C，Francis J A. 2006. The Arctic amplification debate. Climatic Change,76:241-264.

Shindell D T，Miller R L，Schmidt G，Pandolfo L. 1999. Simulation of recent northern winter climate trends by greenhouse-gas forcing. Nature,399:452-455.

Solomon S，Qin D，Manning M，Chen Z，Marquis M，Averyt K B，Tignor M，Miller H L. 2007. Climate Change 2007: the Physical Science Basis. Contribution of Working Group I to the Fourth Assessment Report of the Intergovernmental Panel on Climate Change. Cambridge:Cambridge University Press.

Stocker T F，Qin D，Plattner G-K，Tignor M，Allen S K，Boschung J，Nauels A，Xia Y，Bex V，Midgley P M. 2013. Climate Change 2013:The Physical Science Basis. Contribution of Working Group I to the Fifth Assessment Report of the Intergovernmental Panel on Climate Change. Cambridge，United Kingdom and New York，NY，USA:Cambridge University Press.

Tao X，Walsh J E，Chapman W L. 1996. An assessment of global climate model simulations of Arctic air temperature. J. Climate,9:1060-1076.

Taylor K E，Stouffer R J，and Meehl G A，2012. An overview of CMIP5 and the experiment design. Bull. Am. Meteorol. Soc . ,93:485-498.

Vavrus S，Holland M M，Jahn A，Bailey D A，Blazey B A. 2012. Twenty-first-century Arctic climate change in CCSM4. J. Climate,25:2696-2710.

Vavrus S，Waliser D，Schweiger A，Francis J. 2009. Simulations of 20th and 21st century Arctic cloud amount in the global climate models assessed in the IPCC AR4. Clim. Dyn . ,33:1099-1115.

Vowinckel E，Orvig S. 1970. The climate of the North Polar Basin. *In*:Orvig S. Climates of the Polar Regions，World Survey of Climatology,14. Amsterdam/London/New York:Elsevier Publ. Comp:129-252.

Walsh J E，Crane R G. 1992. A comparison of GCM simulations of Arctic climate. Geophys. Res. Lett. ,19:29-32.

Walsh J E，Kattsov V，Portis D，Meleshko V. 1998. Arctic precipitation and evaporation:Model results and observational estimates. J. Climate,11:72-87.

Walsh J E，Lynch A，Chapman W，Musgrave D. 1993. A regional model for studies of atmosphere-ice-ocean interaction in the western Arctic. Meteorol. Atmos. Phys. ,51:179-194.

Wang X，Key J R. 2005. Arctic surface,cloud,and radiation properties based on the AVHRR Polar Pathfinder Dataset. Part I:Spatial and temporal characteristics. J. Climate,18:2558-2573. 8799

Washington W M，Meehl G A. 1984. Seasonal cycle experiment on the climate sensitivity due to a doubling of CO_2 with an Atmospheric General Circulation Model coupled to a Simple Mixed Layer Ocean Model. J. Geophys. Res. ,89:9475-9503.

Weatherly J W，Briegleb B P，Large W G，Maslanik J A. 1998. Sea ice and polar climate in the NCAR CSM. J. Climate,11,1472-1486.

Wigley T M L，Jones P D，Kelly P M. 1986. Empirical climate studies. Warm world scenarios and the detection of climate change induced by radiatively active gases. *In*:Bolin B，Doos Bo R，Jäger J，Warrick R A. The Greenhouse Effect,Climate Change and Ecosystems,SCOPE 29. Chichester:John Wiley & Sons:271-322.

Wild M, Ohmura A, Cubasch U. 1997. GCM-simulated surface energy fluxes in climate change experiments. J. Climate, 10:3093-3110.

Zhang Y, Hunke E C. 2001. Recent Arctic change simulated with a coupled ice-ocean model. J. Geophys. Res., 106:4369-4390.

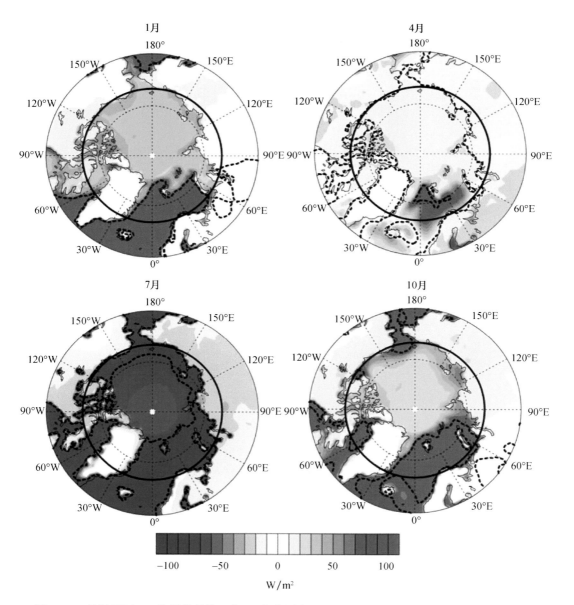

图 3.15　根据 ERA-40 数据获得的 60°N 以北范围内的 1 月、4 月、7 月和 10 月地表净热通量分布
（Serreze et al.，2007）。图中黑色加粗圈线为 70°N 纬圈，虚线为 −100 W/m²、
0 W/m²、100 W/m² 等值线，白色区域为通量 ±10 W/m² 的范围

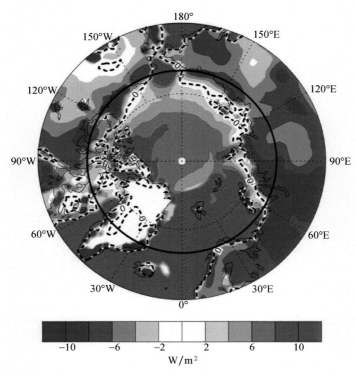

图 3.16　根据 ERA—40 数据获得的 60°N 以北范围内的年平均地表净热通量分布(Serreze et al.,2007)。
图中黑色加粗圈线为 70°N 纬圈,虚线为 0 W/m²等值线,白色区域为通量±2 W/m²的范围

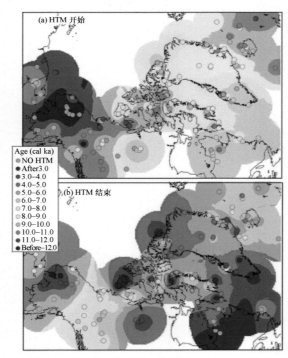

图 10.4　北极西部全新世大暖期(HTM)的时空分布形势,(a)HTM 的开始,(b)HTM 的结束。圆点/等
值线颜色代表时间(灰色代表 HTM 的发生存疑)。关于该图片上每个站点的数据和其他的信息可参阅
Paleoenvironmental Arctic Sciences(PARCS)的网站(Kaufman et al.,2004)